中国家庭

育儿百科

备孕、0~1岁育儿知识

国家儿童医学中心 组织编写

倪鑫 主编

人民卫生出版社
·北京·

图书在版编目（CIP）数据

中国家庭育儿百科：备孕、0~1岁 / 倪鑫主编 . 一
北京：人民卫生出版社，2024.7
ISBN 978-7-117-36256-6

Ⅰ. ①中… Ⅱ. ①倪… Ⅲ. ①婴幼儿 – 哺育 Ⅳ.
①TS976.31

中国国家版本馆 CIP 数据核字（2024）第 085566 号

中国家庭育儿百科：备孕、0~1 岁
Zhongguo Jiating Yu'er Baike:Beiyun、0~1 Sui

主　　编	倪　鑫
出版发行	人民卫生出版社 (中继线 010-59780011)
地　　址	北京市朝阳区潘家园南里 19 号
邮　　编	100021
E – mail	pmph @ pmph.com
购书热线	010-59787592　010-59787584　010-65264830
印　　刷	北京华联印刷有限公司
经　　销	新华书店
开　　本	787×1092　1/16　印张:22　插页:2
字　　数	426 千字
版　　次	2024 年 7 月第 1 版
印　　次	2024 年 8 月第 1 次印刷
标准书号	ISBN 978-7-117-36256-6
定　　价	128.00 元

打击盗版举报电话	010-59787491	E-mail	WQ @ pmph.com
质量问题联系电话	010-59787234	E-mail	zhiliang @ pmph.com
数字融合服务电话	4001118166	E-mail	zengzhi @ pmph.com

编写委员会

主　　编　　倪　鑫

副　主　编　　王爱华　梁爱民

编写秘书　　魏　庄　王桂香

参编人员　（按姓氏笔画排序）

首都医科大学附属北京儿童医院

及春兰　马　扬　王爱华　刘宇田　刘丽丽　闫　洁　纪文静　杜　娟
李世杰　杨文利　沈瑞云　张雨垚　张晚霞　张琳琪　陈艳杰　胡利华
梁爱民　黑明燕　魏　庄

北京市顺义区妇幼保健院，北京儿童医院顺义妇儿医院

刘雅静

北京大学第一医院妇女儿童医学中心

包艾荣　冯嘉蕾　刘　军　刘虹辰　齐芮宁　李　媛　张　波　林秀峰
郝　波　黄艳萍　程　欢

绘　图：王宝京　高艾薇

北京大学第三医院

童笑梅

中国疾病预防控制中心妇幼保健中心

王惠珊　徐轶群

中国人民解放军总医院第五医学中心儿科

弓　鑫　刘　爽　刘　疆　何玺玉　雷　琦

前　言

儿童作为家庭的希望和民族的未来，其身心健康一直受到社会各界的广泛关注。在医院里，我们会见到各种类型的父母：有的"小心翼翼，如履薄冰"，有的"大大咧咧，粗枝大叶"，有的"听天由命，顺其自然"。不同的养育方式，对儿童的性格发展和身体健康都会产生潜移默化的影响，从而直接影响儿童及其成年后的身心健康。

那么到底如何做才是科学育儿呢？

正确的育儿理念应贯穿于从孩子孕育、出生、新生儿期、婴幼儿期到学龄前和学龄期的始终。正因如此，我们需要一套符合中国国情和中国儿童生长发育特点的育儿百科全书。这本书既要浅显易懂、覆盖面广，又要方便实用、科学性强，这样才能真正以家庭教育为核心，指导和帮助更多的中国父母。

儿童健康事业的发展，需要国家、社会和医疗工作者的合力参与，共同努力。为老百姓写一本实用的书，是我们的初衷，也是我们的责任和使命。基于上述原因，国家儿童医学中心、首都医科大学附属北京儿童医院牵头，集合北京大学第一医院、北京大学第三医院、重庆医科大学附属儿童医院、首都医科大学附属北京妇产医院等众多知名专家，合力打造了这套适合中国儿童生长发育特点的育儿百科丛书。本书从策划、编写、修改到润色，从文字编写、照片拍摄到视频录制，经历了多次的编委会、讨论会、定稿会，终于要和广大读者见面。

不同于以往的育儿书籍，本套丛书包含了从备孕、新生儿期，一直到学龄前、学龄期，整个成长历程的育儿问题，年龄跨度大、覆盖范围广、内容更全面。全套书计划陆续推出，以年龄段为纲，育儿常见问题为目，各部分相对独立。以新手父母的视角，一一阐述生长发育、营养、护理、安全、常见育儿误区等各方面的育儿问题，翻阅时简单明了，家长使用方便且实用性强。

在编写的过程中，我们也遇到了一个"意外"的问题：如何让本书具有更好的可读性？我们的各位编写专家，在各自的专业领域内都是顶级的，编写专业书籍经验丰富，但对写科普书籍却有些经验不足。为了在保证科学性的基础上，让读者有更加轻松的阅读体验，本书在语言上进行了反复修改，尽量精简，还专门邀请了文字专家对语言表达进行润色，力求让文字更加生活化、具象化。

本书在注重知识内容的科普性和权威性的同时，还在编辑思想、编辑理念和撰写模式上实现了创新与突破。比如新生儿喂养这一章，新生儿科专家、保健科专家、儿童营养科专家，在编写时对这部分内容都有涉及。新生儿该怎样"开奶"，母乳喂养的体位怎么选择，宝宝该如何含接妈妈的乳头，妈妈的初乳是否能够满足宝宝的需求，哪个专业哪位专家的意见更加权威……为了让各位新手父母更加精准地获取正确的喂养知识，我们以时间为轴，从不同的专业角度进行切入，将各个专业的专家组织在一起，进行了多次沟通协调，反复地讨论，修改了几个版本，才有了现在的这版书稿。

除了新生儿科、保健科、营养科专家的大力参与，我们还充分发挥了北京儿童医院作为国家儿童医学中心的优势，邀请了儿童眼科、耳鼻喉科、口腔科、呼吸科、消化科、骨科、外科、急诊科、精神心理科等各个专业领域的专家，就本专业的热门和常见问题来进行书稿编写，让书稿内容更加丰富、多元。很多热心的专家教授提出了很好的建议，但很遗憾不能一一列入编者。在此，向所有关心本书创作并默默付出的医生朋友表示感谢。

除了文字和图片内容，本书还有专业的视频内容，比如新生儿抚触、新生儿沐浴等，更加简单直接地展示了很多育儿必备的小技能。创作团队还特别创作了各个年龄阶段的儿童发育测评视频，力求创建集合"中国智慧"的原创儿童百科全书，期待促进我国儿童群体身心的健康发展，为全国千千万万家庭带来福音。

感谢参加本书编写、校对、审核的各位医学专家，感谢参与视频和照片拍摄的小朋友和家属，感谢出版社编辑老师的辛苦付出，在此一并致谢。

殷切期望广大同仁与读者给予批评指正，以便再版时补充和完善本书内容。

倪 鑫

2024 年 3 月

目　录

第一篇

新生命的起始

第一章

受　孕

第一节
准备孕育
新生命

孩子是家庭的新起点，孕育一个健康的宝宝是每对父母最大的期望。成功受孕的三大要素为：男性精子质量合格、女性受孕条件良好，以及双方正常的性生活。

精液由精子和精浆组成，其中精子占精液体积的10%，其余为精浆。精浆是精子活动的介质，除含有水、糖类、蛋白质和脂质外，还含有多种酶类和无机盐等。正常精液呈弱碱性（pH 为 7.2~8.0），利于中和呈酸性的女性阴道分泌物，提高受孕概率。

有生育力的男性一次射精量约为 2~6ml，平均为 3.5ml，一次射精量与射精频度呈负相关。有研究发现，男性连续排精的前 4 天，其精子总数、密度和精液量逐渐减少，待睾丸外精子储备排空以后，精子总数等指标可在第 5 天起维持相对稳定。研究证实，经过 24 小时的禁欲，男性精子储备可以迅速恢复。若禁欲 2~7 天后，射精量仍少于 2ml，可视为精液减少；若有射精动作，但无精液排出体外，则称为无精液症（aspermia）。因此对于健康男性来说，睾丸的生精功能和精子储备完全能够适应和满足隔天一次的性生活频度，不会因此而出现精子迅速减少、质量下降，甚至耗竭睾丸生精能力的情况。

对于女性来说，掌握好排卵时机是成功受孕的关键。随着卵泡的发育成熟，卵泡逐渐向卵巢表面移行并向外突出。当卵泡接近卵巢表面时，其表层细胞变薄，最后破裂。卵泡液大部分流出后，卵子从成熟卵泡中排出进入输卵管，称为"排卵"。如果月经周期很准，女性的排卵日期一般在下次月经来潮前的第 14 天左右。一般将排卵日的前 5 天和后 4 天，连同排卵日在内共 10 天称为排卵期。卵子自卵巢排出后在输卵管内能生存 1~2 天，以等待受精。男性的精子在女性的生殖道内可维持 2~3 天的受精能力，故在卵子排出的前后几天里性交，更容易受孕。排卵监测的方法有很多，血液中激素水平、宫颈黏液、阴道脱落细胞检查、B 超等都可以帮助判断排卵。比较常用并且使用简便的是尿排卵试纸，可以自行在家完成监测；超声检查排卵准确有效，但必须到医疗机构请专业人员借助专业设备检查；监测基础体温有一定的理论依据，但由于基础体温受各种外界因素的干扰，其准确性并不高。

然而，许多夫妻可能会面临这样的情况：在推测出女性排卵期后，夫妻双方严格按照计划集中精力同房。但是，害怕错失良机的巨大压力容易使女性陷入焦虑，也可能导致男性性欲下降、勃起无力，从而不能顺利完成性交。与此同时，也需要兼顾男性的精子储备和生精功能，因此在排卵期密集同房可能欲速则不达，反而不利于受孕。正确的做法是：在有备孕意愿后，夫妻双方在专业医师的指导下，首先做好育前检查和各项准备，此后每隔 1~2 天安排性生活。这样既能够把握住宝贵的排卵期，使卵子在存活期内能够接触足够的精子，又能够放松心态，增加受孕概率。

平时夫妻双方应适当增加体育活动，这不仅有利于增强体质，还有利于放松心情，从而有助于孕育出健康的宝宝。建议每周选择 3~5 天进行适合自己的运动，夫妻共同参与，每次运动 30 分钟。

备孕前，夫妻双方最好先完成口腔科检查，保持良好的心态，戒烟、戒酒、合理饮食，将身体调整至最佳状态。肥胖或过瘦都会降低自然受孕概率，可参照国际上常用的人体体重指数（body mass index，BMI），尽量将身体状况调整到理想状态。此外，经常熬夜会使自身免疫力降低，从而使受孕能力下降。因此，备孕期间还须规律作息，避免熬夜。

第二节

夫妻双方生活习惯的调整

进入备孕状态的准父母将进入一个特殊时期，所以备孕期间，夫妻双方各方面的生活习惯都应进行适当调整。

一、 给准爸爸的备孕建议

1. 适当调节生活压力、情绪，保持良好的精神状态。
2. 科学合理用脑，动静结合。脑力劳动强度过大或在长期压力下工作都容易导致大脑皮层及全身神经、内分泌功能失调，不利于受孕。
3. 爱欲有度。长期过度自慰和过度频繁性兴奋可令性中枢经常处于紧张状态，导致性功能减退，精子质量下降。

4. 依据排卵监测周期，合理调整同房频次及间隔时间，提升性生活品质和效率。

5. 慎用药物，通过夫妻间爱抚来提升同房兴趣及频次。

6. 尽量戒烟、戒酒，或减少次数及用量，避免不必要的放射性检查，避开有毒有害物品。

7. 均衡膳食，避免摄入过多煎炸、油腻或高糖的食物，多选择应季的蔬果，注意食物多样化。

8. 避免长时间驾乘或久坐。适当增加运动，促进新陈代谢，提高身体机能。尤其是久坐办公族，应做到动静结合。

9. 注意阴囊的保护，如坐浴时水温不宜过高，内裤不宜过紧、过厚，尽量选择纯棉透气衣物，以利于阴囊散热。

二、　给准妈妈的备孕提示

1. 孕前优生咨询，选择性接受针对孕妇的巨细胞病毒、风疹病毒、弓形体等优生检测，预防胎儿生长发育迟缓、畸形、功能缺陷，甚至死亡流产。夫妻一方或家族中有遗传病史、曾经有不良孕产史者需要进行专业遗传咨询。

2. 备孕前，提前做好妇科防癌筛查。

3. 如长期患有一些疾病，如甲状腺功能异常、糖尿病等，应告知医生备孕计划，根据医生提供的方案进行治疗，将身体状态调整合适后再备孕。

4. 规律作息，避免过度劳累、熬夜，养成良好的生活习惯，戒烟、戒酒。

5. 均衡饮食，食物应多样化，可适当增加富含蛋白质、维生素、叶酸、锌等营养素的食物的摄入，备孕女性可遵医嘱选用 $0.4\sim0.8mg$/ 片的叶酸片，每天服用一次，预防胎儿神经管畸形的发生。

6. 适当增加运动，促进新陈代谢，提高身体机能，增加受孕概率。

7. 监测 BMI。BMI = 体重（kg）/ 身高（m）^{2}，成人的正常 BMI 为 $18.5\sim23.9kg/m^2$。对于 BMI $\geqslant 24kg/m^2$ 的女性，建议控制到理想体重。

8. 备孕前须做妇科常规检查，尤其是有剖宫产史、子宫手术史、子宫肌瘤等病史的女性，应进行妇科彩超检查，查看术后瘢痕及肌瘤情况是否适合怀孕。

9. 如果需要长期服用药物，需要咨询专业医生相关药物是否影响怀孕，并听从专业医生的意见。

备孕及孕期对家庭环境和心理的准备，也是准父母需要特别关注的重点内容。

一、　家庭环境准备

首先，居住环境应尽量兼顾孕妇休息和未来在养育宝宝时的一些特殊需求，应特别注意室内空气质量和通风，以及家具设施的安全性。备孕前半年内，尽量避免整屋装修。即使必须进行装修，也要尽量使用优质环保材料。装修完成后，应保证房间的充分通风，利用绿植改善室内微环境，待室内空气达标后再入住。

其次，保持愉快、融洽的家庭生活氛围，每个家庭成员应多关注女性的情绪变化，增加对其的照护和关爱，分担责任，避免过多琐事给夫妻双方造成精神困扰。

如果家中有养宠物，建议夫妻双方在孕前或女性孕期到正规医院进行弓形体筛查，如果检测呈阳性，则需要进一步诊断和治疗。并且，在照顾家中宠物时，须做好个人清洁和防护。

二、　心理准备

怀孕是件顺其自然的事情，受孕需要放松的心理状态。现代夫妻随着婚龄延迟，年龄增大，加之一些传统婚育观念的影响，备孕过程中难免精神负担过重。只有夫妻双方都处于良好的精神状态时，精子和卵子的质量才会相对较高，受精卵更容易着床发育，这样才能孕育出健康宝宝。当夫妻双方感觉心理压力大时，可借助放松身心的课程或者观光旅游来舒缓情绪。如多次试孕不成功，必要时可适当推迟备孕，避免进一步影响身体内分泌状态，造成月经和排卵异常。

备孕应是夫妻双方共同的心愿，双方应敞开心扉沟通，确定彼此共同拥有一致的生育意愿后再进行备孕，避免日后因此产生家庭矛盾。备孕前，应合理安排调整好双方的生活、工作、学习计划，摒弃重男轻女的思想。夫妻双方应充分了解和接受孕育新生命可能带来的一系列生活方式和身体的改变，提前做好备孕、孕期、生产相关的知识准备，要知道妊娠是自然的生理过程，不必对怀孕、分娩有太强的恐惧感，同时还应做好必要的经济准备。

不良的精神刺激和焦虑抑郁情绪在妊娠早期会影响孕妇体内的激素分泌，使胎儿不安、躁动，影响胎儿的生长发育。夫妻双方应保持良好的心理状态，及早发现不良情绪，主动寻求心理帮助，努力消除持久、严重的不良情绪，以免影响孕妇和胎儿的健康。

第四节
孕前体检及咨询

为了孕育健康的下一代，孕前体检是非常重要的。

当夫妻准备孕育一个新生命时，首先应预约医生进行孕前体检。在孕前体检过程中，医生通过了解夫妻双方的病史及家族史，结合专项辅助检查综合评估，最大限度地避免和降低孕育过程中隐藏的遗传和代谢性疾病风险。同时，备孕夫妻可以通过借助必要的系列检测和咨询服务改善目前的健康状态、生活方式及饮食营养状况等，来增加怀孕的机会，减少流产或出生缺陷的风险，并为接下来的孕期打下坚实基础。

何时开始孕前体检？

孕前体检一般可安排在计划怀孕前3~6个月、当月月经干净后的3~7天进行。如果合并有高血压、心脏病、糖尿病、肾脏疾病、免疫系统疾病、甲状腺疾病等，应先到相应专科就诊，待专业医生给予调理并将病情控制稳定后，再进行妇产科的相应孕前检查。

在医疗机构做孕前体检应做好哪些准备？

医生会详细了解夫妻双方的既往史和家族史，目前的健康状态、饮食及生活方式，以及女性的月经及怀孕史，这些相关的个人资料需要提前准备好。

孕前体检都包含哪些方面呢？

由于一些基础项目需要双方共同检查（表1-1），所以应考虑女性的生理周期并预约合适的时间就诊。

表1-1 孕前夫妻双方体检项目

名称	检查目的	女方准备	男方准备	特殊准备
妇科常规检查	生殖系统（阴道）炎症检查，排查影响生育的问题	月经干净后2天	无	停用阴道药物
B超检查	进一步了解子宫及卵巢的发育情况，排查是否有子宫肌瘤、卵巢囊肿、子宫内膜异位症等影响受孕的妇科疾病	经腹部超声检查之前憋尿；经阴道超声检查之前排空膀胱	无	无
血液、尿液检查	1. 血（血型）尿常规及肝肾功能检查 2. 传染性疾病筛查：乙肝、丙肝、艾滋病和梅毒 3. 甲状腺功能检查 4. 优生TORCH检查：风疹病毒、弓形体、巨细胞病毒、单纯疱疹及其他病原体5项病原体检测（病原体可以通过胎盘引起胚胎停止发育、流产等） 5. 性激素六项：卵巢功能及女性体内激素水平的健康检查 6. 凝血功能检查（凝血功能异常非常危险，孕期、分娩时可能发生严重的出血） 7. 空腹血糖（糖尿病发病率增加，血糖过高影响胎儿健康，也易发生酮症酸中毒）	空腹，禁食禁水	空腹，禁食禁水	静脉采血；检查前一天清淡晚餐
特殊检查	1. 家族有遗传病史者需要进行遗传咨询和染色体检查 2. 地中海贫血基因筛查：遗传病好发地区以及家庭内有地中海贫血患者需要进行地中海贫血基因筛查	空腹，禁食	空腹，禁食	无
男性精液检查	射精功能和精液质量	无	检查前禁欲7天不排精	清洗生殖器

除上述检查项目外，备孕时女性还应特别关注口腔健康。平时生活中应注重牙齿日常保健，减少孕期患牙病的风险。如果有龋齿等口腔问题，应提前就诊。

孕期激素水平增高后，可能导致牙龈疾患，出现牙龈肿胀、出血和疼痛症状。原有牙周疾病也会在孕期加剧，导致孕期进食困扰和消化吸收不良。也有研究表明，牙周炎、牙髓炎与流产、早产有一定的关系。因此孕前进行口腔治疗是非常有必要的。

自然受孕

受孕是一个既简单又复杂的过程。简单在于只要精卵结合，受精卵形成，并在子宫腔内着床发育，怀胎十月，一个新生命就能诞生。复杂则在于其过程精细，精子射入阴道后离开精液，从宫颈管游走到子宫，最终到达输卵管壶腹部等待卵子；当母体排卵之后，输卵管的伞端会把卵子输送到输卵管当中，与精子结合形成受精卵；受精卵在输卵管的蠕动下进入宫腔，之后在宫腔之内寻找到合适的位置着床。这就是精子进入子宫，到达输卵管后与卵子结合形成受精卵，受精卵再进入宫腔内着床（也称胚胎植入）的全过程。

第一步：精子成熟

位于男性体内生精小管管壁上面的精原细胞精力充沛，有无限分裂的能力。精原细胞经 64~72 天进化为精子。一个成年男性一天可以形成数亿个精子。成熟的精子通过输精小管离开睾丸到达附睾，这个过程中，精子还在不断成长。

第二步：排卵

子宫是女性内生殖器官之一，是一个空腔器官，位于骨盆腔中央，呈倒置的梨形，是妊娠期孕育胚胎和胎儿的器官。在子宫两侧，有两个附属器官叫做卵巢，位于女性盆腔内，为成对的实质性器官。排卵是卵巢的重要功能之一，在激素的刺激下，不断地有初始卵泡在卵巢内发育，在初始卵泡发育成为成熟卵泡的时候，每个月一侧的卵巢会有 1~2 个卵子排出。卵巢排卵后，成熟的卵子进入输卵管伞端，通过输卵管的逆蠕动进入输卵管腔内。

第三步：受精

获能的精子与次级卵母细胞相遇于输卵管，结合形成受精卵的过程称为受精。受精多在排卵后数小时内发生，一般不超过 24 小时。晚期囊胚种植于子宫内膜的过程称胚胎植入，又称着床。

第四步：胚胎植入

胚胎植入大约在受精后的第 6~7 日，经过定位、黏附和侵入 3 个过程。①定位：透明带消失，晚期囊胚以其内细胞团端接触子宫内膜；②黏附：晚期囊胚黏附在子宫内膜，囊胚表面的滋养细胞分化为两层，外层为合体滋养细胞，内层为细胞滋养细胞；③侵入：滋养细胞穿透侵入子宫内膜、内 1/3 肌层及血管，囊胚完全埋入子宫内膜中且被内膜覆盖。

胚胎植入必须具备的条件有：①透明带消失；②囊胚细胞滋养细胞分化出合体滋养

细胞；③囊胚和子宫内膜同步发育且功能协调；④体内分泌足量的雌激素和孕酮。黄体分泌的雌、孕激素支持子宫内膜具有容受性。子宫内膜仅在月经周期第 20~24 日才具有容受性，即植入窗口期。也就是说，子宫仅在极短的植入窗口期允许胚胎植入。

第六节

辅助生殖技术

备孕一年内，约 85% 的夫妻可以通过自然方式受孕。如果有规律的性生活一年以上还没有受孕，则称为不孕。辅助生殖技术是借助医学技术和方法来帮助有不孕困扰的夫妻受孕，主要包括人工授精和体外受精 – 胚胎移植及其衍生技术等（表 1-2）。

表 1-2　主要的辅助生殖技术

技术分类	治疗方法	适用病症
人工授精（AI）	男方精液人工授精	轻度少精、弱精
	供精者精液人工授精	无精或有遗传病
体外受精 – 胚胎移植（IVF–ET）	第一代：常规体外受精 – 胚胎移植（IVF–ET）	女性输卵管阻塞、子宫内膜异位症、排卵异常及宫颈因素等导致的不孕，以及男性不育等
	第二代：卵胞质内单精子注射（ICSI）	男性严重少弱畸形精子症、不可逆的梗阻性无精子症，以及体外受精失败等
	第三代：植入前遗传学检测（PGT）	遗传病
配子移植术（GT）	输卵管内配子移植术（GIFT）	女性输卵管正常但不孕
	宫腔内配子移植术（GIUT）	女性输卵管异常

一、人工授精

人工授精（artificial insemination，AI）是指用人工方式将精液或体外分离后的精子悬液注入女性体内以取代性交途径获得怀孕的一种方法（图 1-1），是最接近于生理受孕过程的辅助生殖技术，适合由男性性功能障碍、逆向射精、弱精子症，或女性宫颈性不孕及其他不明原因而造成不孕的夫妻。临床上常用的是宫腔内人工授精技术。

人工授精的过程和自然受孕相似，从排卵、输卵管拾卵到运输卵子和胚胎的过程都是在自然条件下进行。所以人工授精需要女性有排卵，而且精子和卵子相遇的道路要通畅，两者相遇以后形成的受精卵要能种植到子宫内膜中才能受孕。

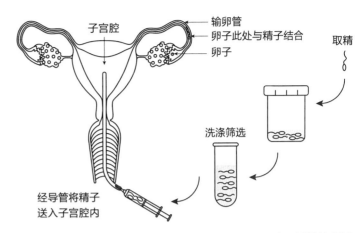

图 1-1　人工授精流程图

　　什么情况下选择人工授精技术呢？夫妻双方首先需要进行身体检查，特别是女性的排卵功能要正常，至少需要一侧的输卵管通畅，男性有活力的精子数量一般要达到1 000 万 /ml 以上。人工授精操作相对简单，过程接近自然受孕，仅需在排卵期把处理过的精液注入女性的生殖道内完成受孕，一个周期的成功率在 10%~15% 左右（人工授精不能保证一定怀孕）。对女性来说，在患有全身性疾病或传染病、女性生殖器严重发育不全或畸形、生殖道炎症以及输卵管不通畅等情况下，暂不适合做人工授精。

二、体外受精 – 胚胎移植技术及其衍生技术

　　另一种常用的辅助生殖技术就是体外受精 – 胚胎移植（in vitro fertilization – embryo transfer，IVF – ET），也就是我们常说的"试管婴儿"。IVF – ET 及其衍生技术主要包括常规体外受精（IVF）、卵胞质内单精子注射（intracytoplasmic sperm injection，ICSI）、胚胎冷冻保存、植入前遗传学检测（preimplantation genetic testing，PGT）等。"试管婴儿"这个名字很容易让人产生误会，以为婴儿都是在试管里长大的。实际上，只有取卵到形成胚胎的过程是在体外进行的（图 1-2）。受精后 2~5 天，胚胎就需要移植到体内的子宫腔，并在妈妈体内完成发育。根据受精方式的不同，又分为常规 IVF 和 ICSI。常规 IVF 是将精子和卵子放在培养皿中完成受精，是 IVF – ET 技术首选的常规受精方式；ICSI 需要在显微操作系统辅助下，在体外直接将精子注入卵母细胞质内使其受精。ICSI 主要解决男性因素的不育问题，比如严重的少弱畸形精子症以及无精子症。对于前次 IVF 受精失败的夫妇，再次治疗时可以选择 ICSI。PGT 是指在进行胚胎移植前，对胚胎进行活检，通过分析其遗传

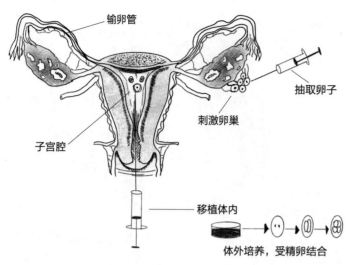

输卵管

抽取卵子

刺激卵巢

子宫腔

移植体内

体外培养，受精卵结合

图 1-2　人工取卵示意图

物质判断胚胎的染色体或特定基因状态，选择最优的胚胎进行移植的技术。PGT 技术可用于植入前单基因遗传病检测（PGT-M）、植入前非整倍体检测（PGT-A）和植入前染色体结构重排检测（PGT-SR），适用于有生育遗传性出生缺陷风险的夫妇。

什么情况下选择 IVF-ET 技术呢？

当有如下情况，女性输卵管阻塞、排卵障碍、子宫内膜异位症、卵巢储备功能减退，男性严重少弱畸形精子症甚至无精子症，以及人工授精失败等时，可以选择 IVF-ET。当夫妻任何一方患有严重的疾病或有酗酒、吸毒等不良嗜好，以及女性子宫不具备妊娠功能等时，则不适合做 IVF-ET。

IVF-ET 以一个取卵周期计算，成功率主要取决于女性的年龄。具体来说，女性年龄在 20~30 岁之间，IVF-ET 的成功率为 60%~70%；女性年龄在 35 岁以上，IVF-ET 的成功率在 30%~40%；如果女性年龄在 40 岁以上，IVF-ET 的成功率则更少。

除上述两种常用的辅助生殖技术外，还可以采取一种方法，配子移植术（gamete transfer，GT）。配子移植术是将男女生殖细胞取出，经适当的体外处理后移植入女性体内的一类辅助生殖技术。包括经腹部或经阴道，将配子移入腹腔（腹腔内配子移植术）、输卵管（输卵管内配子移植术）及子宫腔（宫腔内配子移植术）等部位，其中以经阴道的宫腔内配子移植术应用较多。其特点是技术简便，主要适用于双侧输卵管阻碍、缺失或功能丧失者。随着体外培养技术日臻成熟，配子移植术的临床使用逐渐减少，目前主要针对经济比较困难或者反复经历体外受精-胚胎移植失败的患者，作为备选方案之一。

第二章

孕　育

生命孕育中的
"安全保卫官"：
产前检查

当育龄女性发现每个月固定要来的月经一直没有来，而且开始出现恶心、呕吐、胃口不佳等情况时，就要首先考虑是否怀孕了。可以去药店购买市售的早孕试纸自行测试一下，或直接去妇产科就诊和咨询，请专科医生检查。刚刚晋升为准妈妈，在高兴之余，一系列的问题纷至沓来：怀孕后要注意什么？什么时候去做产前检查？多久去一次医院？应该做什么检查？

认真做好产前检查，提高自我保健和防护能力，是孕育健康的下一代和开始美好生活的起点。一般来说，在怀孕 28 周前需要每 4 周做一次产科检查，28~36 周每 2 周做一次产科检查，36 周后每周做一次产科检查，但每个地区和医院的要求会存在一些差异，以当地医生建议为主。整个妊娠期可能需要 10~15 次产科检查（表 1-3）。孕晚期产检的间隔时间越来越短，主要和这个时期的产科合并症、并发症发生率较高有关。医生会根据不同的孕周检查孕妇的血压、体重、血化验结果、尿化验结果、心电图、胎心电子监护、B 超等产前检查指标和妊娠期糖尿病筛查、唐氏筛查等筛查指标是否正常，为母婴健康保驾护航。

在产前的一系列检查中，需要格外重视的，特别是针对高龄孕妈妈们的一项检查就是唐氏筛查。唐氏筛查是用来筛查唐氏综合征的。唐氏综合征又名 21 三体综合征或先天愚型，是人类足月新生儿中最常见的染色体病。患有唐氏综合征的儿童的基因组含有 3 条 21 号染色体（正常人的基因组含有 2 条 21 号染色体），主要表现为智力障碍、特殊面容和生长发育迟缓等。目前我国已普遍开展了孕期唐氏综合征的产前筛查工作，进行检测并评估发病风险。

常用的唐氏筛查方案有：

1. 孕早期血清筛查（孕 11~13 周进行）：孕早期胎儿颈部透明层厚度筛查（nuchal translucency screening，简称 B 超 NT）和孕早期血清学指标联合筛查时，唐氏综合

表1-3　妊娠期检查时间及项目

次数	孕周	常规保健项目	必查项目	备查项目	健康教育及指导
第1次	6~13^{+6}周	1. 建立孕期保健手册 2. 确定孕周、推算预产期 3. 评估孕期高危因素 4. 血压、体重与体重指数 5. 妇科检查 6. 胎心率	1. 血常规 2. 尿常规 3. 血型（ABO和Rh） 4. 空腹血糖 5. 肝功能和肾功能 6. 乙型肝炎表面抗原 7. 梅毒螺旋体血清抗体筛查和HIV筛查 8. 地中海贫血筛查（广东、广西、海南、湖北、四川、重庆等） 9. 孕早期超声检查（确定宫内妊娠和孕周）	1. 丙型肝炎病毒筛查 2. 抗D滴度（Rh阴性者） 3. 口服葡萄糖耐量试验（高危孕妇） 4. 甲状腺功能筛查 5. 血清铁蛋白（血红蛋白<110g/L者） 6. 宫颈细胞学检查（孕前12月未检查者） 7. 宫颈分泌物淋球菌和眼衣原体检测 8. 细菌性阴道病检测 9. 孕早期母体血清学筛查（10~13^{+6}周） 10. 胎儿颈项透明层厚度筛查（11~13^{+6}周） 11. 绒毛活检（10~13^{+6}周） 12. 心电图	1. 流产的认识和预防 2. 营养和生活方式的指导 3. 避免接触有毒有害物质和宠物，慎用药物 4. 孕期疫苗的接种 5. 改良不良生活方式，避免高强度工作、高噪音环境和家庭暴力 6. 保持心理健康 7. 持续补充叶酸0.4~0.8mg/d至3个月，有条件者可继续服用含叶酸的复合维生素
第2次	14~19^{+6}周	1. 分析首次产前检查的结果 2. 血压、体重 3. 子宫底高度 4. 胎心率	无	1. 无创产前筛查（12~22^{+6}周） 2. 孕中期母体血清产前筛查（15~20周） 3. 羊膜腔穿刺术检查胎儿染色体（16~22周）	1. 胎儿非整倍体筛查的意义 2. 非贫血孕妇，如血清铁蛋白<30μg/L，应补充元素铁60mg/d；诊断明确的缺铁性贫血孕妇，应补充元素铁100~200mg/d 3. 开始常规补充钙剂0.6~1.5g/d
第3次	20~24周	1. 血压、体重 2. 子宫底高度 3. 胎心率	1. 胎儿系统超声筛查 2. 血常规 3. 尿常规	阴道超声测量宫颈长度（早产高危）	1. 早产的认识和预防 2. 营养和生活方式的指导 3. 胎儿系统超声筛查的意义

续表

次数	孕周	常规保健项目	必查项目	备查项目	健康教育及指导
第4次	25~28周	1. 血压、体重 2. 子宫底高度 3. 胎心率	1. 口服葡萄糖耐量试验 2. 血常规 3. 尿常规	1. 抗D滴度复查（Rh阴性者） 2. 宫颈阴道分泌物胎儿纤维连接蛋白检测（宫颈长度为20~30mm者）	1. 早产的认识和预防 2. 营养和生活方式的指导 3. 妊娠期糖尿病筛查的意义
第5次	29~32周	1. 血压、体重 2. 子宫底高度 3. 胎心率 4. 胎位	1. 产科超声检查 2. 血常规 3. 尿常规	无	1. 分娩方式指导 2. 开始注意胎动 3. 母乳喂养指导 4. 新生儿护理指导
第6次	33~36周	1. 血压、体重 2. 子宫底高度 3. 胎心率 4. 胎位	尿常规	1. B族链球菌筛查（35~37周） 2. 肝功能、血清胆汁酸检测（32~34周，怀疑妊娠肝内胆汁淤积症的孕妇） 3. 无应激试验（34周以后）	1. 分娩前生活方式的指导 2. 分娩相关知识 3. 新生儿疾病筛查 4. 抑郁症的预防
第7~11次	37~41周	1. 血压、体重 2. 子宫底高度 3. 胎心率 4. 胎位	1. 产科超声检查 2. 无应激试验（每周1次）	宫颈检查（Bishop评分）	1. 分娩相关知识 2. 新生儿免疫接种 3. 产褥期指导 4. 胎儿宫内情况的监护 5. 超过41周，住院并引产

征检出率为85%。

2. 孕中期血清筛查（孕15~20周进行）。

3. 孕早、中期联合筛查（B超NT和孕早、中期血清学指标）。

随着医学技术的发展，无创产前筛查被广泛应用于临床。该方法是通过DNA测序技术分析孕妇外周血中游离的胎儿DNA片段来判断胎儿是否存在遗传或出生缺陷的检测方法。其优点在于可检测的范围更广泛，对于常见的常染色体非整倍体检测准确性更高，阳性检出率在90%以上，具有高敏感性和高特异性，但其价格更加昂贵，接近于唐氏筛查的10倍。另外，无创产前筛查在神经管畸形方面的筛查准确性低于唐氏筛查，因此目前这种检测技术尚无法完全取代唐氏筛查。

如果产前筛查的结果是高风险怎么办？产前筛查高风险只能说明胎儿患有唐氏综合征的风险增高，并不意味着胎儿一定是唐氏儿，需要进一步检查来确诊。目前常用的技术有羊水穿刺、绒毛活检术以及脐带血穿刺。具体该怎么选择可咨询产科医生，根据个人情况检查确诊。

每次产检，夫妻双方都要重视，不要疏漏，要按时完成。产检对母婴健康来说是不可或缺的有力保障。一些特殊筛查对应特定的孕周，一旦错过检查时间，会导致检查结果不准确或干预难度增加。因此，产前需要严格并及时进行筛查，这样可以避免和减少出生缺陷，降低出生缺陷风险，让每一个家庭的未来更加幸福和美好。

第二节

孕期要吃好

"怀孕了，一定要多吃，这样才能生下健康的宝宝""怀孕千万不能多吃，胖了以后就难瘦回来了"……相信每一位孕妈妈都会听到类似的话。怀孕后吃多少、吃什么、如何挑选营养补充剂等一系列问题，不但关乎孕妈妈的身体健康和胎儿的生长发育，也影响到分娩、产后恢复和泌乳情况。孕期营养状况的优劣对胎儿生长发育，甚至成年后的健康都会产生至关重要的影响。孕前女性体重类型不同，孕期体重增长的程度也不同。针对不同体重类型的女性，国家卫生健康委2022年7月发布的卫生行业标准WS/T 801—2022《妊娠期妇女体重增长推荐值标准》里，每周有一个建议进食总能量的表格可供计算对照。笔者根据该标准，增加了每日能量的计算系数，整理成了表1-4。

表1-4　妊娠期妇女体重增长范围及妊娠中期和妊娠晚期每周体重增长推荐值 [1]

妊娠前体重 [2] 类型	体质指数 （BMI） [3] / (kg · m^{-2})	妊娠期体重总增长值 [4] 范围 /kg	妊娠早期增长值 [5] 范围 /kg	妊娠中晚期每周增长值 [6] 及范围 / (kg/week)	一日能量系数 [7] / (kcal · kg^{-1})
低体重	BMI<18.5	11.0~16.0	0~2.0	0.46（0.37~0.56）	35~40
正常体重	18.5≤BMI<24	8.0~14.0	0~2.0	0.37（0.26~0.48）	30~35
超重	24.0≤BMI<28	7.0~11.0	0~2.0	0.30（0.22~0.37）	25~30
肥胖	BMI≥28.0	5.0~9.0	0~2.0	0.22（0.15~0.30）	25~30

注：[1] 本标准规定了我国妇女单胎自然妊娠体重增长推荐值。本标准适用于对我国妇女单胎自然妊娠体重增长的指导；不适用于身高低于140cm，或妊娠前体重高于125kg的妇女。妊娠期合并症和并发症患者应结合临床意见进行个体化评价。

[2] 妊娠前体重：妊娠之前三个月内的平均体重。

[3] 体质指数：英文名称为 body mass index，英文缩写为 BMI。一种计算身高别体重的指数，计算方法是体重（kg）与身高（m）的平方的比值。

[4] 妊娠期：从末次月经的第一日开始计算，约为 280 日（40 周）。妊娠期体重总增长值：分娩前体重（kg）减去妊娠前体重（kg）所得数值。分娩前体重：分娩前一周内最后一次称量的体重。

[5] 妊娠早期：妊娠未达 14 周。妊娠早期体重增长值：妊娠 13 周末体重（kg）减去妊娠前体重（kg）所得数值。

[6] 妊娠中期：妊娠第 14 周 ~27^{+6} 周。妊娠晚期：妊娠第 28 周及其后。妊娠中期体重增长值：妊娠 27 周末体重（kg）减去妊娠 13 周末体重（kg）所得数值。妊娠晚期体重增长值：分娩前体重（kg）减去妊娠 27 周末体重（kg）所得数值。

[7] 一日能量系数：用于计算一日所需总能量。一日所需总能量 =[身高（cm）-105]× 一日能量系数

　　孕期没有任何合并症及并发症的孕妈妈，可参考《中国居民膳食指南（2022）》孕期妇女膳食指南，适当调整饮食结构，合理摄入，并保证食物多样化，避免发生营养不良或因摄入过多导致体重增长过快的情况。

一、　孕早期

　　与孕前总能量需求相比，孕早期需求没有明显变化，应维持孕前的平衡饮食。如孕吐反应比较明显，可选择清淡易消化的食物，避免油炸食物引起反流，损伤胃黏膜。足够的碳水化合物对孕早期的妈妈来说是不可或缺的，每天的碳水化合物摄入应保证在 130g 以上（表 1-5）。如果孕妇在此期间摄入碳水化合物不足或孕吐剧

烈，严重者会引起酮症酸中毒，这种情况也会危害胎儿大脑健康。因此可以采取一些必要的方法来解决：如果孕妇食欲不振，可采用少量多次进餐的形式，如果还是达不到上述基本进食目标，则应寻求医生的帮助；如果孕妇孕吐严重，可以食用食糖、蜂蜜等以迅速补充身体所需碳水化合物，或咨询医生。富含碳水化合物的食物主要有米面类、全谷类、杂豆和薯类，建议粗粮和精粮搭配食用，利于消化吸收。

孕早期，孕妇更应注意对多种微量元素和特殊营养素如叶酸的摄取。叶酸对预防神经管畸形极为重要，天然新鲜绿叶蔬菜、水果、鸡蛋、动物肝脏、坚果等都富含叶酸，孕妇的餐食每天应尽量保证300~500g不同种类的蔬菜，其中新鲜绿叶蔬菜或红黄色蔬菜要占2/3以上，以保障每日200μg膳食叶酸当量的需求（表1-6）。但是，由于天然叶酸受热易分解，利用率低，所以一般建议孕妇除常吃叶酸含量丰富的食物外，还应补充合成叶酸制剂400μg/d。

整个孕期要对水果摄入量进行控制，可以选择甜度较低的水果200~300g/d，水果不能替代蔬菜。

表1-5　含130g碳水化合物的食物举例

食物种类	碳水化合物含量
米	180g（生重）
面	180g（生重）
薯类	550g
鲜玉米	550g
食物组合	米饭（大米100g）、红薯200g、酸奶100g

表1-6　不同食物的叶酸成分示例表

食物名称	重量/g	叶酸含量/μg	食物名称	重量/g	叶酸含量/μg
小白菜	100	57	油菜	100	61
甘蓝	100	113	韭菜	100	104
茄子	100	10	辣椒	100	37
四季豆	100	28	丝瓜	100	22
合计	400	208	合计	400	224

注：依据《中国食物成分表》计算。

二、　孕中期

孕中期需要在孕早期饮食结构的基础上适当增加 200kcal/d 的总能量，怀有双胎或多胎的孕妇，其饮食可在单胎基础上适当增加 200~300kcal/d 的总能量。孕中期还要注意补充钙、铁、碘等营养素和微量元素。此外，饮食中应适当增加优质蛋白，如在孕早期的基础上每天增加 300~500g 牛奶，妊娠期糖尿病患者可以选择全脂牛奶。如果妊娠期糖尿病患者同时合并高脂血症或其他合并症，可以在医生的指导下选择不同类型的奶制品。孕中期相对孕早期应逐步增加动物性食物，如鱼、禽、畜、蛋的摄入量共计 150~200g。禽、畜类尽量不吃皮，畜类首选牛肉、羊肉、瘦猪肉等新鲜红肉以补足铁的需求，20~50g 红肉可提供每日所需的铁 1~2.5mg，且所含铁更容易被人体吸收，应避免选择加工熏腊类，如香肠等。每周可摄入一两次动物血和肝脏，每次约 20~50g（约 1 两）。除了动物蛋白，还应该适当增加一定量的植物蛋白，豆腐、豆干、豆汁等豆制品都是不错的选择。

三、　孕晚期

每天蛋、鱼、畜、禽瘦肉的摄入量共计 175~225g，奶 300~500g。如果孕妇体重增长较多，可多食鱼类尤其是深海鱼，少食带皮畜禽肥肉，以保证蛋白质的摄入，减少脂肪摄入量。坚果类每天食用量小于 10g，大豆类每天食用量小于 20g。油类每天食用量小于 25g，可选择冷榨葵花籽油、初榨橄榄油、大豆油等。孕期可以选择细口小瓶的油，多采用蘸、淋的烹饪方式，防止油的氧化和摄入过多，保证食物既营养又新鲜。

孕妇对碘剂的需求量要比孕前增加一倍，建议非沿海城市的孕妇整个孕期都食用含碘盐，每日碘盐不要超过 5g。在此基础上，每周建议再食用 1~2 次富含碘的海产品，保证足够的碘剂摄入。海带（鲜，100g）、紫菜（干，2.5g）、裙带菜（干，0.7g）、海鱼（40g）、贝类（30g）可任选一项，分别可提供 110μg 碘。

双胎孕妇孕期总增重推荐值（表 1-7）：孕前体重正常者为 17~25kg，孕前超重者为 14~23kg，孕前肥胖者为 11~19kg（参考美国 IOM 2009）。

孕早期可每月测一次体重，要使用校正准确的体重秤。孕中晚期应每周测量，参考上表标准监测体重，注意能量摄入是否匹配胎儿正常生长发育需求，测量体重时尽量选择在早晨起床后，穿着同一睡衣，不吃不喝、排空大小便，用统一体重秤

表 1-7　双胎孕妇孕期总增重推荐值

体重类型	BMI/（kg·m^{-2}）	总增重范围 /kg	孕中晚期每周增重范围 /kg
正常体重	18.5 ≤ BMI < 25	17~25	0.46~0.68
超重	25.0 ≤ BMI < 30	14~23	0.38~0.62
肥胖	BMI ≥ 30	11~19	0.30~0.51

资料来源：Fox N S，Rebarber A，Roman A S，et al. Weight gain in twin pregnancies and adverse outcomes: examining the 2009 Institute of Medicine guidelines.[J]. Obstetrics & Gynecology，2010，116（1）：100 – 106.

进行测量，这样测量出的数值更加准确。可结合孕期体重增长、宫高、腹围增长情况及胎儿大小情况，适当调节营养膳食，同时在遵医嘱的前提下选择合适强度的身体活动以配合体重管理，必要时可咨询专业的营养科医生。

第三节

孕期也要动起来

大量研究证实，孕期适度和规律的运动可以增强体质，有助于孕妇经阴道分娩、降低剖宫产率，同时可帮助控制孕妇孕期体重过度增长、降低肥胖女性妊娠期糖尿病的风险、预防子痫前期发生，以及减轻孕妇抑郁和烦躁症状。美国妇产科医师学会认为，孕期选择适合的运动对于无产科合并症和运动禁忌证的孕妇都是安全的。健康孕妇应每周至少进行 150 分钟有氧运动，可以平均分配在 5 天，即每天进行 30 分钟中等强度的运动。所有的孕期运动都应在产科医生对身体评估没问题后再进行。

孕期适合什么样的运动呢？

　　孕后 4~7 个月是孕妇最佳运动时期。散步、瑜伽、凯格尔（Kegel）运动等低强度运动，或是有氧健身操、快走、跳舞、骑自行车等中等强度运动，均比较适合孕期女性。孕期进行凯格尔运动，可以训练盆底肌力，减少孕期及产后压力性尿失禁的发生，预防盆底功能障碍性疾病。但是，可能导致腰腹部晃动且幅度大而急促的运动如快跑、跳，或身体碰撞类运动如篮球、橄榄球、骑马、艺术体操，以及一些需要长时间保持仰卧位（可能会阻碍下腔静脉回流）的运动，则不太适合孕妇。另外，孕妇还须避免易引起摔倒、外伤、碰撞以及高温下的运动。

视频 1-1
妊娠期 20 分钟有氧
运动 +15 分钟抗阻
运动跟练

如何评估运动强度是否合理安全呢?

要知道,怀孕后孕妇的心脏负荷较孕前已增加了 30%~50%,尤其是 28 周以后,每分钟呼吸次数也有所增加。运动强度是否合适,也会反映在心率和呼吸方面。孕妈妈可以使用"谈话测试"法来监测运动强度:如果在运动的时候还能说话,说明强度适当;若出现气短不能说话,说明强度过高,这时需要降低强度并休息,直到达到适宜的强度。孕妈妈也可以依据自己的"靶心率"(能获得最佳效果并确保安全的运动心率)来进行运动强度监测:靶心率 = 170 - 年龄,或靶心率 =(220 - 年龄)× 70%。

孕妈妈该如何安排每日的运动呢?

孕妈妈可以在餐后 1 小时开始运动,运动时间 30~45 分钟左右,运动后休息 30 分钟,运动节奏循序渐进,切勿心急。孕前如有规律运动锻炼的习惯,正常妊娠且无并发症的孕妇可以采取中等强度运动,并配合轻缓的伸展。孕前没有运动习惯或孕前经常久坐的妈妈可以从 10~20 分钟 / 次,3 次 / 周开始,逐渐增加运动时间及运动量。

运动时的注意事项:

1. 做好热身

孕妇肌肉关节较为松弛,在运动前需要做 5~10 分钟的热身活动,如慢走或者轻度的伸展运动,避免拉伤或抽筋;运动后做 5~10 分钟放松活动,如慢走、按摩肢体等来促进血液循环,避免因回心血量下降发生晕厥等不适。

2. 装备支持

孕妈妈在运动时一定要选择舒适防滑的运动鞋以避免运动过程中跌倒,穿宽松吸汗、有弹性、适宜运动的服装,注意避免在高温、高湿以及空气污浊的环境中锻炼。

3. 补充糖水

妊娠期糖尿病的孕妈妈运动期间应注意防止低血糖或延迟性低血糖的发生,运动时应随身携带饼干或糖块,有低血糖征兆时可及时食用。运动时要有家人陪伴,尽量避免高强度、长时间的运动,运动后要适当补充水分。若在运动期间出现任何不适,要及时咨询专业医生。

4. 把握幅度

孕妈妈在运动时需要注意自己的心率，时间不要太久。特别要避免长时间平躺的运动，不做仰卧起坐等剧烈的腹部运动，避免提举重物。此外，当孕妇在运动期间出现以下情况：阴道流血、规律并有痛觉的宫缩、阴道流液、呼吸困难、头晕、头痛、胸痛、肌肉无力等，应立即停止运动并及时就医。

第四节
胎教

"胎教成功的秘诀就是爱和耐心。"近年来，各国有关胎教的研究和机构逐步发展起来，大家也越来越重视胎教。那么什么是胎教呢？胎教是优生学的一个重要环节，主要指孕妇对身心健康与欢愉的自我调控，为胎儿提供良好的生存环境，同时也给生长到一定时期的胎儿以合适的刺激，通过这些刺激促进胎儿的良好生长。

孕期做胎教有效吗？就目前的研究来看，科学正确的胎教方法对孕妇和胎儿均有积极的作用，准爸妈们千万不要忽视。目前我国胎教的形式很多，主要有音乐胎教、语言胎教和抚摸胎教三大类。

一、 音乐胎教法

有研究表明，音乐胎教能有效降低胎儿的胎盘循环阻力，增加胎盘灌注血流量，有利于胎儿对营养物质和氧气的吸收，同时显著增强胎儿免疫力。国外也有研究认为，接受音乐胎教的新生儿听觉更灵敏，较其他新生儿更容易听见声音，相应地也容易受外界噪声的干扰。如果播放比较优美舒缓的胎教音乐，胎儿肢体是舒展的；播放分贝较高、较嘈杂的音乐时，胎儿会在宫内出现痉挛性的抖动。

音乐胎教简单易行，深受准爸爸、准妈妈的欢迎。在音乐选择上，首要考虑孕妈妈的喜好，不一定非要选择世界名曲，而要考虑音乐的旋律是否优美、温柔，能否让孕妈妈自身的心情愉悦、放松，容易接受。

体位：音乐胎教不受孕妇体位限制，根据孕妇要做胎教的时段和内容自由选择，体位舒适即可，胎教全过程保持全身放松。

时间：每周1~2次，每次可持续10~15分钟，和胎儿正常的活动时间保持一致。一般建议在临睡前进行。

位置：注意不要将扬声器放在肚子上，因为声波进入孕妇体内，会使子宫内的胎儿受到高频声音的刺激，时间久了很容易损伤胎儿的耳蜗和听觉神经，导致听力损伤，甚至耳聋。所以胎教音乐声音要外放，孕妇和胎儿同时听，音乐声音大小以舒适不刺耳为宜。

注意：一般 24 周左右可以开始进行音乐胎教，此时胎儿听觉神经系统已经基本发育完全。胎教前排空膀胱，保持环境舒适、安静，选择舒缓、愉悦的音乐，音乐音量不超过 30 分贝，尽量选择每周固定的时间段进行胎教，以形成良好互动和感应。

方法：选择一个音乐播放器，选择合适的音乐，播放音乐，控制音乐的音量。在音乐胎教的过程中要注意观察胎儿的活动情况，如果发生连续、大幅度的烦躁胎动，应该及时终止音乐胎教；如果胎儿轻柔、舒适地活动，可以继续进行音乐胎教。在音乐胎教的同时，可以结合进行抚摸胎教和语言胎教。

二、　语言胎教法

孕 20 周后胎儿的听觉已经建立，胎教的效果与父母双方胎教的方法至关重要，所以在做胎教时不要仅限于形式。孕妈妈要身心投入，并关注自己的情绪变化。男性浑厚的低音相比女性的语调更容易传入子宫。因此，父母双方应共同参与，传递父母的爱，这有益于胎儿的情感发育。

三、　抚摸胎教法

胎儿在孕期定期接受抚摸胎教，可以促进大脑细胞的发育、加快智力（包括运动智力）的发展，出生后翻身、手部抓握等相关运动能力会较未接受过抚摸胎教的胎儿明显提前发育，而且胎儿对外界的反应也会比较机敏，可以和父母进行动作上的互动。胎儿在子宫内感受父母触摸的同时，准妈妈也可以借此放松身心，提升幸福指数。

抚摸胎教要注意手法，切忌粗暴。

体位：抚摸胎教时选择孕妇较舒适的体位，可以选择半卧位或坐位，全身放松。

时间：可以选择每日 1~2 次，每次 5~10 分钟。

注意：抚摸胎教前排空膀胱，保持周围环境舒适、空气流通。尽量选择每日固定的时间段进行胎教，孕早期、先兆流产、先兆早产、临近产期时都不适宜进行抚摸胎教。

　　方法：抚摸胎教时可以用手捧着腹部，从上而下，反复轻轻抚摸。然后可以用一根手指反复轻压胎儿，或者可以用手轻轻推动腹部与胎儿，多次抚摸后胎儿会逐渐形成条件反射和互动。抚摸的同时要关注胎儿的感受，如果胎儿和平时相比，明显躁动、用力踢，应该及时停止，如果胎儿较平和、动作较温柔，可以继续。在进行抚摸式胎教时，可以给宝宝起个名字和宝宝对话，经常说些简单和固定的词语和短句，或者哼唱歌谣。

　　语言胎教、抚摸胎教鼓励准爸爸共同参与。

第三章

分　娩

第一节
心理准备

孕育十月，准妈妈终于要迎来与宝宝相见的时刻，难免既紧张又兴奋。在分娩时，准妈妈不仅要受到生理的考验，而且还要面临一系列心理的挑战。

对于即将迎来分娩的准妈妈们来说，焦虑是一种常见的不良情绪。准妈妈们有着各自焦虑的内容：有些心急的准妈妈在预产期前就焦虑地盼望早日"卸货"（分娩）；有的准妈妈到了预产期仍无产兆，担心有对自己和胎儿不利的事件发生；有的准妈妈在权衡和怀疑自己是否能顺利自然分娩；有的准妈妈则没有信心，担心自己不能胜任照顾宝宝的任务。

孕妇在分娩前后会有较明显的情绪变化，从而引起生理的应激反应，应激状态下的不良情绪往往又会反过来影响她们的身体。过度紧张、焦虑、抑郁、恐惧等不良情绪会刺激孕妇分泌应激激素儿茶酚胺，从而导致宫缩被抑制，子宫收缩乏力，甚至还会造成难产、产后出血等情况，影响准妈妈们的顺利分娩。对胎儿来说，孕妇的不良情绪也可能影响后期胎儿的认知和情感发育。

因此，孕妇的心理状态至关重要，如有不良情绪需要及时进行适当的心理干预。准妈妈可以寻求助产士及家属的支持和帮助，与有顺利分娩经验的妈妈们交流，听一些与分娩相关的课程，多了解分娩过程，同时可以听一些舒缓的轻音乐，配合适量运动。家属也应全心陪伴，共同努力，缓解准妈妈的焦虑情绪。

第二节
物品准备

一般情况下，准妈妈生产后的住院时间为 1~3 天，每家医院的设备条件不同，所以需要准备的物品也因人而异。准妈妈们在准备入院物品前，最好先和医院的医务人员充分沟通好需要携带的东西（表 1-8）。除了准妈妈的个人物品之外，别忘记准备一些生产后宝宝马上用到的物品（表1-9）。

表1-8　妈妈入院准备

重要证件	身份证、医保卡、病历、母子健康档案、准生证、现金
诊疗用物	胎心监护带
洗漱用品	牙刷、牙杯、洗面奶、毛巾、护肤油
餐食用具	餐盒、水杯、运动饮料2瓶、吸管、红糖等能量食物
其他	一次性内裤、卫生纸、包被、卫生巾/成人纸尿裤、手机、充电器

表1-9　宝宝用物准备

必需品	哺乳衣、卫生巾、一次性看护垫或隔尿垫
宝宝洗漱用品	洗浴盆、婴儿香皂、婴儿浴巾、护臀膏、润肤液、爽身粉、抚触油、毛巾
衣物	和尚服（或好穿脱的柔软舒适的衣服）、手帕或纱布巾（多条）
卫生用品	纸尿裤、湿巾、棉棒、指甲剪
床褥准备	婴儿被褥、婴儿床
其他	吸奶器、瓶刷

建议带一些必需品和一次性用品即可，用完即弃，比较方便。目前有些贴心的医院已为准妈妈们准备了一次性待产包，如果准妈妈来不及准备，可以购买使用医院提供的待产包。尽量不要拿太多的用物或贵重物品，如相机、摄像机等，以免丢失。

第三节

遇见未来的宝宝

在经过长时间阵痛后，筋疲力尽的准妈妈们第一次见到了自己的宝宝，分娩的疲惫瞬间因宝宝的出生一扫而光。助产士会告知妈妈宝宝出生的时间和性别。出生后的宝宝马上被放置在妈妈腹部预先铺好的温暖干毛巾上，助产士会迅速擦干宝宝身体的水分和污垢，擦干的同时，还会快速评估宝宝呼吸状况，给予常规婴儿出生评分。当第一次来到世界的宝宝有了呼吸、哭声，助产士就会帮助宝宝摆好体位，腹部向下，头偏向一侧，方便宝宝皮肤与妈妈皮肤直接接触。一切准备就绪，妈妈可以好好观察自己的小宝宝了。

此时助产士还要进行一系列分娩后操作：等宝宝脐动脉搏动停止后剪断脐带，然后协助产妇娩出胎盘，检查伤口并进行会阴伤口的缝合。妈妈可以借此时机观察一下宝宝的呼吸和肤色。

分娩后需要特别注意以下两点：

1. 马上进行皮肤接触。分娩后马上进行母婴皮肤接触可以帮婴儿保暖、促进母子情感交流，有益于顺利建立泌乳反射，促进母乳喂养的顺畅。母婴皮肤接触还能刺激婴儿的免疫系统（黏膜相关淋巴组织），防止出生后血糖过低，并且有助于母亲皮肤菌群移植（家庭友善菌群）。

2. 喂养暗示。宝宝一开始是流口水，然后嘴张开，用舌头舔、吸、咬手指。最后宝宝努力搜寻到妈妈的乳房，并张大嘴碰触乳房。妈妈也可以将拇指在上，手掌和其余四指在下形成"C"字形托住乳房，协助宝宝吸到乳头。

有的新生小宝宝出生后可能会休息 30 分钟或更长时间，然后才传递出喂养暗示，表示本宝宝已准备好吃母乳了。妈妈这时需要细致、耐心地观察和捕捉，一旦宝宝出现喂养信号，应立即进行母乳喂养。泌乳是一系列复杂的生理反射，有证据表明，产后尽早（≤1 小时）让宝宝进行吸吮的妈妈在分娩 6 周后泌乳量会显著增高。妈妈应争取做到让宝宝在出生后频繁吸乳，从而刺激乳腺组织结构和泌乳功能的改变，快速启动泌乳进程，让新生儿早日吃到宝贵的初乳。

如果母乳分泌不足，妈妈可以借助一些方法促进乳汁的分泌，比如让宝宝勤吸吮，尤其是保持夜间哺乳；还可以通过手挤奶或吸奶器吸奶适当增加吸乳频率；另外，保证充足的休息和水分的摄入也能帮助妈妈分泌乳汁。妈妈也可以通过对宝宝的观察来判断母乳是否充足，当观察到宝宝慢而深地吸吮，看见吞咽的动作，表明宝宝吃到了奶；当宝宝自己放开乳房，表情满足且有睡意，表明乳汁充足。

一般而言，身体健康的女性都能在产后泌乳，新生宝宝的胃容量很小，正常足月新生儿的胃容量在 30mL 左右，出生两周的新生儿，胃容量大约在 60mL，28 天的新生儿，胃容量在 90mL 以上。因此，哺乳新生儿，一次仅需要少量的母乳就够了，经过频繁的哺乳，母乳量会在半个月内大幅度上升。注意此期间不要添加奶粉，添加奶粉会让新生儿吸吮母乳的次数减少，对乳头刺激少了，母乳的量就上不来了。如果新手妈妈存在不适合哺乳的情况，可以给予人工配方奶哺喂，但是应注意新生宝宝胃容量小，不应该使用大量配方奶进行哺喂，防止胃扩张得过大、过快，从而导致宝宝出现消化和其他身体功能性的问题。

第四节
**自然生产产妇的
照护**

一、 分娩启动

临近预产期，规律宫缩、阴道流水、阴道出血"三大信号"的出现，为入院待产的征兆。分娩有可能即将开始，也就是常说的产程要发动了。如果有其中一项，准爸爸不要慌张，可认真观察，根据情况判定，及时带准妈妈去医院就诊。准妈妈提前准备好的待产所需用物可以放在随时可取的位置，以方便出门带走。

认真解读不同的入院信号，可以做到心里有数，不会临阵慌乱和耽误就诊。

1. 阵痛：规律宫缩

特点是不论什么姿势，不管站着、坐着、躺着、走着，都感到大概每隔5分钟一次的肚子疼痛，且持续加剧。

分辨和处理：前期与月经痛类似，开始时宫缩不规则，此时准妈妈应该记录宫缩来临和结束的时间。当宫缩变为大概5分钟一次，每次持续1分钟，规律出现1小时的时候，准妈妈就必须及时乘车前往医院。

2. 破水：阴道流水

如果感觉阴道突然有大量、温热的液体流出，可能就是破水了。

分辨和处理：有时觉得有水流出但并不是很多，可以再仔细观察一下。破水即须联系入院，但一定要先自行记录破水的时间，以备入院就诊时医生评估产程。若末次产检显示胎头已入盆，破水后即可去医院就诊入院；若末次产检为臀位或者显示胎头尚未入盆，破水后应马上平卧，同时垫高臀部以防止脐带脱垂，建议准爸爸联系120急救车，尽快送准妈妈躺平前往医院。

3. 阴道出血

如果阴道出血的量明显大于月经量，须及时前往医院就诊。

分辨和处理：阴道出血量明显大于月经量，这种情况可能是发生了胎盘早剥或者胎盘前置，如果处理不及时，严重的会危及母婴安全。因此出现这种情况，需要第一时间前往医院就诊。

二、 自然分娩产程

自然分娩总产程是指分娩的全过程，指从开始规律宫缩到胎儿、胎盘娩出的过程。自然分娩产程分为三个阶段：

第一产程：宫口扩张期。这个过程初产妇需要 11~12 小时，直到宫口完全扩张打开至 10cm 为止。

这个阶段的疼痛主要为牵拉钝痛，来自子宫收缩和宫颈扩张，尤其是张开至 7~8cm 时更为剧烈，此时产妇可配合宫缩进行呼吸调整，减轻痛感。

第二产程：胎儿娩出期。是指宫口开全到胎儿娩出的过程，大概 1~2 小时。

这个阶段的疼痛有具体部位，较尖锐，准妈妈会有强烈不自主的排便感。此刻需要密切配合助产士的指令来用力，切勿不顾一切地用力，以免造成体力透支、乏力，或者不必要的会阴撕裂。

第三产程：胎盘娩出期。这时候的疼痛来自医生和助产士的内检，如有撕裂或侧切还需进行缝合。有经验的医生会尽量缩短操作引起的疼痛不适。

对于初产妇来说，分娩过程时间较长。准妈妈要放松精神，建立自己分娩成功的信心，勇敢面对。分娩过程中若有不适，要及时与医生、助产士、护士交流。

三、　自然分娩的饮食建议

自然分娩过程较长，分娩的女性如何保证充沛的体力呢？

很多产妇在待产前会吃得很饱，并准备很多零食，也有的产妇因分娩乏力和疼痛而毫无胃口或无法进食。假如产程延长，准妈妈在娩出的关键时刻已耗尽能量，会因没有力气配合而难以完成自然分娩，增加胎儿窘迫和窒息的风险。那么，产前、产时究竟要怎么吃、吃多少，才能有利于顺利分娩呢？

第一产程：尽量多吃，少食多餐。

此时肠胃的饱胀感因胎儿下降有所减轻，且此时产妇不需要用力，可以在疼痛间歇期尽可能多吃些喜欢的食物，以便储备能量，为第二产程的分娩做好准备。饮食以碳水化合物为主，因其在体内的代谢速度较快，在胃中停留的时间短，不会在宫缩时引起不适。尽可能吃一些清淡、易咀嚼、易消化的食物，如蛋糕、挂面、蛋羹、粥等，少吃快餐、油炸类食物以及产气多的薯类，以免难消化，引起胃胀。

第二产程：少吃多喝。

因为疼痛加剧，多数妈妈不愿进食，但却因出汗、排尿而容易丢失水分，这时可以饮用一些含糖果汁和功能性饮料，以补充能量和水分。在第二产程中，产妇需要不断用力，所以应进食一些易消化、高能量的食物，如运动饮料、含糖果汁、粥等，不喝含气、咖啡因或酒精成分的饮料。如果实在无法进食，也可以通过静脉输注葡萄糖来补充能量。

在一些特殊情况下，如妊娠合并糖尿病，应遵守相应的饮食要求，在专科医生的指导下选择无糖食品及饮料，通过合理安全的饮食将血糖稳定控制在正常范围。

四、产程中的运动指导

产妇在医生指导下分阶段采取不同体位，可以改善疼痛、促进产程。

第一产程：产妇可借助直立位来减少疼痛感，有助于产生更有效的宫缩，缩短分娩时间，减少对药物和医疗干预的需要。准妈妈应在自身条件许可的情况下下床活动，或坐或站或移动，不断改变姿势，以采取一种自己感觉最舒服的体位。

第二产程：准妈妈在第二产程可以选择自己感觉舒适的体位进行分娩。每种体位各有利弊，应结合当时具体情况选用。蹲位（图 1-3）或者侧卧位（图 1-4）可以最大限度地增加骨盆出口；直立体位可以利用重力作用，缓解产妇疼痛；侧卧位有一定预防外阴损伤的作用；仰卧位或截石位[①] 有可能会增加胎心率异常、侧切、器械助产的概率。

图 1-3　蹲位

① 患者仰卧于手术床上，臀部齐床沿，两腿分开放在支架上，两手放于胸部或身体两侧的体位。

图 1-4　侧卧位

视频 1-2
拉梅兹呼吸法

视频 1-3
按摩镇痛法

髂前上棘按摩

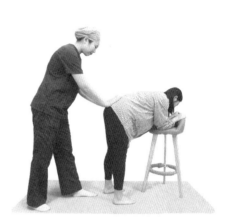

腰骶部按摩

图 1-5　按摩镇痛

五、　分娩镇痛方法

分娩镇痛是指用药物和非药物减轻分娩时"产痛"的措施。随着医学科学的发展，分娩镇痛越来越受到人们的关注。分娩镇痛一般分为非药物镇痛和药物镇痛两种方法。非药物镇痛方法包括：呼吸镇痛、按摩镇痛、音乐理疗、分娩球等。药物镇痛方法包括：吸入镇痛、阻滞麻醉、哌替啶镇痛等。

1.　呼吸法镇痛

拉梅兹分娩呼吸法强调分娩是一种正常、自然、健康的过程，通过学习与持续的练习，使产妇心理和生理上都有所准备。采用拉梅兹呼吸法最重要的是可以使准妈妈充分了解分娩过程中自己的身心状况，进而发挥出最大作用。

2.　按摩镇痛

准妈妈可以让丈夫或陪伴的助产士帮助按压手、脚、髂前上棘、髂棘或腰骶部（图 1-5），再与呼吸法相结合。

3.　音乐理疗

音乐可以缓解产妇在分娩时的紧张情绪，分散产妇注意力，并减轻宫缩时的阵痛。

4.　分娩球

　　"分娩球"又称"导乐球"。分娩球运动可以帮助产妇获得舒适体位、扩张产道、促进胎儿下降、减轻分娩疼痛。孕产妇可在医生或助产士的指导下使用分娩球变换体位。

　　坐：孕产妇坐在分娩球上，双脚平放在地面上，与球构成稳定状态，两腿分开，保持身体平衡。分娩球带动身体上下震动，左右摇摆，顺时针或逆时针旋转（图1-6）。

　　侧卧：适用于实施硬膜外麻醉或不便下床活动的孕产妇。将分娩球放在两腿之间，利用分娩球作为支撑，使骨盆打开（图1-7）。

5.　药物镇痛方法

　　药物镇痛最常采用硬膜外麻醉。由麻醉医师将少量局麻药注入硬膜外腔，并使用镇痛泵维持一定剂量的持续给药，让准妈妈可以在头脑清醒的情况下，使盆腔肌肉放松、宫缩疼痛感减少50%~90%，轻松愉悦地度过分娩过程。由于药物镇痛的麻醉药剂量只有剖宫产手术麻醉药剂量的1/10或更少，因此它的风险比剖宫产麻醉要小；而且经由胎盘吸收的药量微乎其微，对胎儿并无不良影响。

视频 1-4
分娩球镇痛法

图 1-6　使用分娩球（坐位）

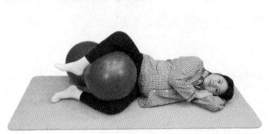

图 1-7　使用分娩球（侧卧位）

"无痛分娩（硬膜外麻醉）"适用于绝大多数女性，尤其适合特别怕痛的初产妇、宫缩强烈导致严重宫缩痛的产妇，但不适用于一些产科急症、背部受伤感染、腰椎畸形或有腰椎手术史、产前出血、休克及凝血方面有问题的产妇。

何时开始药物镇痛?

在产妇自愿接受药物镇痛的前提下，当宫颈消失，宫口开 1cm 以后就可以进行麻醉。

准备进行药物镇痛的产妇需要注意以下几点：

◇　详细告知自己的病史，特别是腰部疾患、凝血障碍、感染症状。

◇　无痛分娩麻醉前静卧配合胎心监护 20 分钟。

◇　麻醉穿刺过程中，准妈妈如果正好赶上宫缩痛，请及时和麻醉医师说明，与其协调配合，以免发生危险。

◇　穿刺结束后，配合医生观察一段时间，再次进行胎心监护 20 分钟，以确保没有不适。

◇　药物麻醉后进食一些易消化食物，少量多次；下床活动时准爸爸搀扶帮助；定时排尿，若 2 小时未排尿，请及时通知医护人员。

◇　20 分钟之内只能按一次麻醉泵加强量。

六、　自然分娩后照护

分娩结束后，医护人员会告诉妈妈宝宝的出生时间、性别、体重，帮助进行早期母婴皮肤接触，给予母乳喂养指导。待会阴伤口缝合结束后，产妇会被留在产房继续观察 2 小时。此时，疲惫的妈妈可以喝点红糖水补充能量和产程中由于大量出汗而损失的水分。2 小时后，医务人员会将产妇送到产后的母婴同室病房继续观察护理，爸爸要做好准备迎接妈妈和新生命。

第五节

剖宫产产妇的照护

如果准妈妈在怀孕过程中合并一些严重疾病，或者在分娩过程中出现突发情况，则有可能需要采取剖宫产手术的方式结束分娩。

剖宫产分为择期剖宫产和紧急剖宫产。择期剖宫产是在怀孕期间就决定采用，而紧急剖宫产是计划之外的决策，是在分娩过程中不得已做出的决定，如出现胎心率下降、分娩时间过长、胎盘早剥等情况，就需要采用手术方式尽快娩出胎儿。

接到手术通知后，准妈妈就不能再饮水和进食了。医生和助产士会向产妇和家属叮嘱，并做术前准备。具体内容如下：

◇　请本人和家属在手术知情同意书上签字。

◇　腹部和会阴部皮肤准备。

◇　交叉配血。

◇　插导尿管。

◇　指导更换干净的病号服。

◇　将产妇假牙或贵重首饰等取下，交与家属保管。

剖宫产手术一般采用硬膜外麻醉，麻醉剂是从后腰部正中注射进去，所以产妇仅腰部以下被麻醉，意识保持清醒。产妇被推进手术室后，家属在手术室外等候。手术全程大约1小时，病情较复杂的剖宫产手术时间会有所延长。新生儿娩出后，医生会告知妈妈宝宝的准确出生时间、性别及体重，协助新生儿进行早期皮肤接触后，助产士会带着宝宝回到病房。妈妈还需一点儿时间接受后续的伤口缝合，直至手术结束，即被送回病房与爸爸和宝宝团聚。

第六节
产后运动

一、　产后多久可以下床活动

顺产的妈妈总体恢复较早较快，在分娩后就可以下床活动了。但是，由于生产时体能消耗多，产妇下床时容易发生晕厥，须待正常进食进水之后再下床，且最好有家属全程搀扶陪同，保证安全。

剖宫产的妈妈由于麻醉药的使用以及伤口疼痛等原因，不能在产后立即下床活动。剖宫产术后6小时内不能抬头、枕枕头，应该保持平卧。若有恶心呕吐症状，可以把头偏向一侧，防止误吸呕吐物引起窒息。卧床期间要多翻身，最好每0.5~1小时翻身一次，促进肠胃蠕动，也避免肠粘连的发生。6小时后，可以开始抬头、枕枕头，也可以把床头摇高，利于恶露排出。

6小时后，剖宫产术后的妈妈应视自身情况在家人搀扶陪护下尽早开始活动。

活动能够促进产后恢复，预防各种产后并发症的发生，切忌卧床不起。一方面，在产褥期①，产妇因体液排出较多，血液处于高凝状态，若不及早下床则易发生下肢深静脉炎，甚至发生静脉血栓；术后久卧还可能会导致肠粘连，出现腹部不适和隐痛、反复性呕吐、排便排气时间延长等，而尽早下床活动能避免这些术后并发症的发生。另一方面，由于分娩后的子宫尚未恢复，容积较大，加上韧带松弛，如果长时间平卧，子宫就像一个向后仰躺的大袋子，血液积存在内，不利于恶露排出，而术后尽早下床活动，体位由卧姿改为站姿，重力的作用可以帮助子宫更好地收缩，减少产后出血的发生。除此之外，早下床活动还具有缓解便秘、防止尿潴留等诸多益处。一些专家建议并鼓励产妇在术后1天甚至更早（术后6~8小时）下床活动。

剖宫产术后初次下地会比较困难，动作太轻起不来，动作太重又会因为腹部肌肉用力导致拉扯伤口引起疼痛。那么第一次下床的技巧是什么呢？可以试试"下床三步曲"：

第一步：卧床时多左右翻身、活动四肢，为下地做准备。下床前先换成侧卧的姿势。

第二步：用手臂慢慢地撑起上身，变成坐姿，再慢慢地把腿垂在床侧，这时候可以喝些温开水，让身体的血液循环加快，血液分布均匀，才不至于猛然站起来时大脑供血不足引发头晕。

第三步：让脚踏在地板上，脚后跟要能够得着地面，再用手掌撑着床边站起来。站稳后试着小范围活动一下，无任何不适后再由家属搀扶着慢慢向外走。

二、　产后可以做哪些运动

1. 室内漫步

根据自身情况，量力而行，循序渐进，漫步时要摆开双臂。

2. 盆底肌训练

盆底肌，是指封闭骨盆底的肌肉群，这一肌肉群犹如一张吊网，紧紧吊住尿道、膀胱、阴道、子宫、直肠等盆腔脏器，并有控制排尿、排便、维持阴道紧缩感、增进性快感等多项生理功能。在怀孕阶段，雌、孕激素的分泌会让韧带和肌肉处于松弛状态。不论是顺产还是剖宫产，分娩时胎头对

① 从胎盘娩出至生殖器官完全恢复的一段时间，通常为6~8周。

盆底肌肉的压迫都会让肌纤维很受伤。如果不能维护好这部分肌肉的功能，就可能会出现尿失禁等问题，所以产后盆底肌的功能训练不容忽视。

目前最为大家所熟知的盆底肌训练方法是1948年由美国医师Arnold Kegel提出的凯格尔运动。凯格尔运动又称为骨盆运动，即有意识地对以耻骨尾骨肌为主的盆底肌肉（即肛提肌）进行锻炼，以预防和治疗产后尿失禁、阴道子宫脱垂等。这个运动做起来非常简单，无论是坐着还是躺着，都可以进行，也不需要特别的场地。当然，要想达到锻炼的效果，准确地找到盆底肌是很重要的。

如何找到盆底肌？

憋尿法：在小便过程中尝试突然停尿，感到收紧的那块肌肉就是盆底肌。切记，该方法只是帮助我们正确找到盆底肌，训练不要在憋尿的状态下进行。

指检法：将一根手指放入阴道内，收紧阴道及肛门，可感到手指被周围肌肉挤压，这部分肌肉就是盆底肌。

凯格尔运动怎么做？

运动前先排空尿液。收缩耻骨尾骨肌群，同时要尽量避免收缩大腿、背部、腹部肌肉。

仰卧：平躺于床上或地上，双膝微屈，腹部放松，自然呼吸。双脚弯曲，臀部抬起，同时收缩会阴部肌肉数到5，臀部放下并且放松数到5。

坐姿：坐在椅子的前半部，会阴部压于椅子的前缘，身体放松。单手放于会阴部，收缩会阴和肛门，感觉会阴收缩的力量，收缩时数到5，然后放松数到5。收缩时可感觉到会阴部肌肉离开椅子的前缘。

站姿：自然站立，双肩自然下垂，双脚分开与肩同宽，双脚平行。感受肛门收缩的力量，收缩会和阴肛门，收缩时数到5，然后放松数到5。

3. 有氧运动

产后前4周可以循序渐进地进行呼吸功能训练、肌力训练，提高心肺功能；产后4~6周可以开始规律的有氧运动。运动方式和运动量可以根据个人喜好及自身耐受情况选择，如腹式呼吸、卧位体操、瑜伽等。有其他疾病或合并症的产妇可以根据医生的建议适当调整运动计划。需要注意，产后不宜进行水中的运动，以免伤口受到细菌侵入造成感染。

第四章

父母课堂

第一节
产后一个月的运动指导

这个阶段的运动目标是恢复性训练，即恢复身体的运动能力，增强下腹部和盆底肌的锻炼，提高身体灵活性。不可急于进行有氧和力量训练，剧烈的运动会导致子宫和伤口恢复减慢、引起出血。

那么，产后一个月可以做的运动有哪些呢?

1.　散步

开始时每天步行 5~10 分钟，之后逐渐增加至每天步行 30 分钟，可分次进行。注意量力而行，循序渐进。

2.　盆底肌训练

主要指凯格尔运动，参见第三章第六节"产后运动"。

3.　产后健身操（图 1-8）

产后运动能够恢复肌肉力量，塑造优美体形，使人精力充沛，帮助新妈妈们轻松恢复健美身材。可以根据自身情况，运动量由小到大、由弱到强循序渐进地练习。一般在产后第 2 天开始，每 1~2 天增加 1 节，每节重复做 8~16 次。产后健身操可一直做到产后第 6 周。

第 1 节　腹部运动：仰卧，两臂上举，深吸气，收腹部。然后两臂放平，呼气，腹部放松。

第 2 节　屈膝触臀：仰卧，两臂伸直平放，然后屈膝至脚后跟靠近臀部。

第 3 节　挺腹顶臀：屈膝而卧，上抬臀部，再放下。

第 4 节　仰卧起身：屈膝仰卧，两臂伸展。上身稍抬起，两手摸膝，稍停。

第 5 节　侧卧屈膝：右侧卧，两腿伸直，屈左腿。然后左侧卧，屈右腿。

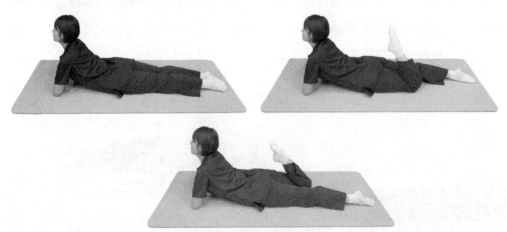

第 6 节　俯卧屈腿：俯卧，两腿伸直放平，屈膝，脚跟靠近臀部。一侧做完再做另一侧。

图 1-8　产后健身操

视频 1-5
产后康复操

尤其需要注意，在产后一个月运动时，不宜做深蹲、憋气、负重等动作，避免增加腹压，引起阴道松弛、阴道膨出、子宫脱垂、痔疮等问题；不宜剧烈跑跳和过度拉伸，以免对处于松弛状态的关节和韧带造成伤害。

第二节

哺乳期营养食谱

人类母乳最大的特点是其成分及含量与宝宝的生长发育所需同步变化。整个哺乳期、一天之中，甚至一次喂哺过程中的母乳成分都可能不尽相同。每个母亲的母乳营养成分也不完全相同，而哺乳期妈妈的营养和膳食摄入是影响乳汁成分的重要因素之一。

哺乳期的营养问题至关重要，关系到母婴双方乃至新生儿成长期的发育和健康。哺乳期妈妈既要分泌乳汁哺育婴儿，还要补充妊娠分娩时营养素的损耗并逐步恢复体力，因此与非哺乳期相比需要更多营养。哺乳期妈妈要合理搭配膳食，做到品种多样、数量充足、营养素浓度高，保证自身与婴儿都获得足够的营养。除此之外，哺乳期的膳食尤其需要注意蛋白质、钙，以及锌、铁、碘和B族维生素等微量元素的摄入量，并要求各营养素之间的比例合适，这样既能保证妈妈自身的健康，还可保证乳汁的质量，为持续进行母乳喂养提供保障。

那么，哺乳期妈妈该如何做到膳食营养均衡呢?

一、 品种多样化并保证充足的能量

膳食计划应多样化，以满足营养需要为原则，无需特别禁忌。要注意保持产褥期食物多样、充足而不过量，每天的膳食应包括粮谷类、果蔬类、鱼禽肉蛋类、奶制品、大豆坚果和油盐，粗细搭配、荤素合理，同类食物可以互换，以丰富食物的摄入。摄入食物的数量也应相应增加，根据《中国居民膳食指南（2022）》的推荐，哺乳期妈妈一天的食物建议摄入量为粮谷类 225~275g（其中全谷物和杂豆占比不低于 1/3）、薯类 75g，主食不要过于单一，尽量做到粗细搭配，适当加入一些杂粮，如燕麦、小米和各种豆类等，既能保证营养素全面，还可使蛋白质之间起到互补作用，提高整体蛋白质的营养价值。每天蔬菜摄入量 400~500g，水果摄入量 200~350g，由于蔬菜相较于水果能量值较低，而且微量元素含量更丰富，所以建议多吃蔬菜，且其中 2/3 为绿叶蔬菜，以降低产后体重滞留或后续发生超重或肥胖的可能性。每天鱼、禽、蛋、肉类（含动物内脏）推荐摄入 175~225g，动物肝脏富含活性维生素 A（视黄醇），利用效率高，每周可增选 1~2 次猪肝（总量 85g）或鸡肝（总量 40g）。每天摄入奶及奶制品 300~350g，大豆 25g，坚果 10g，烹调油 25g，食盐不超过 5g。由于哺乳期摄入量较大，如果哺乳期妈妈自觉一日 3 餐负担较重，可将 3 餐变为 5~6 餐，每日饮水量应达 2 100ml。

注意，哺乳期妈妈的能量需求非常重要，但并非恒定不变，而是会随着哺乳期的时间而动态增减。在哺乳期的前 6 个月，每天的能量摄入要比孕前增加 500kcal，一般哺乳期妈妈每天需要额外摄入 400~500kcal 能量，以满足能量需求。每天的能量需求取决于活动水平、BMI、体脂率、每日泌乳量等因素。到了哺乳期的 7~9 个月，每天摄入能量的增加量降为 400kcal。哺乳期妈妈每日哺乳和产奶需要消耗 700kcal 能量，其中，500kcal 来源于每日摄入的食物，另外 200kcal 可由孕期体内储存的皮下脂肪消耗提供。因此，哺乳期妈妈应平衡摄取，保证每日能够摄入足够全面的营养素，不要偏食。

二、 充足的优质蛋白质

充足的优质蛋白质是哺乳期的饮食摄取重点，是母体康复和乳汁分泌的量与质得以保证的基础。正常情况下，哺乳的最初 6 个月内，平均泌乳量为每日 750ml，蛋白质摄入少时，乳量可减少 40%~50%。增加哺乳期妈妈的蛋白质摄入还可使乳汁中蛋白质含量增加，以每日 750ml 乳汁量计算，每 500ml 乳汁内蛋白质的含量约为 9g，所以 750ml 乳汁需要消耗母体内 14g 蛋白质。因膳食蛋白质转变为乳汁蛋白质的转换率为 70%，故哺乳期妈妈膳食蛋白质摄入需在一般成年女性基础上每天增加 25g。

哺乳期妈妈须保证摄取富含优质蛋白质的食物。首先，优先考虑增加动物性食物，如鱼、禽、蛋、瘦肉等，它们可提供丰富的优质蛋白质及维生素 A。一些哺乳期妈妈可能受经济条件限制无法保证动物性食物的摄入或者为素食者，则可选择摄入富含优质植物蛋白质的食物，如大豆类及其制品，它们同时富含钙质，要充分食用（表 1-10）。

表 1-10 可获得 25g 优质蛋白质的食物组合举例

食物质量 /g	蛋白质含量 /g	食物质量 /g	蛋白质含量 /g	食物质量 /g	蛋白质含量 /g
牛肉 50	10.0	瘦猪肉 50	10.0	鸭肉 50	7.7
鱼 50	9.1	鸡肉 60	11.6	虾 60	10.9
牛奶 200	6.0	鸡肝 20	3.3	豆腐 80	6.4
合计	25.1	合计	24.9	合计	25.0

资料来源：《中国居民膳食指南（2022）》。

表 1-11 可获得 1 000mg 钙的食物组合举例

食物质量 /g	含钙量 /mg	食物质量 /g	含钙量 /mg
牛奶 515	540	牛奶 310	325
豆腐 100	127	豆腐干 60	185
虾皮 5	50	芝麻酱 10	117
蛋类 50	30	蛋类 50	30
绿叶菜（如小白菜）200	180	绿叶菜（如小白菜）300	270
鱼类（如鲫鱼）100	79	鱼类（如鲫鱼）100	79
合计	1 005	合计	1 006

资料来源：《中国居民膳食指南（2022）》。

三、 丰富的矿物质及微量元素摄入

哺乳期妈妈对钙的需要量增加，推荐摄入量为每天 1 000mg（表 1-11）。奶及奶制品（如鲜奶、酸奶、脱脂奶、奶粉、奶酪等）含钙量高，并且易于吸收利用，是钙最好的食物来源，每天最好保证一定的摄入。每 500ml 鲜奶可提供优质的钙 540mg。虾皮、豆制品、小鱼、深色蔬菜含钙量也很丰富，也是补钙的优选食物。大豆类食品的钙质吸收利用比较好，可以作为钙的良好来源。为促进钙的吸收和利用，哺乳期妈妈还应注意维生素 D 的补充，如增加户外光照时间。生活在高纬度地区缺乏光照、户外活动少的妈妈容易缺乏维生素 D，可以服用维生素 D 补充剂，剂量可达每日 400IU。

哺乳期妈妈应注意食品安全，少吃高钠、腌渍的食品以及刺激性食品，应摄入用碘盐烹饪的食物。世界卫生组织的报告《孕前期、妊娠期和母乳喂养期妇女的营养》表明："碘和硒的含量反映了孕产妇的营养状况。母乳中有足够浓度的

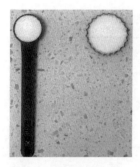

图1-9   1盐勺2g盐，
1瓶盖5g盐

碘，才能形成新生儿甲状腺激素的最佳储存量，并避免母乳喂养新生儿的神经发育障碍。"哺乳期妈妈要达到每日240μg的碘摄入量，以满足身体需要。参照《中国居民膳食指南（2022）》的建议，每日应摄入5g加碘食盐。市售控盐勺约2g一勺，一个啤酒瓶盖平铺食盐的量差不多是5g，为1天的盐摄取总量（图1-9）。除选用碘盐烹调食物外，还需增加碘含量比较丰富的海产品的摄入，如海带、紫菜、贻贝等。建议每周摄入1~2次富含碘的海产品。可提供140μg碘的常见食物有海带（鲜，120g）、紫菜（3g）、贻贝（40g）、海鱼（50g）。

四、 蔬菜、水果和海藻类

摄入足够的新鲜蔬菜、水果和海藻类可增加食欲、防治便秘、促进乳汁分泌和保证乳汁中维生素和矿物质的含量，对哺乳期妈妈至关重要。哺乳期妈妈的食物应均衡多样，但不过量，注意荤素搭配、粗细搭配，重视蔬菜和水果的食用，以保证多种维生素、矿物质、膳食纤维、果胶、有机酸的摄入。

五、 科学烹饪

对于动物性食物，如畜类、禽类、鱼类的烹调，以煮、焖、蒸、煲为好，应减少煎、炸的烹调方式。膳食调配中应保证汤汁的供给，如鸡、鸭、鱼、肉汤，建议选脂肪含量低的肉类煲汤，喝汤的同时也要吃肉；也可以把豆类及其制品和蔬菜做成汤，这样在增加营养素的同时，还可以补充水分，促进乳汁分泌。在烹调深绿色蔬菜时，可以以余烫和急火快炒为主，以减少维生素C等水溶性维生素的损失。

六、 其他

多样化和均衡膳食在保证哺乳期妈妈的营养需求之外，也可以通过乳汁的口感和气味，影响婴儿对辅食的接受度，帮助孩子后续建立多样化的膳食结构。母乳中的成分和婴儿不同阶段的需求相匹配，并且动态变化。母乳丰富的气味和口感能刺激婴儿的感觉统合。有时当哺乳期妈妈吃了某种食物再继续哺乳后，婴儿容易烦躁，这可能是食物中的某些物质，如辛辣刺激的成分进入乳汁，部分被婴儿吸收所导致。咖啡、浓茶、可乐中的咖啡因可进入乳汁使婴儿不安。另外，有学者认为，单纯母乳喂养的婴儿出现的湿疹现象可能与哺乳期妈妈膳食中的某些食物相关。比如哺乳期妈妈饮食中某些食物所含的蛋白质，如牛奶、蛋类、黄豆或花生，可能引起婴儿过敏，导致婴儿产生皮肤问题。此外，若哺乳期妈妈吸烟或服用一些特殊药物，宝宝往往比其他婴儿哭闹得厉害，同样，家里其他人吸烟也会对婴儿产生影响。因此，这些情况需要哺乳期妈妈和家人特别注意。

哺乳期液体的摄入也要讲究科学，考虑到此阶段哺乳期妈妈基础代谢率高、出汗多，且每天摄入的水量与奶量密切相关，需水量多于一般人，故应适当增加汤水摄入，每日应比孕前增加 1 100ml 水的摄入。建议遵循几个科学饮汤原则：餐前不饮汤，在八九分饱时喝一碗汤；要连汤带肉一起吃；不宜饮用多油浓汤（易引起婴儿消化不良性腹泻），喝汤时可以去油后再饮用；注意食材搭配，效果事半功倍。一天膳食可参考表 1-12。

表 1-12　哺乳期女性一天的膳食建议举例

餐别	膳食	食材
早餐	肉包子	面粉 50g、猪肉 25g
	红薯稀饭	大米 20g、小米 10g、红薯 25g
	拌黄瓜	黄瓜 100g
	煮鸡蛋	鸡蛋 50g
上午加餐	牛奶	牛奶 250g
	苹果	苹果 150g
午餐	生菜猪肝汤	生菜 100g、猪肝 20g、植物油 5g
	丝瓜炒牛肉	丝瓜 100g、牛肉 50、植物油 10g
	大米杂粮饭	大米 50g、小米 30g、绿豆 15g、糙米 10g
下午加餐	橘子	橘子 150g
晚餐	青菜炒豆皮	小白菜 175g、豆腐皮 50g、植物油 10g
	香菇炖鸡汤	鸡肉 50g、鲜香菇适量
	玉米面馒头	玉米粉 30g、面粉 50g
	蒸红薯	红薯 50g
晚上加餐	牛奶燕麦粥	牛奶 250g、燕麦片 10g

资料来源：《中国居民膳食指南（2022）》。

第三节

哺乳期安全用药

分娩后的哺乳期，妈妈们都希望能够顺利喂哺，给宝宝一份最优食物——营养物质丰富又安全的母乳。在这期间，妈妈也难免忽略自身，可能因为劳累和其他原因，身体健康出现问题，继而在是否需要用药、是否继续哺乳这些问题上感到焦虑，不得不权衡利弊。

那么在哺乳期，妈妈们如何在保证乳汁安全的情况下合理用药呢？

分娩后的特殊阶段，用药应格外小心谨慎，除了考虑哺乳期用药会影响泌乳，还应特别注意药物对婴儿的影响。原则上，病情能自愈的，如感冒、头痛等小问题尽量不用药；必须用药时，尽量选择药效好、释放快、药物半衰期短，且在哺乳期妈妈体内代谢时间较短的药物。避免使用缓释药剂及在血液中代谢时间长的药物，尽量减少药物成分通过血液循环进入乳汁。哺乳期妈妈应考虑服药和哺乳的时间适当拉开间隔，以利于婴儿避开血药浓度高峰。

哺乳期未经医生评估的自我不合理用药对婴儿危害较大，严重的可使婴儿中毒，损害婴儿的肝肾功能、呼吸功能，影响骨髓造血功能，引起皮疹，造成腹泻、厌食、免疫功能障碍等。比如，哺乳期妈妈服用氯霉素（一种酰胺醇类抗生素），这种药物在乳汁中的浓度为血清中的1/2，可能造成婴儿腹泻、呕吐、消化功能异常、体温下降、血液循环衰竭以及皮肤发灰，即灰色婴儿综合征；服用红霉素后，通过乳汁，可能会引起婴儿肝胆损害，出现黄疸；哺乳期妈妈过量使用维生素K，通过乳汁，可造成婴儿肝损害，发生高胆红素血症及胆红素脑病；如口服避孕药，药物会通过乳汁影响婴儿激素水平，可使男婴乳房增大，女婴阴道上皮增生、月经初潮提前。同时，一些中药，如生巴豆、生马钱子、生天南星、生川乌、生草乌、红粉、生附子等也具有一定毒性，不适宜在哺乳期服用。

一些对新生儿、婴儿影响较大的药物如下：

1. 抗生素：如红霉素、氯霉素、土霉素、庆大霉素、四环素、卡那霉素等。

2. 镇静药、催眠药：如苯巴比妥、异戊巴比妥、水合氯醛、地西泮等。

3. 抗肿瘤药：如氟尿嘧啶等。

4. 消化系统用药：如西咪替丁、雷尼替丁、法莫替丁等。

5. 解热镇痛抗炎药、镇痛药、镇咳药：如对乙酰氨基酚、阿司匹林、吗啡、可待因等。

6. 抗甲状腺药：如碘剂、甲巯咪唑、丙硫氧嘧啶等。

7.　其他：如磺胺类药物、异烟肼、麦角、水杨酸钠、利血平等。

如果不得不用药，应注意哪些事项呢？

1.　同类药物的用药效果也可能会不同，应根据药物半衰期和妈妈们自身哺乳时间间隔、婴儿作息来选择适合的药物。

2.　在医生指导下确定哺乳期妈妈的用药指征，选择疗效好、半衰期短的药物。

3.　相对于口服药，首选局部用药，如外用软膏、贴剂、吸入药物。

4.　避免使用哺乳期禁用药物，如必须使用，应暂时停止哺乳。

5.　对于每日服用一次的药物，应在喂奶后立即使用，以延长与下一次喂奶的时间间隔。

6.　选择"L"分级所推荐的安全性高的 L1、L2 级药物（表 1-13）。

　　哺乳常用药"L"分级是美国儿科学教授 Thomas W Hale 提出的哺乳期药物危险分级系统，一般就诊时如果向医生说明自己正在哺乳期，医生指导用药时通常会尽量选用 L1、L2 级药物。

表 1-13　Thomas W Hale 提出的"L"分级

风险分级	危险程度	解释说明
L1	适用	大量哺乳期母亲服药后无婴儿的不良反应
L2	可能适用	有效数量的哺乳期母亲用药研究证据显示药物对婴儿的不良反应没有增加
L3	可能适用	母乳喂养婴儿出现不良反应的可能性存在
L4	有潜在危险	有对母乳喂养婴儿危害性的明确证据
L5	危险	已证实对婴儿有明确的风险，该类药物哺乳期母亲禁用

　　总之，妈妈身体不舒服时也不要硬扛，在用药（包括注射和输液）时要遵循安全的原则，严格在医生的指导下合理用药，同时充分休息，尽快恢复身体健康。如果治疗需要特殊用药，应该仔细阅读说明书并遵医嘱，暂停哺乳，采取人工喂养，避免对婴儿产生伤害。药物代谢时间过后，可视情况在指导下继续母乳喂养。

第四节

家庭美育助力宝宝健康成长

美育，又称审美教育，是通过各种艺术手段或自然界、社会生活、物质产品与精神产品中一切美的形式所进行的教育，培养人的审美能力和趣味，使人树立健康的审美观念，从而提高人的智慧水平。

父母是孩子走向社会的重要桥梁，是孩子的第一任启蒙老师，而家庭则是孩子的第一间教室，是孩子感受美、表现美、创造美的起点。家庭教育是对孩子影响最早、影响时间最长、影响最深刻的教育，父母的一言一行、一举一动，都对子女有着潜移默化的言传身教的作用。现代社会竞争激烈，大多数家长缺乏精力教育孩子，然而环境对人的影响是相当深远的，家庭环境的优劣、成员素养的高低可直接影响孩子的性格养成及人生发展。作为父母，不仅要深刻认识家庭美育的重要作用，把握好实施途径，还要借此契机完善自我审美教育，一同提升美学素养。在缜密思考和严格筹划的基础上，可以通过观察和实施科学方法，让孩子在自由、愉悦的家庭氛围中潜移默化地感受美学魅力，提高审美能力和趣味，在精神层面得到全面发展。那么，如何才能通过家庭美育给孩子营造良好的成长环境，让孩子从小耳濡目染，感受美学的魅力呢？

家庭美育的范围非常广泛，比如生活环境和房间布置，父母的穿着和在家中的举止言谈等。美育是发自心灵的投射，父母不应局限于外在美的教育，更应注重内在的心灵美的培养。在家中营造自然和谐的生活氛围和美感，有利于培养和激发孩子创造美的兴趣和能力。美育在孩子成长的过程中时时处处都存在，也不等于简单的报绘画班，所有提升孩子对美的认识和观察力的活动都属于美育的范畴，比如阅读好书、经典音乐鉴赏、观展、观看优秀的艺术演出等，接触各种形式的艺术熏陶，延展了家庭美育的涵义，拓展了孩子的眼界。平等、和谐、幸福、乐观、积极向上的家庭氛围对培养孩子分辨良莠的鉴赏力有着至关重要的作用。

当然，美育也不应被局限在家庭中，建议父母带孩子走出去，让孩子去大自然中感受，以启发孩子保护美、珍惜美的高贵品德。

家庭美育已不仅仅是一个家庭的责任，更是当今社会日益关注的问题。我们可能无法决定孩子未来的物质财富，但是当父母给予了孩子充沛的精神食粮，无论未来面对怎样的困难艰辛，孩子都能坦然接受、宠辱不惊。好的家庭美育使孩子一生受益，让美为孩子的一生保驾护航。

第二篇

新生儿（0~1月龄）：
与宝宝的第一次拥抱

第一章

认识新生儿

第一节

正常足月儿

一、 体重身长

新生儿出生后，医生会测量和记录各项身体数值。绝大多数父母最关心的问题就是宝宝的身长和体重是多少，是否符合标准，表 2-1 按照中华人民共和国卫生行业标准 WS/T 423—2022《7 岁以下儿童生长标准》进行整理，数据取中位数。正常足月出生的中国宝宝平均出生体重范围约在 2.5~4.0kg，平均出生体重约为 3.3kg，男婴比女婴稍重；身长范围约在 47~54cm，平均出生身长约为 50cm。个体之间因当地经济发展水平和孕妇因素、产次、营养及遗传因素而存在差异。

宝宝出生后，因排便、失水和吸吮不足吃奶量少，可出现暂时性的体重下降，这是"生理性体重下降"（详见本章第二节），7~10 天就会逐渐恢复至出生体重。新生儿期的后几周，平均每天增长 20~30g，平均每周体重增长 150~200g，满月体重增重 600g 以上。

表 2-1 新生儿身长、体重、头围、BMI 参考标准

年龄	男婴				女婴			
	身长 /cm	体重 /kg	头围 /cm	BMI / （kg·m^{-2}）	身长 /cm	体重 /kg	头围 /cm	BMI / （kg·m^{-2}）
出生	51.2	3.5	34.3	13.2	50.3	3.3	33.9	13.1
1 月龄	55.1	4.6	37.0	15.1	54.1	4.3	36.3	14.7

在新生儿体重方面，值得新手爸妈们注意的是，纯母乳喂养的孩子，其体重增速较用配方奶喂养的孩子要慢一点。因此在满月时，纯母乳喂养的婴儿体重可能比人工喂养的婴儿轻。对此，父母们不必担忧或焦虑，也不要因此放弃母乳喂养而改喂奶粉。

父母们可以用 Fenton 生长曲线图来评估足月新生儿的身长和体重（图 2-1）。在评价新生儿体格生长时，更为重要的是观察新生儿的生长速度，也就是一段时间内身长和体重的增长值。当增长不足、不增或下降时，父母们要在医生的帮助下寻找原因，并及时进行干预。

在 Fenton 曲线图上，某一具体胎龄的新生儿，其身长和体重位于同胎龄人群的第 10~90 个百分位之间都是正常的。父母们可以在医生的指导下，学会用这个曲线图来初步判断自己孩子的身长、体重是否在正常范围并稳定增长，综合评估孩子的体格生长情况。当然，任何身长体重增长图表都是根据成千上万个婴儿的个体情况而总结出来的"平均值"，对孩子健康状况的判断，要具体情况具体分析，也不能完全依赖图表。

二、 皮肤黏膜

新出生的宝宝皮肤娇嫩又光滑，爸爸妈妈对宝宝皮肤的每一处细小变化都会特别关心，一旦皮肤上出现各种变化，爸爸妈妈们往往会紧张不安，总担心宝宝是不是得了大病。其实，初生宝宝刚刚降临世界时，娇嫩的皮肤黏膜难免会发生各种各样的反应。如果一般情况很好，吃喝拉撒睡一切表现都正常，那么爸爸妈妈们不必为此过度紧张焦虑。

让我们一起来学习认识一下宝宝们的皮肤吧！

正常足月出生的宝宝皮肤肤色红润、富有弹性、光滑可人。宝宝肤色的白皙程度会因为家族遗传背景的不同，或可能因处在生理性黄疸期而表现不一，但还是可以观察感受到他们的皮肤黏膜光滑、皮下脂肪分布适度、肤色有光泽。可以说，初生宝宝们才是真正的"小鲜肉"。

有些正常足月的宝宝也会出现一些皮肤常见状况。对于这些状况，只要注意清洁卫生，基本上不需要其他的特殊处理。常见的皮肤黏膜状况有如下几种：

额头及面颊的粟丘疹（图 2-2）：因为新生儿代谢率较高，皮脂腺分泌较旺盛而在额头、面颊等处堆积形成的白色或黄色针头样坚实丘疹。

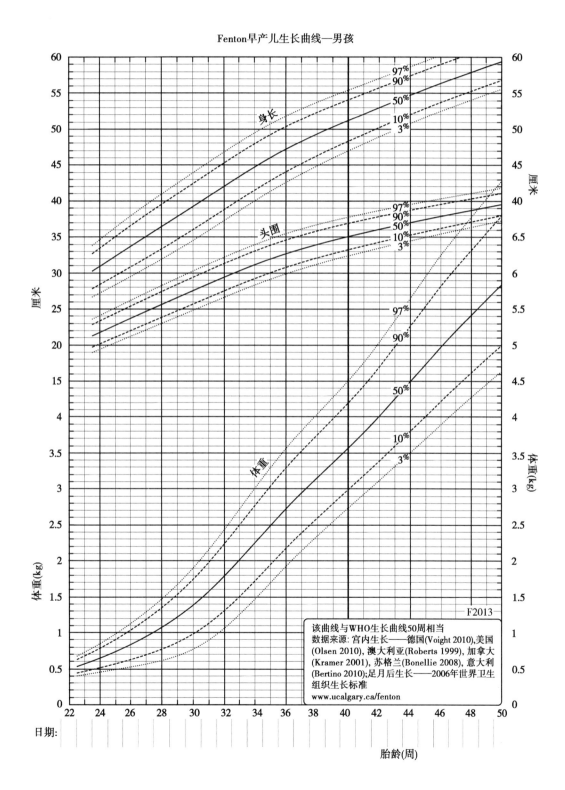

Fenton早产儿生长曲线—男孩

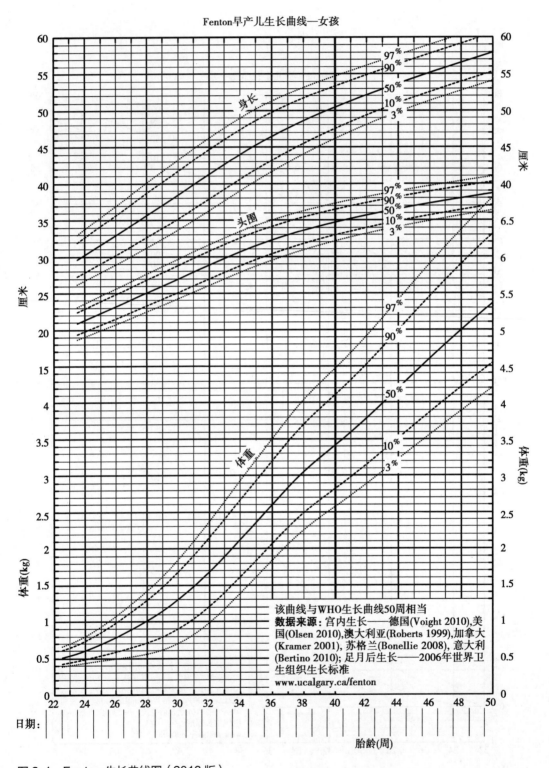

图 2-1　Fenton 生长曲线图（2013 版）

毳毛（图2-3）：新生儿背上生出黑毛刺，多为新生儿毳毛。新生儿胎毛脱落后，可出现毳毛代替，属于正常的生理现象。一般随着新生儿的生长发育，毳毛会自然脱落，不需要特殊处理。

鼻尖的脂肪粒（图2-4）：看起来就是黄色或者白色、不凸出皮肤色小点点，其实就是皮肤的皮脂腺所在地、口唇黏膜色素沉着和上唇中央起皮，特别是用奶瓶喂养的宝宝。

口腔内上皮珠（图2-5）：看起来像牙床上长出小米或大米大小的白色球状颗粒，其实是由上皮细胞堆积而成的。它不影响乳牙发育和婴儿吃奶。一般情况下，上皮珠会自动脱落。

手足的脱皮（图2-6）：这是正常的皮肤代谢。

干结的脐带（图2-7）：每个宝宝的脐带都会经历干结和脱落的过程。

还有一些其他的皮肤情况：

男婴儿"小鸡鸡"尖端皮肤发红：可能是因为和"尿不湿"轻微摩擦导致。

指/趾甲的外翘：宝宝的指/趾甲不够硬，有的稍微长长后会有一点往外翘。

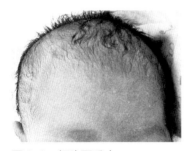

图2-2　额头粟丘疹

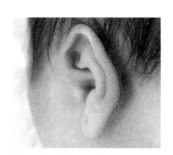

图2-3　耳周毳毛

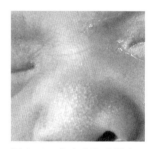

图2-4　鼻尖皮脂腺增生

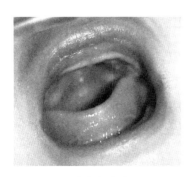

图2-5　口腔内上皮珠

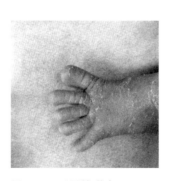

图2-6　手足的脱皮

图2-7　干结的脐带

最重要的一点是，新手父母们要记住，在护理宝宝的时候一定要注意手的卫生。皮肤是新生儿的重要免疫屏障，家长做好手部清洁才能避免皮肤问题和不好的状况发生。在发现宝宝皮肤出现问题时，应及时咨询医生，不要轻易地用不科学的办法对宝宝的皮肤进行擦拭，以免破坏了皮肤的完整性，损害了免疫屏障，导致感染，或进一步加重感染。

三、 视力和听力

1. 新生儿视力

新生宝宝的视力无法用目前已知的视力检测表进行评估，但新生宝宝的确对红色或者颜色反差较大的图案，例如黑白卡（图 2-8）较感兴趣。宝宝们出生 2 周时，对来自半米远外的、向自身方向移动的光线，两眼球可以做出向内转动的动作；出生 3 周就能注视较大的物体并分辨出颜色，两眼可单方向追随物体的移动。如果大人们将一个乒乓球大小的红球从宝宝头的一侧慢慢移动到头的另一侧（移动 180°），当移接近中央时，宝宝的两眼能跟随着红球看，但是宝宝们能追看的范围小于 90°。爸妈们可以将色彩鲜艳且带有悦耳响声的玩具放在距离新生儿眼睛约 25cm 处，一边摇一边缓慢移动，吸引新生儿的视线随着玩具和响声移动；或者坐在新生儿对面，一边喊他的小名一边移动大人的脸，让新生儿注视大人的脸并随之移动，这样可以促进新生儿视觉发育。

2. 新生儿听力

胎儿早在妈妈肚子里时已有听力，正常的宝宝一生下来就能听到外界声音。婴儿在 10 个月以前视神经还没有发育完全，和外界的交流和接触主要依靠听力来传输。我们主要通过对婴儿听觉的训练使其感知外界，并在接收大量信息的过程中充分刺激其听神经进一步快速发育。宝宝喜欢调高但不尖锐的声音，当环境中有尖锐

视频 2-1
追视

图 2-8　宝宝视觉激发卡（黑白卡）

的声音，宝宝的头会转向相反的方向，或以哭吵来拒绝干扰。宝宝特别喜欢妈妈的声音，妈妈轻声呼唤时宝宝就会有反应。在新生儿醒着的时候，爸爸妈妈如果用摇铃在宝宝耳边轻轻地摇动，发出悦耳的声音，宝宝会转动双眼，并把头转向发出声音的方向，这就说明新生儿对声音有定向能力了。

医学上对初生宝宝要进行常规的新生儿听力筛查（详见第二篇第四章第一节）。这是因为初生宝宝不能准确、明显地表达自己的听力状况，一旦存在听力丧失，极容易被忽视，严重延误医疗干预，导致影响下一步的语言学习和智力发育。平时爸爸妈妈还要注意宝宝的耳道卫生，不要随意掏耳朵，以免损伤娇嫩的耳道。

四、　呼吸、心率和体温

1.　呼吸

正常新生儿的呼吸平稳、有规律，静卧时呼吸频率为 40~60 次 / 分，比成年人快。出生前胎儿不需要用肺来呼吸，但 B 超检查时可以看到肺里充满液体的胎儿也有微弱的呼吸样动作。出生后，宝宝因为啼哭而有了第一次吸气，肺里的液体迅速被吸收，肺泡张开，开始发挥交换氧气、排除体内二氧化碳的作用。正常新生宝宝的呼吸频率较快，且为腹式呼吸，呼吸时肚子鼓起来再平下去，这是因为新生儿胸腔较小，胸廓运动较浅，呼吸主要靠膈肌带动。

2.　心率

正常出生的足月宝宝，在刚生下来时平均心率为 120~160 次 / 分，有时听诊可听到心前区的杂音，这跟宝宝从胎儿循环向新生儿循环的转变有关。只要宝宝一般情况好、能吃能睡、口唇不发绀，这就是正常生理性杂音，不需要特别护理。

注意：正常足月新生宝宝的呼吸和心率可有较大范围的波动，这也是正常现象。

3.　体温

整个新生儿阶段，体温都是非常重要的护理重点（图 2-9）。宝宝在妈妈子宫里的温度是 37.5℃，这是正常的体核温度（脑、心、肺、腹部器官的温度）。刚出生的宝宝皮肤湿润、散热快，因此这时的保暖至关重要。新生儿的体温调节中枢发育不完善，皮下脂肪较薄，体表面积相对较大，容易散热。而且，新生儿的头占全身体表面积的比例大约为 20%，远远高于其他年龄阶段的小儿以及成年人，易导致热量丧失，所以在保持新生儿体温处于正常范围的同时，还应为新生儿做好头部的保暖。

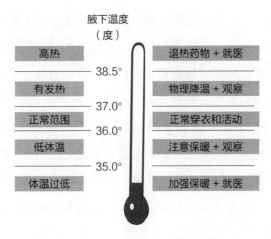

图 2-9　新生儿的体温监测及出现异常时的处理原则

五、　排便和排尿

新生儿出生后 12 小时内开始排出胎便，胎便呈糊状、墨绿色，约 2~3 天排完，大便由墨绿色转为棕色，再逐步转为黄色。如果宝宝出生后 24 小时内未排胎便，应检查是否存在消化道畸形。胎便排尽后，母乳喂养的宝宝的大便多是金黄色糊状，有的有少量白色未消化的奶瓣。每天排便的次数不一，有时一天 1~4 次，有时一天 5~6 次，甚至更多。也有的宝宝 2~3 天或 4~5 天才排便一次，但粪便不干，为软便或糊状便，排便时用力屏气，脸会涨得红红的，像是排便困难，这是母乳喂养常有的现象，俗称"攒肚"。人工喂养的宝宝大便呈黄色或淡黄色，且已为成形便，每天 1~2 次。每个新生儿的排便规律都是不一样的，只要宝宝食欲好，精神状态好，体重增长正常，爸爸妈妈们就不用过多担心。

大多数宝宝出生后不久就会排尿，出生第一天的尿量较少，约 10ml。出生后 36 小时内排尿就算正常，以后尿量逐渐增多。每天排尿次数大概 10~20 次，排尿量约为每日每千克体重 40~60ml。如果宝宝出生后 48 小时仍未排尿则需要进行检查。新生儿易发生水肿或脱水症状，这是由于他们的尿液浓缩功能较差，不能迅速有效地处理过多的水和溶质。

出生后 2~5 天的宝宝可于排尿时啼哭并见尿液染红尿布，这与这几天新生宝宝尿液浓缩有关，这种情况持续数天后可消失，家长们不必过于担心。

六、　内分泌代谢

在新生儿时期，经分娩脱离母体的宝宝需要逐渐独立适应生活环境。因外界环境温度较宫内低，宝宝的自主呼吸、肌肉活动所需能量会明显增加，身体的代谢系统需要一系列的调整去适应新的环境需求。宝宝体内储备的糖原（体内糖的储存形式，可以看作是体内的能源库）是出生后 1 小时内新生儿主要的能量来源。新生儿血糖较低，糖原储备不足，在饥饿状态下，出生后 12 小时内，糖原就可以被消耗殆尽，因此新生儿要尽早开始经口喂养，尤其是对小于胎龄儿、大于胎龄儿、糖尿病母亲生产的婴儿，及时进行血糖监测和干预能有效减少严重低血糖事件的发生。

七、　肌张力和原始反射

新生儿的脑部相对大，约占体重的 10%~12%，而成人的脑部只占体重的 2%；同时，新生儿的脑部含水量较多，神经系统发育不全，脑沟回和神经的髓鞘（包裹在神经纤维外面的壳）还没有完全形成，所以容易出现身体的不自主和不协调动作。大多数正常的足月新生儿，可以观察到手的小幅度舞蹈样动作，正常清醒状态下也可以有惊跳和抖动。

如果大人们的手轻轻按住宝宝们正在抖动的肢体安抚宝宝，就能使抖动停止。

平时医生们说的肌张力，是指骨骼肌维持静态姿势的收缩力，也就是静息状态下肌肉的紧张程度。肌张力的高低与胎龄有关，胎龄越小则肌张力越低。新生儿阶段的宝宝身体是蜷着的，拉伸也会自动弹回。在睡觉或者安静不动时，宝宝上下肢以微微弯曲的姿势多见。正常足月的新生儿平躺时的常见姿势是下肢屈曲收缩，像蹲坐着的小青蛙的腿，上肢屈曲收缩，像在做举手投降的动作一样，宝宝的双手常常处于轻微的握拳状。早产儿肌张力低于足月儿。

那么爸爸妈妈们在家可以怎样用简易的方法来初步检查宝宝肌张力的高低呢？

上肢：在宝宝双上肢处于屈曲状态时，拉直宝宝的上肢，松手后观察宝宝双上肢的动作，正常时可见上肢很快弹回原有的位置。

下肢：在宝宝髋关节处于屈曲状态时，拉住宝宝的小腿，尽量伸直，松手后观察双腿回缩的程度，正常情况下双腿会很快恢复原有的屈曲位。

颈部：颈部的肌张力检查应由正规医疗机构进行，不要在家自行检查操作，以免引起意外损伤。

注意：一些专业检查宝宝肌张力的手法（例如围巾征、腘窝角、牵张反射等）只能由受过训练的专业医护人员检查操作。

新生宝宝们还有一些与生俱来的原始反射，有利于宝宝适应外界环境。这些原始反射正常情况下大部分会在 3~4 月龄自动消失：

吸吮反射：将奶嘴、妈妈乳头、手指放入新生儿的口中或上下唇之间，就可以引出宝宝的唇及舌有节律的吸吮动作。这是新生儿生存必备的天然反射。

觅食反射：用手指轻触宝宝一侧脸颊或嘴角时，宝宝就会转过头来，并将手指含入。这一反射有利于新生宝宝在喂养时顺利找到奶头。

拥抱反射：在宝宝仰卧、头部处在正中位时，拉住宝宝双手并向上提拉，当脖子离开检查台面 2~3cm，约 10°~15° 时，突然松开宝宝双手，宝宝就会伸出胳膊和腿，同时伸长脖子，然后双臂迅速抱在一起，有时可伴有大声哭闹（不要在家里自行操作）。

握持反射：宝宝仰卧位时，用手指从宝宝小指侧伸入其掌心时，宝宝会紧紧抓握，有时甚至可以紧握住大人的手，使整个身体悬挂片刻。

踏步反射：当大人用双手从腋下将宝宝托起，让宝宝躯干处于直立位置，并让其脚底碰触到平面上时，就可以引出自动的踏步动作。这种踏步反射大约在宝宝 5~6 周时随着腿部力量的增强而消失。

紧张性颈反射：宝宝安静处于仰卧位时，当大人将宝宝的头转向一侧时，宝宝同侧的手臂和下肢就会伸直，而另一侧的手臂和下肢就会弯曲，似乎摆出一个击剑的姿势。这种反射大约在宝宝 3 个月时消失。

特别提示：爸爸妈妈在家中不要随意去尝试引出这些原始反射，可能对宝宝的健康不利。

八、 新生儿免疫

新生儿免疫系统发育不完善，属于免疫力低下人群，需要家长加强照护。新生儿免疫力是在出生后逐步发展起来的。宫内无菌环境使胎儿处于被保护状态，缺乏病原体暴露经历。孕晚期来自母体大量免疫球蛋白的被动保护作用，可以持续到婴儿出生后 6 个月。出生后，随着各种病原体的刺激，宝宝的免疫系统逐渐发育成熟、完善，直至出生后 3 个月，开始有自己的主动免疫力。

第二节

新生儿的特殊

生理状态

一、 **生理性黄疸**

几乎每个新生儿都会出现黄疸，只是黄疸程度和持续时间不同，首先判断黄疸是生理性的还是病理性的。大部分新生儿黄疸都是生理性的，少部分属于病理性黄疸。

1. 新生儿生理性黄疸

生理性黄疸是新生儿体内胆红素浓度升高而出现的皮肤黏膜黄染现象，是正常新生儿生长过程中的常见生理现象，程度一般较轻，宝宝也没有其他不适症状。足月儿生理性黄疸一般发生在出生后 2~3 天，程度较轻，首先出现在面部，慢慢遍及躯干，如果房间中的光线比较暗，比较不易发现；出生后 4~5 天达高峰，在婴儿的眼角附近、脸颊上能明显看见杏黄色。正常足月儿的生理性黄疸于生后 1 周逐渐消退，最长不超过 2 周。早产儿生理性黄疸的持续时间比较长，可以延迟到生后 3~4 周。如果宝宝一般情况好，食欲好、吃奶佳、体重正常增长，那么家长不需要紧张。新生儿生理性黄疸不需要特殊治疗，在此期间，注意及时喂哺，给宝宝补足水分和热量即可。

2. 新生儿病理性黄疸

病理性黄疸是相对于生理性黄疸而言的一个异常过程，有"四过一复现"的特点，即出现过早、程度过重、持续时间过长、血清胆红素水平过高、黄疸退而复现，符合其中任何一条就可以判断病理性黄疸。在肉眼可见的皮肤黄疸期间，对宝宝进行皮肤的胆红素值监测还是很有必要的。在黄疸没有消退前，无法彻底排除病理性黄疸的可能性。同时，病理性黄疸也是许多新生儿疾病的症状之一。

对家长来说，黄疸期的宝宝出现以下几种情况时，需要警惕和及时就医，在医护人员指导下进行密切监测：

◇ 24 小时之内出现的肉眼可见的明显黄疸；

◇ 24 小时之内明显加重的黄疸；

◇ 精神欠佳，喂养困难，易呕吐或者大便次数多；

◇　兄弟姐妹中有明显黄疸疾病史；

◇　黄疸曾有消退，之后又开始重新出现黄疸；

◇　妈妈的血型是 Rh 阴性；

◇　宝宝体温异常（指发热或者体温低）。

二、　生理性体重下降

大多数爸爸妈妈对宝宝的体重特别关注，认为宝宝的体重应该随着日龄的增加逐渐增长，事实上并非如此。新生儿出生后，体重都会有或多或少的生理性下降。这是因为宝宝出生后，脱离了羊水这个湿润的环境，皮肤上的水分会逐渐挥发，呼吸时也会有水分丢失，再加上大小便的排出，早期宝宝吃奶量也比较少，所以体重会有所下降，大约持续 1 周，之后体重就开始自动恢复。宝宝们的一般情况很好，看起来精神反应不错、能吃能睡，也没有异常的症状出现。这种现象称为生理性体重下降。正常足月分娩出生的宝宝，生理性体重下降一般在出生后第 3~4 天最明显，但下降的重量不应超过出生体重的 10%；早产儿生理性体重下降的持续时间会比较长，恢复到出生体重一般需要 2~3 周。当出生体重恢复后，新生儿体重就应该逐渐增长了。

如何评估自己的宝宝体重下降的程度是否处于正常范围内？最准确的是到医院的新生儿科门诊或者保健门诊，应用医疗仪器设备对宝宝的体重进行测量。但如果宝宝一般情况良好，频繁地到医院就诊既无必要，也不一定对宝宝的健康有利，家长可以用婴儿体重秤在家学习测量孩子体重。每天尽量在固定的时间测量，如喂奶前或者更换新尿片之后，将宝宝平稳地放在婴儿专用的体重秤上称量和读数。准确测量后，父母们就可以使用生长曲线图来评估孩子的生长情况。

如果新生儿体重下降超过 10% 或第 2 周仍未恢复到出生体重，应考虑喂养不足或病理性原因的可能，这时家长要及时联系医生，带宝宝去就医。

三、　新生儿乳房增大

在出生后 1 周左右，部分宝宝的乳房可能会出现隆起，隆起部分大的可如半个核桃大小，小的如蚕豆，宝宝没有特殊的疼痛表现，这是正常的生理现象。由于母亲妊娠期间体内的激素水平高，而胎儿和母亲是通过胎盘和脐带连接的，母亲和胎儿的血液相通，胎儿通过胎盘接受了一定量来自母亲的雌孕激素及催乳素，新生儿出生，剪断脐带，这些激素就会突然中断，导致身体出现"负反馈性释放"，引起乳腺增生，使乳房增大，甚至分泌乳汁。出生以后，母体激素还会在新生儿体内存留一段时间，导致乳腺肿大，新生儿出生后 8~10 天表现最明显。随着日龄的增加，新生儿体内的相关激素水平会逐渐降低，乳房增大的现象也会随之在出生后的 2~3 周自动消失。

有一些地方有为新生宝宝挤乳汁的传统做法，认为如果不及时为女婴挤乳头，宝宝长大了会形成乳头内陷或乳腺管不通。事实上，这种做法不但不科学，而且会危害到新生儿的生命健康。青春期后乳头是否内陷与此毫无关系，为新生女婴挤乳汁无法预防乳头内陷，而且此做法是十分危险的，有导致新生宝宝乳腺感染的风险，甚至可能导致感染加重，进展为败血症而危及宝宝生命。

四、　新生儿假月经

女婴出生 1 周左右，有的家长可能发现宝宝的阴道会流出少量血样分泌物，像青春期或育龄女性的月经（但出血量相对较少），这是"新生儿假月经"。遇到这种情况家长通常会比较紧张，因此家长因"假月经"带宝宝到医院就诊的概率是很高的。其实，这种情况一般不需要特殊处理，1 周左右会自然消失。新生儿科专业医护人员会对家长做一些基本的检查和化验，如果检查结果正常，则不需要特殊处理，家长也无须焦虑。

"假月经"发生的主要原因是激素的突然变化。妊娠期间，母体内的雌激素进入胎儿体内，引起阴道上皮细胞和子宫内膜增生，宝宝出生后母体雌激素的影响突然中断，宝宝体内的雌激素水平急剧下降，增生的阴道上皮和子宫内膜因雌激素的突然中断而脱落，致使女婴阴道排出少量血性分泌物，出现类似成人月经的表现。出血量少则不需要就医。

对于阴道流出的少量血性分泌物，可以用消毒纱布或棉签轻轻拭去，不需要局部贴敷料或敷药。如果宝宝吃奶、睡眠、尿便均正常，不必紧张，只需要勤换尿布，保持局部清洁卫生即可。如果阴道出血量较多、持续时间较长（1 周以上），这时家长就要带宝宝就诊，须注意新生儿出血性疾病。

1.　外观

足月正常新生儿，出生体重为 2.5~4.0kg，表情自然，皮肤面色红润，皮下脂肪丰满，毛发分布均匀，眼神明亮，对外界刺激反应灵敏，哭声响亮有力。

2.　呼吸系统

正常新生儿呼吸频率在 40~60 次 / 分，方式为腹式呼吸，呼吸平顺，不伴有异响，相较成人呼吸可呈周期样（不十分规律），但始终保持面色、口唇及皮肤、甲床颜色红润。

3.　循环系统

正常新生儿安静时心率为 120~160 次 / 分，心前区观察心跳并不明显，触摸新生儿皮肤及肢端温暖，脉搏规律而有力。当新生儿哭闹、活动或吃奶时，心率可加快；安静入睡时，心率相对偏慢。

4.　消化系统

正常新生儿多于出生后 10~12 小时，最迟不超过生后 24 小时第一次排便。最初大便为胎便，呈墨绿色，黏稠，生后 2~3 天胎便基本排净，大便颜色转为金黄色。之后母乳喂养婴儿每天的大便次数一般较奶粉喂养婴儿多，大便性状也较之略稀，含有奶瓣。正常新生儿喂养需求比较规律，吸吮有力。如果奶水充足，多能听到吞咽奶水的声音（吞咽声音因孩而异，有的新生儿吞咽声音很轻，听不到，但依然是可以吃饱的，每天排尿、排便正常，也印证奶水是足够的），一次喂养的时间多持续 20~30 分钟，喂养后孩子会满足、安静地入睡。哺乳量充足时，喂养的同时会出现排便、排尿，距离下次喂养中间可间隔 2~3 小时。需要注意的是，一些新生儿喂养间隔短，1 小时就喂一次，一次就要吃 20~30 分钟，这也是正常的，妈妈不需要担心奶水不充足。在出生头半个月，是母亲与婴儿相互适应期，频繁哺乳给大脑的刺激是"奶水还欠缺，需要再多些泌乳"，坚持半月不添加奶粉仅采用母乳哺乳，泌乳量就会大幅度增长。随着喂养量的增加，由于新生儿的胃呈水平位，哺乳后可能会出现溢奶现象。

5.　泌尿系统

绝大多数新生儿于出生后 24 小时内排尿，少数于生后 48 小时第一次排尿。哺乳量充足的新生儿尿液清亮、淡黄，不染尿布，没有特殊气味。

6.　血液系统

正常新生儿血容量约 85ml/kg，出生 1 天内血常规检查白细胞（15~20）×10⁹/L，白细胞分类以中性粒细胞为主。出生后 4~6 天，中性粒细胞及淋巴细胞比例大致相等，之后在整个婴儿期均是淋巴细胞占优势。新生儿血小板计数与成人水平相同。

7.　神经系统

正常新生儿每天觉醒时间大约 2~3 小时，其他大部分时间为睡眠状态。当出现刺激时，可出现肢体短暂、快速地抖动；当有需求或不适时，会出现哭闹；当需求被满足或无不适时，即恢复安静或者安静入睡。

新生儿头颅相对较大，对头部支撑的肌肉、骨骼、韧带发育还不完善，触摸囟门还没有闭合。

8.　免疫系统

新生儿免疫功能发育还不完善，抵抗力较低，接触患病亲属时易被感染。皮肤、脐带结扎部位发生细菌感染时，细菌容易进入血液形成较重感染。

9.　体温调节

新生儿体温调节能力较差，体温容易受到环境温度影响，即环境温度较高时，可出现发热表现；环境温度低时，会出现体温不升。因此，需要保持适当的环境温度以确保体温稳定，建议环境温度应保持在 24~25℃。

10.　能量和体液代谢

正常新生儿生后都会经历体重短暂生理性下降过程，生后 3~4 天降至最低，生后 7~10 天恢复到出生体重，下降体重在出生体重的 10% 以内。之后，喂养、能量摄入充足后，其体重会进入快速增长阶段。

第二章

照护新生儿

一、　手的清洁卫生

看护新生儿最重要的是保证手部的清洁卫生。新生儿的抵抗力差，容易受到感染，所以新手爸妈在护理宝宝的时候，一定要严格注意个人卫生，尤其是手卫生。护理新生儿前，用香皂或洗手液仔细将手洗干净，洗干净手对预防新生儿感染十分重要。

家人外出回家后，在接触新生儿之前，一定要先洗手、洗脸、清理鼻腔，在门厅、客厅更换好居家衣物，再步入卧室看护宝宝，家里患有感冒或各种传染病的人更不要接触新生儿。此外，尽量减少亲戚、朋友的探望。

二、　新生儿哭闹

新生宝宝表达需求的唯一方式就是：哭。宝宝的偶尔哭闹可以增加肺活量，加速血液循环，增强新陈代谢，锻炼手和腿部肌肉。在宝宝哭闹时，爸爸妈妈既不需要太过紧张，也不能置之不理，要找出宝宝哭闹的原因，及时作出判断和处理。

新生宝宝哭闹最常见的原因就是生理需求需要满足，如"我饿了……""我不舒服了……"如果宝宝哭声洪亮，头部扭来扭去，嘴巴有寻找和吸吮的动作，说明宝宝饿了。宝宝胃容量很小，很容易饿，一般1~2小时就要吃一次奶。当宝宝有便便了或太热了，也会大声哭闹，及时更换衣服或尿布后，宝宝一般就会安静下来。

另一种情况是宝宝的心理需求需要得到满足，如想要爸爸妈妈抱一抱或是受到了惊吓。如果检查后发现宝宝已吃饱，也不需要换尿布，爸爸妈妈们这时可以抱抱宝宝，轻轻抚摸、轻拍、呼唤乳名、摇一摇等，宝宝会马上开心起来。

除上述的两种情况之外，如果宝宝出现哭闹，就要考虑和判断宝宝是不是不舒服、生病了。宝宝哭闹时是否有发热、痛苦表情伴肢体抽动，哭声是否为尖叫或低吟，如有这些情况，应及时带宝宝就医。

新手爸妈需要在带养宝宝过程中逐渐识别宝宝不同哭声的含义，积累经验，帮助宝宝逐渐养成良好的生活习惯。

三、　新生儿的睡眠体位

宝宝的睡眠姿势以哪种为好？是侧睡、趴睡还是仰睡？虽然各有争议，但正确的睡姿应该是根据宝宝的具体情况、特殊需求和家长的习惯来决定，每一种睡姿各有利弊。舒适睡姿的标准是：睡眠过程中全身肌肉放松，安静舒服，呼吸均匀顺畅，对内脏器官不造成压迫。

1.　仰卧式（仰睡）

仰睡时宝宝背部平躺，肩部肌肉放松，全身及内脏器官不受压迫，是一种比较安全和推荐的睡姿。传统中国家庭经常给宝宝采用这种睡眠姿势，这种睡姿可以直观地看到宝宝的睡眠状态，且窒息和婴儿猝死综合征的发生率较低。需要注意的是，如果长时间固定仰睡，容易形成扁头，表现为宝宝枕部扁平、面部较圆，头颅的前后径小、左右径大。所以，经常仰睡的宝宝在清醒时要让他们换一换姿势，这不仅能锻炼宝宝肩部肌肉和对头部的控制能力，还能减轻仰卧对宝宝枕部的压力，避免枕部过于平坦。

2.　侧卧式（侧睡）

宝宝的头偏向一侧，身体偏向同侧。侧睡姿势要把宝宝压在下面的胳膊抽出来。建议给宝宝喂完奶、拍完嗝后采取右侧卧位，这样可以减少吐奶、溢奶，避免呕吐物误入呼吸道和窒息的风险。仰睡和侧睡时宝宝内脏器官不受压迫，利于体内器官的散热。侧睡是种不稳定的睡眠姿势，侧睡过程中宝宝容易改变睡眠姿势成趴睡，需要及时观察和发现，减少意外的发生。侧睡的宝宝要经常变换方向，以免长期向一侧睡卧造成"偏头"、脸部不对称。

3.　俯卧式（趴睡）

许多研究表明，趴着睡是婴儿猝死综合征最主要的危险因素。趴着睡对身体的内脏器官有压迫，影响心血管系统的自我调节和控制，还会减少宝宝的大脑供氧，从而增加猝死的风险。因此，小的宝宝不建议采取趴睡的姿势，应尽量采取背部平躺的仰卧式。

新生儿及小月龄的宝宝，颅骨比较软，不能长期固定睡姿，需要随时进行调整，最好是每种睡姿交替进行，以免头型不对称。科学睡姿可以让宝宝睡出一个匀称漂亮的头型，更重要的是提升睡眠品质，以利于宝宝健康成长。

四、　给新生儿保暖

新生宝宝的皮肤特别娇嫩，为他们选择衣服时除了美观外，更要考虑衣服的功能、质地，是否安全、易清洗和方便穿脱等。

新生宝宝体温调节能力较弱，体温易随着外界温度的变化而波动，一定要为宝宝选择保暖、吸湿、透气、宽松的衣服（图2-10）。尽量采用纯棉材质，柔软舒适。样式简单些，不带衣领，防止摩擦宝宝颈部及下巴的皮肤。最好选择前开衫，不选择有纽扣和拉链的衣服。抽绳或花边要固定牢固，避免脱落缠住手脚。

新生儿头部表面积约占体表面积的20%，头面部皮肤对寒冷刺激很敏感，应注意头部的保暖。在低温环境或洗澡后可戴一顶小绒帽，减少热量的散失。一顶温暖舒适的婴儿帽子在外出时可以起到为头部保暖的作用，减少全身热量的散失。

五、　家庭环境

如何提供给宝宝一个舒适安全的居家环境是所有新手父母特别关心的问题。建议宝宝的房间要始终围绕安全、舒适的原则来布置，同时需要注意几个方面。

图2-10　新生儿着装示例

1. 适宜的温度和湿度

　　新生宝宝的居室温度可根据宝宝的胎龄、日龄来调节。一般情况下，早产儿的居室温度最好控制在 26~28℃之间，足月儿的应为 22~24℃，相对湿度在 55% 左右。开空调时还要注意保持一定的环境湿度，家长可以在室内挂个温湿度计，随时监测。爸爸妈妈也可以通过感觉宝宝前胸后背的冷暖来衡量室内温湿度是否合适，用手抚摸宝宝颈部，如果感觉温热、不潮无汗，说明环境温度和穿着刚刚好；反之，就要考虑适当增减衣物或调节室内温湿度。

2. 安全清洁的环境

　　刚装修好、添置新家具的房间不建议作为婴儿房。房间要通透性好，保持空气清洁，最好朝阳，方便每天开窗通风换气。不建议选择地毯，以避免尘螨滋生。地板、油漆选用防滑环保材料。房间的一切物品不要有尖锐的角，以免磕碰到宝宝。婴儿房中不宜养花花草草或小动物，以免造成过敏或感染。

3. 自然氛围的营造

　　新生宝宝对噪声和强光比较敏感，因此尽量选择隔音效果好的安静房间，有助于睡眠。但也不需要时刻静谧，环境中有一点自然悦耳的声音、家人走路的声音、爸爸妈妈的轻笑声，也可以刺激宝宝的感官和大脑发育。

　　朝南的房间一般自然光线充足，在白天可以适当用窗帘遮挡强光直射，以防强光直射刺激宝宝眼睛，但可以让阳光照在宝宝的背部和后脑，以促进钙吸收。室内灯光宜柔和，婴儿房室内环境的色彩选择建议以颜色鲜亮的暖色系为主，这样可给予宝宝良好的视觉刺激，以促进其视觉发育。

六、 尿布的选择及使用

　　使用纸尿裤还是尿布，取决于新生儿家庭在方便性、经济、环保、安全等方面的综合考虑。

　　目前市场上常见的市售一次性纸尿裤因方便、吸水性强、清洁卫生，使用越来越普遍，尤其被大部分年轻父母所接受。只要宝宝对纸尿裤材质不过敏，不发生尿布皮炎，完全可以放心使用。好的纸尿裤往往有以下几个特点：吸收性好、干爽不回渗、轻薄透气、质感柔软、裁剪合身、型号合适等。

　　还有的父母选择使用传统的纯棉布制可复用的尿布。这类尿布的优点是更容易贴合宝宝的身体，更适合宝宝的肌肤，刺激小且经济，但需要勤换勤洗，应选择纯棉材质、吸水性好且易干的。清洗时，用肥皂和流动水清洗即可，注意要用清水彻底清洗干净，避免残留的肥皂成分刺激皮肤。不建议使用掩盖残留物的漂白剂和柔软剂（可使吸水性变弱）。清洗后的尿布应充分日晒消毒，阴雨天时可用熨斗烫干，同时也可以达到消毒的目的。

七、　为宝宝更换尿布

宝宝从出生到能够进行如厕练习，大概要换 5 000 块尿布，喂得越多，换得也越频繁。换尿布的过程不只是清洁护理，让宝宝的小屁股变干净，更是爸爸妈妈跟宝宝交流互动的亲子时间。

1. 准备

换尿布前室温要适宜，避免宝宝着凉。洗净双手，准备好合适的尿布或尿不湿、小毛巾、婴儿专用湿纸巾、棉签、护臀膏、污物桶，小水盆（盛有 2/3 体积 37~39℃的温水）等。

2. 清洁

将宝宝躺卧于床上，解开尿布带，露出臀部，用原尿布的上端洁净处轻拭会阴及臀部，再盖住尿布表面已污湿的部分，垫在臀部下。如有大便，先用婴儿专用湿纸巾擦净大便，再用温水由前向后轻洗会阴及臀部，用毛巾拭干。期间观察宝宝皮肤有无异常，为宝宝适当涂抹护臀膏。

3. 更换

一手握住、提起宝宝双足，让宝宝臀部轻轻抬高至离开床面，把尿布或尿不湿平展开，放置在腰下，妥善固定好尿布或尿不湿。尿布反折部分不要超过脐部，避免小便渗入脐带部位。更换尿布时要选择宝宝吃奶前或吃奶后 1 小时的时间，以免宝宝吐奶。同时动作要轻快，尿布展开无折叠，松紧适宜。

宝宝皮肤娇嫩，要及时更换。使用一次性尿不湿，一般 3~4 小时更换 1 次。宝宝大便后则须随时更换。尿布如更换不及时，便便、尿渍长时间刺激皮肤，可引起宝宝的屁股发红，严重时可伴有斑疹、丘疹等新生儿尿布皮炎。

视频 2-2
换尿裤

八、 新生儿沐浴

沐浴可以帮助清洁宝宝娇嫩敏感的皮肤，促进新陈代谢、预防感染，让宝宝感到舒适，易于入睡。虽然洗澡的好处多，但没有必要一天一洗。对于出汗多、出油多或比较容易脏的部位，如耳后、皱褶处、腹股沟和尿布区，每天对局部做针对性清洁即可。

为新生儿洗澡的具体步骤：

1. 准备

为新生宝宝洗澡前须做好前期的物品准备，如浴盆、沐浴垫、毛巾、浴巾、婴儿专用洗发水和沐浴露（香皂）、干净衣服、尿裤、清洁棉签等。把所有需要用的东西都放在可以够得着的地方。

2. 步骤

新生宝宝洗澡的顺序是洗头、洗脸、洗身体、出浴。

洗头时，先用大毛巾包住已脱衣服的宝宝身体，左手托住头颈部，拇指与中指分别将宝宝双耳廓折向前，轻按盖住外耳道。左臂及腋下夹住宝宝臀部及下肢，右手取洗发水轻揉宝宝湿发，按摩轻揉后，以清水冲洗干净，用毛巾擦干。

洗脸时，先将毛巾浸水后拧干，用对折再对折的一角轻擦宝宝的眼睛，从内眼角向外擦洗，然后换另一角擦洗另一只眼睛。同样方法清洁宝宝的鼻子、嘴巴和整个脸颊。

洗身体时，将左手臂放在宝宝颈肩臂后面，并握住宝宝左臂，用另一只手臂托住臀部，放入浴盆，宝宝放松后，先后清洗宝宝颈部、腋下、前胸、腹部、四肢和背部。洗完后用干净的大浴巾把宝宝包好，擦干头面部水分。

出浴后用棉签擦净脐带根部和周围皮肤，抹上婴儿专用润肤油，为宝宝更换尿布，穿上干净衣物，宝宝的澡就洗好了。

3. 注意事项

环境：洗澡前需要预热好房间，冬季还应关闭门窗，将温度恒定在 26~28℃，避免房间有对流风。

水温：洗净双手后，往浴盆先倒冷水再倒热水，水温调至 38~40℃，可用水温计或手腕内侧测试温度是否合适。给新生儿期宝宝洗澡时，爸爸妈妈一定要先试水温，以免水温太热，烫伤宝宝。用澡盆洗澡，一定要先倒凉水，再倒热水，以免宝宝误入热水。同时，洗澡过程中不宜直接向盆中倒加热水。

视频 2-3
新生儿沐浴

时间：选择一个宝宝更愿意洗澡的时间，如在吃奶前或吃奶后 1 小时进行，避免在宝宝饥饿或是疲倦的时候洗澡。一般情况下，夏季需要每天洗澡，冬季可以选择隔天一洗。每次洗澡时，宝宝身体接触水的时间不宜过长，控制在 5~10 分钟为宜。如宝宝身体感到不适，则不宜洗澡。

香皂或沐浴乳 / 露：选择温和型的婴儿香皂或沐浴乳 / 露，可帮助宝宝去除皮肤表面的微粒和油脂，让去污变得更容易。使用前应涂擦在手腕处观察几小时确保无过敏，尽可能缩短其在宝宝身上停留的时间，一般不超过 5 分钟，以防皮肤受到刺激。宝宝洗澡时不需要每次都用香皂或沐浴乳 / 露。

润肤霜 / 乳：秋季天气干燥，宝宝皮肤油脂分泌较少，容易出现湿疹、红臀等问题。浴后可适当给宝宝涂抹一点婴儿润肤霜 / 乳，建议选择成分安全、信得过的品牌产品。

第二节
抚触

抚触源于英语单词 touch，是一种对婴儿健康有益的自然医疗技术。婴儿抚触是以科学的方法，对婴儿皮肤各部位进行有次序、有手法、有技巧的按摩，让温暖良好的刺激通过皮肤感受器传递到中枢神经系统，从而产生良好的生理效应，促进婴儿身心健康的发展。国内外的相关研究认为，抚触有助于提高婴幼儿免疫功能，帮助婴儿建立一个良好的睡眠结构和模式，还可增进亲子感情，促进婴儿神经行为发育。

一、　抚触对象

正常新生儿、婴儿、无合并症的早产儿。一般认为，从足月儿出生第 1 天起就可以进行抚触了，每次 10~15 分钟，根据婴儿的耐受情况可从每天 1 次逐渐增加至每天 3 次。早产儿抚触宜在出生后 72 小时以后开始，依据早产儿对抚触的适应情况进行，时间逐渐由 10 分钟延长至 15 分钟。

二、　抚触前准备

环境安静温馨，房间温暖，光线充足，空气新鲜，床铺舒适，可垫一块亲肤的大浴巾在床上。室温应控制在 28~30℃，湿度宜在 55%~60%。

抚触者洗手，摘下手上的物品，如戒指、手表等，指甲短于指端，双手要温暖。脱去婴儿的衣服、裸露皮肤，将其平躺在铺好的浴巾上面。

物品可准备一瓶新生儿润肤油、毛巾、替换衣物等。

一般应选择家里比较安静的时候，如婴儿沐浴后、午睡及晚上就寝前、两次进食中间进行抚触，进食 1 小时内不宜进行按摩。婴儿不倦、不饿、不烦躁、清醒状态下进行较为适宜。

三、　抚触手法

目前使用最多、最广泛的是国际标准法（全身按摩法），注意按摩力度应由轻到重。

1. 脸部

取适量的婴儿油或者婴儿润肤乳液在手掌轻轻按压抹匀，然后从婴儿前额中心处用双手拇指往外按压，从上往下，稍微用力，不可用力过大，然后从下巴中心开始对双侧脸颊用"画笑脸"模式进行按压，稍微用力。

2. 胸部

双手放在两侧肋缘，右手向上滑向婴儿右肩，然后向下复原，左手以同样的方式同时进行抚摸，稍用力，但不可用力过大。

3. 手部和胳膊

让婴儿双手下垂，用一只手握住其胳膊，从上臂到手腕轻轻挤捏，对手腕用手指进行按摩，然后对婴儿手指进行按捋，使婴儿从胳膊到手指均得到放松，另一只用相同的方法进行抚触。

4. 腹部

以顺时针方向进行腹部按摩，右手四指并拢，沿右下腹—右上腹—左上腹—左下腹方向滑动；左手加半圈，即沿右上腹—左上腹—左下腹方向滑动，注意不要按压膀胱部位。在进行上述操作时应面带微笑地看着婴儿，不断地与婴儿交流和沟通，传递友好的信息，促进婴儿的配合。脐痂未脱落的婴儿不宜进行脐部的按摩，可改用指尖对婴儿腹部从抚触者的左侧向右按摩。

5. 腿部

按摩婴儿的大腿、膝盖和小腿，从大腿根部向脚踝轻轻挤捏，然后按摩脚踝部和足部，接着用双手夹住婴儿的小腿，上下搓动，对婴儿的脚踝和脚掌进行轻度的滚动捻捏，最后以均匀、合适的力度从婴儿的脚后跟按摩至前脚趾，切勿用力过大。

6. 背部

双手放平置于婴儿背部，然后从颈部向下进行按摩，用指尖轻轻按压脊柱两侧的肌肉，多次反复从颈部向脊柱下端进行按压。

四、 注意事项

抚触时不断地与婴儿交流，如注视、微笑，能提升效果。力度要控制好，防止婴儿发生皮肤划伤或骨折等意外。在婴儿情绪特别不稳定或发现宝宝不适时，应停止抚触。

国际标准法是按"先仰后俯"的体位进行抚触，但也有研究表明，如果用"先俯后仰"的体位进行抚触，婴儿更安全舒适。俯卧位时，婴儿腹部及四肢紧贴在床上，如同在母亲温暖的怀抱中一样有安全感，从而表现得安静、舒适，婴儿也更乐于接受。

婴儿抚触是一门倾注情感的美好艺术，而不仅是纯粹的医疗护理技术，更不是一种机械运动。通过对宝宝身体的抚触，能传递爱的信息，让宝宝从中获得安全感和健康的身体，促进婴儿身体的生长和发育，改善婴儿的呼吸，促进婴儿循环系统的发展。爸爸妈妈亲自给宝宝进行抚触，可增加亲子间的交流，将爱意传达给婴儿，满足婴儿被爱的需要，通过安抚情绪，增加其安全感。抚摸接触中，父母应自我放松，全心体会宝宝的情绪，拉近彼此的距离，与宝宝互动享受幸福的感觉，学会这门技术，爸爸妈妈可与宝宝共同受益。

视频 2-4
新生儿抚触

第三节

新生儿体位与

姿势

一、 正确抱新生儿的方法

很多新手爸妈面对柔弱的新生小宝宝时无所适从，不

图 2-11　腕抱法

图 2-12　手托法

知该如何抱起稚嫩的宝宝。我们推荐两种日常生活中常见的让宝宝舒适又安全的抱姿。

　　腕抱法（图 2-11）是最常用的抱持方法。先让宝宝平躺，家长弯腰，左手伸到宝宝颈下，让宝宝的头枕在家长的臂弯里，家长用肘部托住宝宝的头颈，手掌和前臂托住宝宝的腰背部，右前臂从宝宝身上伸过，护着宝宝腿部，右手掌护着宝宝臀部和腰部，将宝宝横抱在胸前。

　　另一种抱姿是手托法（图 2-12），先让宝宝平躺，然后把一只手放到宝宝头颈下，拇指与其他四指分开，用整个手掌从后面托住宝宝头颈部，另一只手放至宝宝臀部下面，手掌包住整个臀部，慢慢利用手臂和腰部力量把宝宝抱到胸前。这种抱姿不宜长时间使用，可以作为腕抱法的过渡步骤。

　　抱持宝宝时要注意，不可长时间久抱，注意对新生儿头部的支撑。宝宝的腹腔脏器比较松弛，哺乳后久抱易呕吐。而且，新生宝宝的头比较重，颈部肌肉也还没发育完全，因此尤其注意不要笔直地竖抱，以免损伤宝宝的脊椎。

二、　警惕睡眠窒息

　　新生宝宝每天平均睡眠时间需要 18 小时（正常范围：16~20 小时），每个睡眠周期约 45 分钟，在一个睡眠周期中，浅睡眠和深睡眠时间约各占一半。新生儿大多数时间都在睡觉，由一个睡眠周期进入另一个睡眠周期，每 2~4 小时醒来吃奶，并睁开眼睛觉醒数分钟到 1 小时，在此过程中，宝宝的昼夜节律尚未建立。看护吃吃睡睡的宝宝是非常辛苦的，如果条件允许，爸妈尽可能让宝宝在自己的婴儿床上休息，不要和妈妈同睡一个被窝，防止大人疲劳入睡时压住宝宝口鼻。夜间给宝宝喂奶最好坐起来，在清醒状态下喂完，然后待宝宝睡着后，再安心去睡。

图 2-13　喂奶后宝宝正确的体位

三、　喂奶后宝宝的体位

对于经常吐奶的宝宝，新手爸妈要注意在喂奶后将宝宝竖起来搭在大人肩膀上，并轻轻拍宝宝的后背，待胃内空气排出后，再将其放在小床上（图 2-13）。等到宝宝睡熟后，爸妈还要在旁边再守护一段时间。宝宝俯卧时，爸妈千万不能走开，要在旁边查看宝宝是否吐奶、呼吸如何，以及旁边有没有可能堵住宝宝口鼻的东西。当有事离开时，一定要将宝宝翻转过来，避免俯卧姿势可能带来的危险。也不要给常吐奶的宝宝佩戴塑料围嘴，防止卷起的围嘴堵住宝宝的口鼻。

四、　适合早产儿的"袋鼠式育儿法"

顾名思义，"袋鼠式育儿法"就是像袋鼠一样护理宝宝，通过与婴儿大面积的持续亲密接触，维持宝宝的生理机能和心理需要。母乳喂养是袋鼠式育儿的重要组成部分。最直接的袋鼠式育儿表现就是袋鼠式抱姿，袋鼠式抱姿又分为面朝前和面对面两种姿势。

第三章
新生儿喂养

第一节
母乳喂养

一、 珍贵的礼物

母乳是宝宝最理想的食物，也是宝宝出生后，妈妈送给他的一份神圣和神奇的礼物。母乳的"神奇"之处在于其含有的营养成分是动态变化的，可以随着宝宝的发育而同步变化，以满足宝宝不同发育时期的营养需求。

最早的初乳是指母亲产后 5 天内所分泌的乳汁，颜色为黄色或橘黄色，性质浓稠。初乳被称为"液体黄金"，与成熟乳相比，蛋白质含量高，碳水化合物含量稍低，脂肪含量少。初乳含丰富的抗体，产后越早分泌的初乳含有的抗体越多。初乳非常容易被消化，又含有新生宝宝所需的全面丰富的营养成分，可以说是宝宝出生后极为珍贵又非常完美的第一餐。

二、 初乳对宝宝的好处

因为初乳比较浓稠，又呈黄色或橘黄色，许多人会觉得初乳不白，挤掉不给宝宝喝，殊不知这样做等于白白丢掉了乳汁中的精华，非常可惜。初乳应成为婴儿出生后的第一口奶。

从消化吸收和生长发育角度来说，初乳是宫内营养到宫外营养的过渡。初乳高蛋白质、低脂肪的特点更适合新生宝宝的消化系统及营养需要；初乳中含有的生长因子，可以促进婴儿胃肠道上皮组织的发育成熟，改善小肠屏障功能，防止过敏；初乳呈弱酸性，有利于益生菌在肠道内的定植；初乳中含有的前列腺素、寡糖等可以促进肠道蠕动，促进胎便排出；胎便及时排出可减少胆红素在肠道内再吸收，有助于减轻黄疸；初乳中丰富的维生素 A 可减轻感染的严重性，还可以预防眼病。

从免疫防护角度来说，当宝宝呱呱坠地，来到了周围充满各种细菌和病毒的环境中，初乳中丰富的免疫物质可以促进新生宝宝免疫功能的发育，为宝宝提供第一道防护。初乳中免疫球蛋白 A、乳铁蛋白、生长因子、抗炎细胞因子、寡糖、可溶性 CD14、抗氧化成分含量高。其中，高浓度的分泌型免疫球蛋白 A，是我们身体黏膜免疫系统的主要成分，可以在消化道或呼吸道黏膜上形成保护膜，抑制病原微生物附着，抵抗病原微生物的感染，同时可以阻止外来物质（比如异种蛋白）通过肠黏膜进入血液造成过敏。初乳中的白细胞、乳铁蛋白等像我们身体内的卫兵一样，可以帮助宝宝抵抗细菌和病毒的感染。

三、 如何获得初乳

出生后脱离了妈妈的身体，小宝宝必须要靠自己吃"饭"了。好在觅食反射和吸吮反射是新生宝宝与生俱来的生存本能。刚出生的宝宝被放在妈妈的胸上就会主动扭头去寻觅妈妈的乳头，一旦找到了乳头，就会主动张口含住乳头，开始吸吮。即便宝宝没有躺在妈妈的怀里，如果用干净的手指轻轻触碰宝宝的口角，宝宝也会扭头张嘴，甚至叼住手指进行吮吸，这就是觅食反射和吸吮反射。

宝宝出生后要早接触、早吸吮，才能促进妈妈分泌乳汁。裸露的肌肤接触和宝宝吸吮乳头时带给妈妈的强大刺激可促进催乳素和催产素的分泌，促进泌乳和产生射乳反射，促进乳汁的分泌和排出。在产房温暖适宜的情况下，妈妈最好裸露胸腹，在为刚出生的宝宝擦干身体后，就可以让其和妈妈的身体进行接触，并且在生后 1 小时内让宝宝吸吮母乳。有的宝宝可能需要先适应一下这个陌生的世界，不会马上开始吸吮母乳，妈妈只需怀抱着宝宝，温暖地抚摸他、与他说话，让他的脸靠近乳房，引导他开始觅食和吸吮即可。早接触可以促进宝宝更早地吸吮母乳，早吸吮可强化婴儿的吸吮能力，使母乳喂养的成功率更高。有很多妈妈正是在这一刻突然产生强烈的母爱，建立起用乳汁哺育自己宝宝的渴望和信心。

所有妈妈都希望宝宝生后的第一口奶喝的是自己分泌的母乳，特别是弥足珍贵的初乳。生后顺利"开奶"看似是水到渠成的事，但妈妈们经常面临困境，宝宝吸吮半天，似乎吸不出奶来。这时不要焦虑和放弃，可尝试按摩乳房和挤奶（详见本章第三节）。按摩乳房可以确保乳房内乳腺管通畅，然后可通过挤奶获得乳汁，使乳腺管内的乳汁流动起来。也可以寻求专业人士的帮助，比如产科医生、护士。

宝宝刚出生时，母乳够吃吗？其实，生后第一天宝宝的胃容量很小，只有 5~7ml，相当于一个弹珠大小，胃容量是随着母乳分泌量的增加而增加的。妈妈分娩后尽量要在 1 小时内开始哺乳，并且一定要让宝宝频繁吸吮母乳，这样不仅可以摄入足够的初乳，还可以促进母乳的分泌。妈妈不要担心母乳分泌不够充足，这时乳房分泌的乳汁已足够满足宝宝的需要。

第二节
哺乳的姿势

一、　母乳喂养的正确姿势

"过来人"常说，抱孩子喂奶这么简单的事情谁还不会呀？这还用教和提前练习吗？吃奶是妈妈和宝宝双方的事情。不可否认，有的妈妈和宝宝天生配合得好，不需要教，妈妈也不需要那么多理论和练习过程，宝宝就是吃得好，妈妈也很舒服。但有的妈妈和宝宝在吃奶这件事上困难重重，这就需要学习和练习一下母乳喂养的技能。

正确哺乳姿势的基本原则是母亲舒适、婴儿安全。

妈妈的体位可以是坐位、半卧位或卧位。坐位时妈妈要坐舒适，后背可以垫一个靠垫或枕头，让背挺直，不要含胸，不然不方便宝宝含接乳房。在双腿上也可以放一个枕头，或者在腰上戴上 C 型的哺乳枕，来帮助托住宝宝的身体和妈妈的双臂。妈妈坐的椅子高度也要合适，如果椅子过低，妈妈坐的时候大腿、膝盖的位置容易过高，再抱宝宝吃奶时宝宝的脸就会高过乳房。如果椅子过高，妈妈的脚够不到地面，也不舒服、易疲劳，这时候可以放一个小脚凳让妈妈踩着。

抱宝宝哺乳的姿势包括摇篮式、橄榄球式（环抱式）、交叉式、卧位式、半躺式。

1.　摇篮式（图 2-14）

适用于足月婴儿。

这是一种最传统的哺乳姿势。将婴儿抱在怀里，妈妈弯曲一只手臂托住宝宝的身体，让宝宝颈部靠在妈妈肘的弯曲部位，妈妈用前臂支撑宝宝的背部，用手托住宝宝的臀部，让宝宝侧身，头和身体要成一条直线，妈妈抱紧宝宝，让宝宝的腹部贴着妈妈的腹部，胸部贴着妈妈的胸部，宝宝脸贴近乳房，鼻子对着乳头。

图 2-14　摇篮式

图 2-15　橄榄球式

图 2-16　交叉式

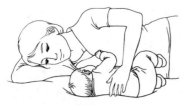

图 2-17　卧位式

图 2-18　半躺式

2.　　橄榄球式（环抱式）（图 2-15）

适用于双胎、婴儿含接有困难、母亲乳腺管堵塞。

用橄榄球式抱宝宝就好像橄榄球运动员抱着一个橄榄球一样。在要喂母乳的那侧身旁放一个枕头，将宝宝放在同侧的手臂下，用枕头托住宝宝的身体和头部，母亲用另一只手隔着枕头托住婴儿枕部、颈部和肩部。

3.　　交叉式（图 2-16）

适用于非常小的婴儿、患儿、残障儿。

摇篮式是同侧手臂托住宝宝喂同侧乳房，交叉式正相反，喂一侧乳房时是用对侧手臂托住宝宝。妈妈用手在宝宝耳朵或再往下一点的位置托住宝宝的头、颈、肩部，前臂托住宝宝上背部，宝宝的臀部放在妈妈的肘窝处或枕头上。

4.　　卧位式（图 2-17）

适用于剖宫产术后、正常分娩后第一天。

母亲侧卧位，身体要舒适放松，妈妈后背可以放枕头或将被子卷起来帮助支撑身体，还可以用两腿夹住一个枕头。妈妈的头枕在枕头边缘，一只手臂放在枕头旁，宝宝也要侧卧位，与妈妈面对面，宝宝的头不要枕在妈妈手臂上，妈妈用另一只手搂住宝宝让宝宝贴近妈妈胸部，不要用手按住宝宝头部，让宝宝的头能自由活动，也可以在宝宝后背放置小枕头或卷起的被子帮助其保持侧卧位。

5.　　半躺式（图 2-18）

适用于剖宫产术后、正常分娩后第一天。

用枕头或通过调节床头的高度让妈妈斜靠着，身体要舒适放松，让宝宝趴在妈妈身上，胸贴胸，辅助宝宝靠近乳房，等待其含接乳房。

注意哺乳姿势的 4 个要点：

　　"线"：婴儿的头和身体要呈一条直线。假如孩子的头是扭曲的或歪的，就无法轻松地吸吮和吞咽。

　　"向"：婴儿的脸贴近乳房，鼻子对着乳头。只有婴儿的鼻子对着乳头，才能正确含接乳房，很容易将乳头放进嘴里。注意不要将孩子抱得过高。

　　"贴"：婴儿身体贴近母亲。只有将孩子抱紧，含接姿势才是正确的，孩子才能含住大部分乳晕。

　　"托"：若是新生儿，母亲不仅要托住其头部和肩部，还要托住臀部。这样做是为了确保新生儿的安全。对于稍大的孩子，托着孩子的上半身就够了。

　　不管是采用哪种哺乳姿势，都要符合这 4 个要点。

二、　正确含接乳房

　　当妈妈抱好宝宝，要喂他吃奶时，常常要托起乳房，用乳头来刺激宝宝的嘴周围，使宝宝建立觅食反射，一旦宝宝嘴张到足够大时，快速将乳头及大部分乳晕送入宝宝口中。

　　托起乳房的方法可采用 C 字形手法：

　　手呈 C 字形，大拇指放在乳房上方，示指及其他手指放在乳房基底部。注意手指不要靠乳晕太近，以免影响含接。不要用"剪刀式"或"雪茄式"的方法来托起乳房，也不要用大拇指、示指紧夹乳晕或压住乳头上方。有的妈妈担心宝宝吃奶时鼻子被乳房堵住，所以用一根手指按在宝宝鼻子处的乳房上，然而这样容易造成乳腺管堵塞。妈妈要引导宝宝主动去含接乳房，而不是推宝宝的头去靠近乳房。

　　宝宝正确含接乳房的七个要点：

　　嘴张得很大；

　　下唇向外翻；

　　舌头呈勺状环绕乳晕；

　　面颊鼓起呈圆形；

　　嘴上方露出的乳晕比下方多；

　　慢而深的吸吮，有时有突然暂停；

　　能看到吞咽动作或听到吞咽声音。

　　哺乳过程中，妈妈要注意观察和感受宝宝和自己乳头的情况。可一边哺乳，一边与宝宝交流，看他、抚摸他、与他说话。如含接正确有效，宝宝吸吮时妈妈应感觉舒适，乳头不疼。乳头疼痛，提示宝宝可能含接不佳，这时需要调整方法重新含接。妈妈切勿强行把乳头拔出，以免损伤乳头，可以轻轻按压宝宝下颏，或者把一根干净的手指从宝宝嘴角处探入口中，让宝宝把乳头吐出。吃完奶后观察一下乳头形态，如果乳头形状变得扁平或有一道白痕，提示含接不正确，需要调整方法，保护好乳头。

第三节

喂养小妙招

一、 第一次胀奶时注意区分乳房充盈和肿胀

乳房不但是储存乳汁的"仓库"，也是乳汁的"中转站"。分娩后，妈妈体内激素水平急速变化，加上宝宝吸吮乳头的刺激，使催乳素大量分泌，作用于乳腺的腺泡细胞，从而开始大量分泌乳汁。自此，乳房开始变得忙碌。同时，乳房的血管开始扩张，血液循环加速，以共同支持乳房的工作。

此时，妈妈开始感觉乳房变得充盈、沉甸甸的，并有些发硬，乳房皮肤温度升高。这时乳房皮肤颜色还是正常的，乳汁流出通畅。宝宝刚出生的几天，妈妈感觉乳房有些胀是正常的，此时只需要按需哺乳，多让宝宝吸吮或者用吸奶器吸出乳汁，排空乳房就可以了。

如果宝宝出生后母乳的供需不平衡，供大于求，乳房充盈会逐渐加重，充盈过度反而阻碍乳汁流出，引起乳房肿胀。引起肿胀的原因很多，比如妈妈乳房已经充满了乳汁，但没有及时开始母乳喂养；或者没有按需哺乳、喂奶次数少或一次哺喂时间短，乳房中的乳汁没有排空；又或者因为疾病原因造成母婴分离，没有挤奶或用吸奶器将乳汁排空，造成乳汁在乳房中淤积；还有的宝宝含接乳房的姿势不正确，造成吸奶效率低，不能有效吸空乳房等。这些情况发生时，乳房逐渐肿胀，妈妈开始感觉疼痛，乳房皮肤出现红肿、皮肤紧绷，有的妈妈甚至出现发热症状。肿胀严重时，乳房硬得像石块，妈妈疼痛难忍，乳头被牵拉成扁平状，进一步造成宝宝衔乳困难。

乳房肿胀应如何处置和预防呢？

妈妈尽可能多地与宝宝在一起，按需哺乳，不限定喂奶的次数和间隔时间，逐

步建立供需平衡。

调整衔乳姿势，确保正确授乳。宝宝应含住妈妈的整个乳头和大部分乳晕。可以变换哺乳体位，不同体位如摇篮式、橄榄球式、卧位式轮流使用，有利于乳汁充分地排出。如果喂奶时，因乳房肿胀导致宝宝衔乳困难，可以先挤出或吸出部分母乳，待乳头乳晕处变软，宝宝好衔接时再让宝宝直接吸吮。使用国际母乳会推荐的"反向按压软化法"，把乳汁从乳头乳晕处往后推，为宝宝软化出适合衔乳的部位，能有效衔接乳房。具体方法：可以用一只手5根手指的指尖按压在乳头根部，往下（胸骨深部方向）按压。也可以用两只手的示指或多根手指横放在乳头根部，往下按压60秒或更长时间，注意要更换手指位置，压力不要过大引起疼痛或损伤。还可以用奶嘴剪掉前部，扣在乳头上按压乳晕。按压完后立刻给宝宝喂奶。

及时排空乳房。喂奶时，如果宝宝拒绝吸奶，可以挤奶或用吸奶器将奶吸出，用小杯子喂宝宝。如果一侧胀奶明显，喂奶时先喂胀奶明显的一侧，因为饥饿的宝宝吸吮力最强，有利于吸通乳腺管。喂奶时，应该两边交替喂奶。下一次喂奶时从上一次后喂的那侧乳房开始。如果喂奶后，乳房未排空，还可以用吸奶器吸出多余的乳汁。母婴分离时妈妈也要挤奶或用吸奶器吸奶，每3小时挤一次，夜间也要挤奶。

如胀奶不严重，喂奶前可适当热敷、按摩乳房。按摩时动作要轻柔，避免造成乳腺管损伤。如果胀奶比较严重，疼痛比较明显，不建议热敷乳房，以免加重乳房肿胀或炎症。此时宜采用冷敷法来缓解胀痛，用冰袋或热水袋加冷水放冰箱冷藏后取出来冷敷，也可以用豆子冷冻后充当冰袋，包裹上毛巾或手帕冷敷。用去皮的芦荟或去皮的仙人掌、卷心菜、生土豆片冷藏后敷在肿胀的乳房上，效果也不错，但最好避开乳头，以免造成乳头气味改变，影响宝宝吃奶或被宝宝食入。卷心菜最好选择里面的菜叶，洗净，去掉粗大的叶茎，揉搓变软后敷在乳房上，这样可以缓解乳房的肿胀和疼痛。注意要用保鲜膜包裹后再冷敷，不要直接接触皮肤。胀奶时，妈妈要避免喝过多的催乳汤水，以免乳汁分泌得更多，加重胀奶。

避免压迫乳房。妈妈不要穿紧绷的衣物，哺乳胸罩尺寸要合适，侧卧时避免乳房长时间受压。

如何正确挤奶？

妈妈要学习和熟练挤奶的正确手法，这是一项非常有用的技术。如果宝宝因故不能哺乳，妈妈需要每3小时挤一次奶，避免过度充盈造成乳房肿胀。

首先，做好充分准备工作。双手认真洗净。准备储乳容器，洗净，开水煮沸消毒。妈妈采取舒适的体位，坐站均可，舒适为准。

将拇指、示指放在距乳头根部 2cm 处，两指相对，其他手指托住乳房，拇指、示指向胸壁方向轻轻下压，不可压得太紧，压力应作用于拇指、示指间乳晕下方的乳房组织上，不要只挤压乳头。反复一压一放，从各个方向按照同样方法按压乳晕，使每一个乳腺管的乳汁都能被挤出，不应引起疼痛。按压时手指应该是滚动式，不应是滑动式或摩擦式动作。

双侧乳房应交替进行，当乳汁从喷射状态变成一点一滴的状态，说明基本已排空。一侧挤压 3~5 分钟，待乳汁少了再挤另一侧，反复交替，持续 20~30 分钟为宜。两手可以交换挤奶，避免疲劳。

二、　促进泌乳的技巧

妈妈乳汁的生成某种程度上取决于宝宝的需要，早接触、早吸吮可以促进母乳的分泌。宝宝频繁地吸吮，可以促进妈妈的催乳素分泌，从而使母乳分泌增加。宝宝吸吮母乳的频率和强度可调节母乳的生成量。分娩后因为妈妈没有及时"下奶"看起来暂时"没奶"，但这时不要急于添加奶粉或糖水，以免降低宝宝吸吮妈妈乳房的欲望和次数，造成乳汁分泌减少。

另一方面，乳房及时排空会促进泌乳。充盈的乳房中未排空的母乳量太多，乳汁蓄积在乳腺管内，身体也会启动自我保护机制，抑制母乳持续分泌，造成乳汁分泌减少。因此，每次喂奶时如果宝宝未吸空，可以使用吸奶器再吸一吸。

学习建立射乳反射可以提升乳汁流速，让宝宝吃奶的过程更流畅、更愉快。射乳反射由催产素调节，宝宝吸吮乳头和乳晕的刺激可以通过神经系统传递到脑部的神经垂体，分泌催产素。妈妈乳汁的排出速率取决于射乳反射。如果射乳反射建立得不好，宝宝吃奶时就会觉得奶的流速很慢，妈妈会觉得奶少，实际上是奶流出得少。如下方法可以促进射乳反射：

1. 心理方面

妈妈要建立信心；放松心情，有利于减少焦虑和疼痛；舒适地坐着或躺着，抱着孩子紧贴自己，尽可能地让彼此的皮肤接触；充满爱意地抚摸宝宝。

2. 饮食方面

妈妈可适当喝一些汤类或热饮，但不要喝咖啡和茶；注意液体也不要喝得过多，以免加重胀奶。

3. 热敷和按摩

有条件可以热水淋浴，或用热水袋或热毛巾热敷乳房数分钟。按摩乳房前，双手彻底洗干净；用手指轻轻牵拉乳头，揉搓乳头；用四指的指腹从外周向乳头轻轻按压乳房，检查有无硬结；用一只手握住乳房轻轻抖动，或用手掌面从外周向乳头处轻轻拍打乳房；一手托乳房，用另一只手的大鱼际或小鱼际从乳房外周打圈按摩，慢慢旋转着向乳头处移动；用指尖从乳房上方向乳头处轻轻叩打或用梳子梳理。

按摩后背也有效果。妈妈脱去上衣，解开胸罩，使乳房放松；坐位，向前弯曲身体，双臂交叉放在桌边，可将头枕在手臂上；按摩者双手握拳，伸出拇指，沿脊柱旁用力点压、按摩，以小圆周运动形式划圈点压，向下移动，从颈部到双肩胛骨旁，持续约 2~3 分钟。

按摩、挤奶时必须注意手法。如果手劲太重、手法太粗暴或时间过长，都可能损伤乳腺组织，有可能导致乳腺管堵塞加重，甚至可能会引发炎症。正确的手法不应引起妈妈疼痛或明显不适。

射乳反射活跃的征象：

◇ 在哺乳前或哺乳中感到乳房有压挤或紧缩感。

◇ 母亲想到孩子或听到孩子的哭声时，乳汁流出。

◇ 当孩子吸吮时，乳汁从另外一个乳房流出。

◇ 在哺乳时如果孩子离开乳房，乳汁从乳房流出。

◇ 在产后的第一周哺乳时有宫缩痛，有时有恶露流出。

◇ 孩子慢而深地吸吮及吞咽，表明乳汁流入口中。

三、 判断母乳是否充足

母乳喂养的妈妈常常有这样的困惑：宝宝到底一次吃了多少母乳？不像用奶瓶喂奶吃了多少一目了然，妈妈只能根据宝宝的表现来判断。但宝宝似乎总是吃个不停，吃一会儿就睡着了，没睡多久醒了又要吃。体重的增长似乎也不如邻居家吃配方奶粉的宝宝……

母乳到底吃得够不够，可以通过以下征象来判断（表2-2）。其中，体重增长和尿量是最主要的指标。

表 2-2　判断母乳是否足够的标准

判断征象	足够	可能不足
宝宝吸吮动作	慢而深地吸吮，每吸吮 2~3 次能看到吞咽动作或听到声音，表明宝宝吃到了奶	只听到吮吸声，没听到吞咽的"咕咚"声，表明宝宝在空吸，没有吃到多少奶
妈妈乳房感觉	喂哺前乳房饱满，喂哺后变软	喂哺过程中乳房一直充盈饱满
宝宝排尿排便	每日排尿 6 次以上，尿色淡且味道轻；排胎便数次，3~4 天后大便颜色从墨绿色逐渐变为棕色或黄色，每天至少 2~3 次	尿量少，每日排尿次数少于 6 次；大便量和次数少，呈现绿色稀便，意味着可能没吃饱奶
宝宝满意表现	宝宝自己放开乳房，表情满足且有睡意	吃完后依旧哭闹不松开奶头，或吃完后又要吃奶
宝宝体重增长	生理性体重下降不超过出生体重的 10%，生后 7~10 天内体重恢复至出生体重，此后体重持续增加，满月时增长 600g 及以上	体重增长缓慢达不到正常标准，在排除生病前提下可能是营养不足，奶水可能不足

也可以根据新生儿的胃容量来判断（表 2-3）。

表 2-3　新生儿胃容量参考标准

日龄	新生儿胃容量 /ml	容量大小
第 1 天	5~7	相当于弹珠
第 2 天	10~13	
第 3 天	22~27	相当于乒乓球
第 4 天	36~46	
第 5 天	43~57	相当于土鸡蛋
第 7 天	40~60	
第 10 天	60~80	
第 30 天	80~120	相当于大号鸡蛋

四、　母乳不足的原因

表 2-4　母乳不足的影响因素及说明

影响因素	说明
喂养因素	未能早接触、早吸吮、早开奶 过早添加了配方奶 未能按需哺乳，喂奶次数少，哺乳时间短，夜间未哺乳 含接不良，未能排空乳房
宝宝因素	产后第 2、4、6 周和 3~4 个月是婴儿快速生长期，对母乳的需求增加，可出现暂时性的母乳分泌不足
母亲因素	疲劳、疾病、吸烟、饮酒 严重营养不良或乳房发育不良（罕见） 服用影响母乳喂养的药物，比如避孕药、利尿剂等 不愿母乳喂养，母乳喂养信心不足 心理忧虑、紧张、焦虑

五、　母乳不足的解决办法

如果产后有母乳分泌不足的情况，家人要支持和鼓励妈妈坚持母乳喂养，树立成功母乳喂养的信心。母乳喂养支持组织和机构要提供指导，促进母乳喂养。

妈妈可以尝试如下方法，其中最重要的是要让宝宝频繁、有效地吸吮乳房。

1. 宝宝增加吸吮，吸奶器追奶

每天至少吸吮 10 次或每 2 小时哺喂一次，只要宝宝有兴趣就让他吸吮。在每次哺乳后用吸奶器"追奶"，即继续吸 10 分钟；或哺乳后 1 小时、两次哺乳之间增加一次挤奶或吸奶，促进母乳分泌。宝宝母乳吃得不够，可以用滴管或喂养辅助器在宝宝吸吮时进行乳旁加奶。观察宝宝尿量，监测体重增长，判断奶量不足情况是否已得到纠正。

2. 妈妈放松心情，加强饮食，多休息

妈妈喂奶时要放松，采用正确的哺喂姿势和含接方法。妈妈与宝宝之间要有尽可能多的、充分的皮肤接触，夜间也要喂奶。妈妈膳食营养要多样、充足，可以考虑使用有效的"催乳方"。

3. 考虑杯子补喂配方奶

如果确需要喂配方奶，应使用杯子喂，而不是用奶瓶喂，更不应使用安抚奶嘴，以免形成乳头错觉。如果妈妈奶量增加，要逐步减少人工喂养的奶量。

4.　宝宝睡，妈妈睡；宝宝醒，妈妈喂

晋升为妈妈后，女人都变身为"女超人"，夜间哺乳、宝宝哭闹，使妈妈告别了在夜间能睡整晚觉的时光。

睡眠不足、过于劳累会造成妈妈的泌乳量下降。此时，妈妈可主动寻求家人的支持和帮助，争取多休息、休息好。建议妈妈和宝宝同步休息，即宝宝睡，妈妈睡。哪怕只是小憩，对恢复妈妈的精神、体力、心理、泌乳量都是很有帮助的。妈妈虽然睡了，但作为"鲜奶加工厂"的乳房还一直在工作，睡前不胀奶的乳房醒来时又变得胀胀的，宝宝醒来刚好可以继续吃奶。同样，宝宝睡在妈妈的身边或身边的小床上，闻着妈妈的味道，感受着妈妈的温度，也能增加安全感，有助于睡眠和生长发育。家人可以多分担一些家务，减轻妈妈照顾宝宝的压力。

六、　按需哺喂和频繁吸吮是最好的催乳"神药"

当有的妈妈迟迟不"下奶"，或者只有少得可怜的乳汁，身边的亲戚朋友常纷纷出谋划策，推荐各种催乳方或催乳药。有些催乳方或催乳药是有效的，但请时刻牢记，按需哺乳、让宝宝频繁吸吮才是最好的催乳"神药"。

宝宝吃奶时含接姿势要正确，如果宝宝只含着乳头，那么他费了很多力气，吸吮了半天，得到的母乳也是不足的。促进母乳分泌最重要的措施就是增加宝宝有效和正确的吸吮。

乳汁的分泌量建立在供求关系上，吸乳频率调节着母乳的供应，婴儿频繁地吸吮刺激，才能使母体催乳素的分泌大大增加并维持在较高水平，从而使母乳分泌得更多。吸吮的频率比每次持续吸吮的时间更能促进母乳的分泌，特别是夜间催乳素分泌得更多，所以夜间也要坚持喂奶。

第四节
**新生儿母乳喂养
的常见问题**

一、　乳头扁平或凹陷时如何帮宝宝吃到母乳

如果是不太严重的乳头扁平，宝宝吸吮母乳多数不受影响，乳头凹陷或比较明显的乳头扁平才会影响宝宝的有效含衔。宝宝吸吮时并不是只吸吮乳头，而是要用嘴将乳头和大

部分的乳晕下的乳房组织都包裹住，形成一个"长奶嘴"。因此，要想更好地衔乳，乳房的伸展性至关重要。乳头的长短、形状并不是主要的影响因素，如果乳房的伸展性好，宝宝更容易牵拉乳房组织形成"奶嘴"，有利于有效吸吮母乳。

如果乳头扁平比较明显，也可以在喂奶前先挤压乳晕，让乳头更突出；或用示指从乳房下部靠近乳晕处往里推，使乳头前突。

如果上述方法没有效果，或者因为乳头凹陷而进行按压练习时乳头反而更回缩，可以使用吸奶器吸引乳房促使乳头前突；或用乳头保护罩贴合在乳房上，前端贴近乳头，按压乳房使乳头前突；还可以用市售乳头吸引器或空针管自制吸引器将乳头吸出。

乳头吸引器的使用方法：

1. 在乳头、乳晕处涂抹乳房按摩凝胶，以增加弹性。
2. 用乳头吸引器每次吸引 3 秒，吸引数次，直至乳头突出。

空针管制作吸引器的方法：

空针管的直径要比乳头稍大，将空针管前端切掉，将活塞从切口段反向插入，将针管另一端扣在乳头上，然后拉动活塞将乳头吸出来。

如果仍旧不能做到有效吸吮，可以挤奶或使用吸奶器将母乳吸出后倒入小杯子中，将小杯子放到宝宝嘴边，一点一点去喂宝宝。也可以直接挤少量乳汁到婴儿口中，这样宝宝就不会太有挫折感，可能更愿意试着去吸吮乳头。

有部分乳头扁平或凹陷的妈妈在孕期或分娩后有可能逐渐好转。以前针对乳头扁平或乳头凹陷建议孕期就开始进行干预，如揉搓、牵拉乳头，现已被证实是无效的，反而有可能刺激宫缩，所以现在已不建议孕期进行纠正。

二、　乳头过大的哺乳问题

妈妈乳头过大也会有哺乳的含接困扰。正常的乳头呈筒状或圆锥状，当妈妈的乳头直径超过 1.5cm，而宝宝嘴巴比较小时，可能会出现乳头含接困难，喂养时需要一定的技巧，但一般不会影响正常母乳喂养。可以尝试哺乳前按摩乳头，使乳头变得细长以便于宝宝含接。

在哺乳前，妈妈用一只手托住乳房，另一只手用拇指和示指搓捻乳头，大的乳头会变得细长些，同时让宝宝嘴巴张大含住乳晕。刚开始哺乳时，很多妈妈担心乳头大，怕宝宝含不住，这时一定要坚持让宝宝尽早吸吮，不断练习。新生儿有先天的觅食反射、吸吮反射，适应能力很强，学会吃母乳是宝宝的本能，即使妈妈的乳头稍大也不会影响宝宝吃奶。

三、 乳头疼痛和皲裂时的喂养

宝宝刚出生的几天，妈妈和宝宝都处在摸索、互相适应的阶段，妈妈抱宝宝的姿势不熟练或不正确、不适应宝宝频繁吃奶对乳头的刺激、宝宝含接乳头的方式不当，这些都可能让妈妈感到不适，甚至出现乳头疼痛。宝宝含接乳头的方式不正确是造成乳头疼痛的主要原因，严重的可能导致妈妈乳头皮肤损伤、乳头皲裂、乳房肿胀。

呵护乳头对妈妈和宝宝都至关重要。要想预防乳头疼痛，妈妈在产后就要尽早开奶，避免因胀奶时皮肤张力过高、不好含接而造成乳头皲裂。平时喂奶前不要用酒精、肥皂清洗乳头，喂奶后可以挤出一些乳汁涂抹在乳头、乳晕上滋润皮肤，防止乳头干燥导致皲裂。乳汁除了可以滋润皮肤避免干燥，还有一定的抗炎作用，可以预防感染。

正确的含接姿势应该是，吃奶时让宝宝张大嘴，包裹住整个乳头和大部分乳晕。尝试不同的体位有助于宝宝衔乳，橄榄球式对含接不良的纠正效果不错（详见本章第二节）。

如果已经发生了乳头皲裂，尝试变换不同的哺乳姿势可能会减轻疼痛感。喂奶时，先喂没有皲裂的一侧，再喂另一侧。哺乳后可以使用乳头修护霜，或挤乳汁涂抹在乳头、乳晕上，让乳头暴露于空气中，待其风干，避免乳头潮湿。疼痛明显时，使用乳头保护罩可以暂时将乳头与外界刺激隔离开，但不宜过久，以免不利于伤口愈合，引发感染，乳头保护罩应经常清洗以避免滋生细菌。如果两侧乳头都有皲裂，妈妈已疼痛难忍，可以尝试把母乳挤出来或吸出来，倒入小杯子中，用小杯子放到宝宝嘴边一点一点喂。

四、 乳腺炎时如何坚持母乳喂养

一提到乳腺炎，很多人就会联想到是乳腺因感染而发炎。其实乳腺炎分为两种类型，非感染性乳腺炎和感染性乳腺炎。

发生非感染性乳腺炎是因为乳房过度充盈，乳腺管堵塞，乳汁渗漏到乳腺周围，刺激周围的组织，被我们体内的免疫系统视为"异物"，即使没有细菌侵入感染，局部也会出现发红、发热、肿胀、疼痛。妈妈体温一般正常，没有明显全身不适的表现。

感染性乳腺炎常发生在非感染性乳腺炎的基础上，当乳头皲裂导致细菌入侵时诱发感染。除了乳房红、肿、热、痛，妈妈常伴有怕冷、高热及其他全身不适表现。

1. 引起乳腺炎的原因

◇   乳房部分乳腺管或全部乳腺管引流差。如喂奶不够频繁，或宝宝无效吸吮造成乳汁淤堵；妈妈衣服太紧压迫乳房；哺乳时母亲用手指压挤乳房不当；大乳房、乳房下垂，也使乳汁不易流出。

◇   母亲免疫力下降。母亲因焦虑紧张、过度劳累，导致免疫力下降而患病。

◇   乳房损伤，乳汁渗漏到周围组织中。

◇   乳头皲裂，使细菌得以进入。

2. 乳腺炎的治疗

根据原因，调整喂哺方法，针对性治疗，必要时遵医嘱使用抗生素治疗。

◇   频繁哺乳，排空乳房。

这一点非常重要，通过频繁吸吮让滞留的乳汁流动起来。有的妈妈或其家人认为乳腺发炎后母乳比较脏，还可能带有病菌，就不能喂宝宝了。其实，乳腺炎是乳房内乳腺周围组织的炎症，分泌乳汁的乳腺腺泡和乳汁流经的通道乳腺管并不受影响。

如果宝宝拒绝吃奶或吃得少，哺乳间隔时间太长，或者妈妈的患侧乳房疼痛明显不敢喂奶，一定要通过频繁挤奶来代替宝宝自己吸奶，以排空乳房。如果是大乳房，喂奶时可用手托起乳房来改善引流。大乳房哺乳时应该托起乳房从外围向乳头进行挤压以利于排乳。每次喂奶可采用不同的体位，注意观察宝宝含接姿势是否正确，保护好乳头避免破损。

◇   喂前热敷，红肿冷敷。

宝宝吃奶时，从阻塞部位的乳腺管上方朝乳头方向轻轻按摩乳房。如果急性期红肿热痛明显，不宜热敷乳房，适合冷敷（详见本章第三节）。若乳腺炎那侧乳房疼痛明显，可以先喂健侧乳房，再喂患侧乳房。

◇   增强免疫力，选择适宜衣物。

少油清淡饮食，保证水分摄入，注意多休息。穿着宽松的衣服、合适的哺乳胸罩，晚上睡觉时应将胸罩脱掉，并且避免乳房受挤压。

◇　药物治疗。

乳腺炎时不要停止哺乳，必要时可遵医嘱谨慎服用抗生素。如果需要用抗生素而不用，有可能会加重对乳腺细胞的破坏而发生严重的感染，甚至出现脓肿。这时妈妈要暂停患侧乳房哺乳，但须排空乳汁。

在医生指导下合理使用抗生素治疗乳腺炎不影响母乳喂养，一般对吃奶的宝宝影响也不大，但可能偶有腹泻情况出现。用抗生素前应该详细询问医生，并跟医生强调自己希望继续母乳喂养。

五、　母乳是早产宝宝最健康的食物

早产宝宝生理功能不健全，更容易患感染性疾病，比正常的婴儿更需要母乳。早产母乳中的成分与足月母乳不同，其营养价值和生物学功能更适合早产儿的需求。

母乳是早产宝宝的最佳"免疫增强剂"。早产母乳中蛋白质含量高，可促进早产儿的生长；脂肪和乳糖低，易于吸收，且长链不饱和脂肪酸是成熟乳的 1.5~2 倍，可促进早产儿中枢神经系统和视网膜的发育；钠盐高，利于补充早产儿的钠丢失；孕期越短，初乳的保护性成分含量越高，可提高早产儿的抵抗力，母乳喂养还对早产儿免疫功能的发育起调节作用。国内外的多项研究发现，母乳喂养的早产儿感染发生率明显低于配方奶喂养的早产儿。

同时，母乳喂养可以明显改善早产儿的认知发育水平，母乳里丰富的营养可以促进早产宝宝的脑部细胞发育，喂哺时亲密的母婴感情交流也可以传达给孩子安全感，有助于早产宝宝的体温、心率和呼吸的稳定，最大程度利于宝宝的发育生长（早产儿喂养方法详见第二篇第四章第七节）。

六、　新生宝宝的喂养次数及时间

宝宝每天的任务仿佛就是吃了睡，睡了吃。经常会有妈妈有这样的苦恼，"是不是母乳不够他没有吃饱呀？""新生宝宝到底应该多久喂一次？""一次应喂多长时间呢？"

首先，新生宝宝应"按需喂养"，也就是宝宝饿了就喂。建议只要妈妈觉得奶涨了就喂，哺乳的持续时间和间隔时间没有限制。按需哺乳可以促进婴儿的生长发育，促进母乳的分泌，使母乳中的脂肪含量和热量更高，还可以防止妈妈胀奶和乳汁淤积。

　　一般来说，新生儿白天平均每隔 2 小时吃一次奶，最长不超过 3 小时，夜间也要吃数次奶，全天吃奶次数在 8~12 次，甚至更多。每次吃奶的时间也不尽相同，通常是 20 分钟左右。新生宝宝和妈妈还处在一个相互适应的阶段，妈妈抱宝宝的姿势和宝宝含接姿势都不熟练，有时喂奶时间需要更长，可达 40 分钟。还有一些低需求的宝宝、吃奶时睡觉的宝宝一次吃奶的时间也会比较长。随着母乳供应关系的建立，有的宝宝 10 分钟就已经吃到了所需的全部奶量。

　　有些宝宝频繁吃奶，多数因为母乳不足或吸吮方式不正确，导致无效吸吮，造成吃奶量不足。我们可以按第三节提到的判断母乳是否充足的标准来衡量。宝宝哭闹有多种原因，很多家长认为哭一定是饿了，一哭就喂，反而可能造成过度喂养，使得宝宝体重增长过快，甚至肥胖。家长要学会观察和了解宝宝饥饿的信号，比如宝宝会"吧唧嘴"；用手触及宝宝面颊或嘴边，他会马上扭转头，张开小嘴做出找东西吃的样子，并有吸吮动作，同时会握紧拳头，并把拳头贴着脸，甚至睡着时拳头也不放松；宝宝有吮指、啃拳的动作，饥饿时的哭声很洪亮。这些情况表示，宝宝饿了，需要吃奶。

七、　宝宝不肯吃母乳的应对技巧

　　新生宝宝拒绝吃母乳的原因很多。有的妈妈在宝宝出生后，没及时"下奶"，家人都心疼宝宝，就赶紧喂上了奶粉；有的妈妈本身母乳喂养信心就不足，也不是很了解母乳喂养的好处，觉得配方奶粉更高级，就喂了奶粉；还有的妈妈或宝宝生后有疾病状况，需要住院，造成母婴分离，宝宝只能喝配方奶粉；许多市售奶粉的甜度相对比母乳的甜度大，宝宝更容易接受。这些情况都可能导致宝宝最终拒绝吃母乳而只愿吃奶粉。

　　另外，吸吮乳头是技术活和力气活，和吸吮奶嘴感受截然不同。奶嘴较长，孔较大，只要轻轻挤压，奶液就会流出来，流速也比较快，宝宝很省力；而吸吮母乳时，宝宝需要张大嘴包裹住整个乳头和大部分乳晕，需要用力吸吮挤出乳汁，比较费力。宝宝一旦习惯了奶嘴，再吸妈妈的乳头时，就会产生乳头错觉，排斥吸母乳。

那么在没有其他症状的情况下，该如何让宝宝重新接受乳房、母乳呢？

　　首先，妈妈要重新建立坚定的信心，细致观察，耐心、反复尝试。平时花尽可能多的时间与宝宝在一起，经常抱他、多进行皮肤接触，让宝宝多熟悉妈妈的身体和气味。按需哺乳，及时哺喂。尝试各种不同的哺乳姿势和体位，看宝宝更接受哪种方式。

如果宝宝已经产生乳头错觉，可使用以下技巧来纠正：①选择在宝宝不是特别饿或未哭闹时，进行母乳喂养；②如果乳房过度充盈，在哺乳前，先用热毛巾热敷乳房5~10分钟，或先挤出部分乳汁使乳晕变软，这样宝宝更容易正确含接乳头和大部分乳晕；③如果宝宝嘴不肯张大，可以采用揉耳廓、轻弹足底等方法让他张大嘴，同时将乳头及大部分乳晕迅速送入其口中，确保有效吸吮；④对于触及乳头即哭闹的宝宝，可先挤出少许乳汁至宝宝口中，使其闭嘴吸吮；或用小勺将少许乳汁顺乳晕向乳头方向流入宝宝口中，诱发吞咽反射，使其吸吮成功。

宝宝一旦开始吃母乳，母乳分泌量也逐渐增多，可以逐渐减少每次的奶粉量，同时监测宝宝的体重、尿量、大便情况。

八、 新生儿营养补充

1. 维生素D

母乳的营养成分基本能满足同时期宝宝生长发育的需求，不过母乳中的维生素D含量较低。国际专家共识明确指出，为预防佝偻病，无论是以何种喂养方式的宝宝，均建议出院后开始补充维生素D。足月宝宝每天补充400IU，为了促进早产宝宝追赶性生长，需要强化维生素D，建议每天补充800~1 000IU，三个月后改为每天400IU。

补充的方式可采用在母乳喂养前将定量维生素D滴入宝宝口中，然后再进行母乳喂养。也可以适当地多带宝宝出门晒太阳，促进其自身维生素D的合成。

2. 维生素K

维生素K是一种脂溶性维生素，是血液凝集以及骨代谢中的重要参与物质，食物中的主要来源是绿叶蔬菜和部分食用油等，肠道细菌可合成少量维生素K。母乳中的维生素K含量较低，加上新生儿（特别是剖宫产的新生儿）肠道菌群无法合成足够的维生素K，或因为疾病原因如慢性腹泻、长期使用抗生素导致肠道菌群被破坏，可能导致婴儿缺乏维生素K，故需要及时补充。

如何给新生宝宝补充维生素K呢？目前可选肌内注射和口服补充。我国常采取出生后肌内注射维生素K的方法，妈妈也可在专业医师指导下给小宝宝每日口服补充维生素 K。维生素 K 可以通过胎盘和乳汁，所以妊娠晚期的准妈妈以及哺乳期妈妈们要增加菠菜、甘蓝、花椰菜、花生油、菜籽油等的摄入。如果服用可能影响维生素 K 合成的药物如广谱抗生素、抗凝血药等，则还需要口服或注射补充维生素 K。

3. DHA

DHA 学名二十二碳六烯酸，具有促进脑细胞发育和神经保护作用。2015 年 3 月发布的《中国孕产妇及婴幼儿补充 DHA 的专家共识》里指出，婴幼儿 DHA 摄入量宜达到每日 100mg，孕妇和哺乳期妈妈 DHA 的摄入量不少于每日 200mg。母乳是 DHA 的主要来源，哺乳期妈妈需合理膳食，必要时可以补充 DHA 制剂。母乳喂养的足月婴儿不需要另外补充 DHA，混合或人工喂养的宝宝建议选择含 DHA 的配方奶。

对于早产儿，补充 DHA 的意义更大。欧洲儿科胃肠病学、肝病学和营养学会建议早产儿每日 DHA 摄入量为 12~30mg/kg；美国儿科学会建议出生体重不足 1 000g 的早产儿每日摄入量 ≥21mg/kg，出生体重不足 1 500g 者每日摄入量 ≥18mg/kg。同时，我国 2016 年《早产儿、低出生体重儿出院后喂养建议》指出，早产儿每日 DHA 摄入量应为 55~60mg/kg，直至胎龄满 40 周。

第五节

新生儿的
人工喂养

在妈妈患病等一些特殊情况下，应权衡哺乳对母婴的安全性和危害性，结合疾病对母婴身心健康的影响，做出正确选择。如果处于以下情况，不适宜坚持母乳，建议暂不进行母乳喂养，改为人工喂养。

身体有活动性疾病。如患有严重的心脏病、严重的肝肾疾病、高血压伴有重要器官功能损害、糖尿病伴有重要器官功能损害，癌症期间需要进行放疗或化疗，或有严重精神疾病、反复发作的癫痫或先天性代谢缺陷时，哺乳可能会增加母亲的负担，导致病情恶化。传染病急性期需要隔离时，暂不宜哺乳。例如各种类型的肝炎、活动性肺结核或流行性传染病以及 HIV 阳性，这些情况都不宜进行母乳喂养。

服用、接触有毒药物期间。如母亲服用抗肿瘤药或放射性治疗药物、某些治疗精神病的药物或抗惊厥药等，应停止哺乳。吸毒或静脉注射毒品者在戒毒前不宜母乳喂养，以免伤害婴儿。

当妈妈因各种身体不适或疾病等特殊原因不能哺喂母乳时，建议选择母乳代用品喂养婴儿，目前常用的有牛乳、羊乳等的配方奶粉（详见第三篇第三章）。新生儿期人工喂养的奶量可参考新生儿的胃容量（表2-3）。需要注意的是，新生儿进食量差异很大，具体要根据宝宝的需求、体重增长情况、大小便情况来调整。

人工喂养是无法进行母乳喂养的无奈之举。与母乳喂养相比，人工喂养不利于良好母婴关系的建立，宝宝易患感染性疾病以及过敏、肥胖，更需要科学计算和合理喂养，以确保健康。条件允许了，再考虑试行母乳喂养。

有再泌乳需求的妈妈需要家人更多的支持和鼓励，在断乳期可尝试几个技巧。首先，妈妈和已添加了配方奶喂养的宝宝要多待在一起，尽量让彼此的皮肤多接触。其次，多让宝宝尝试吸吮乳头，即便没有什么奶，每次喂奶前也先让宝宝吸吮乳头。用奶瓶喂养时，可使用国际母乳会推荐的支持哺乳的奶瓶喂养方法，比如选择比较接近妈妈乳头流速的慢速奶嘴，喂奶时模仿母乳喂养，用奶嘴去触碰宝宝口唇诱发觅食反射，等宝宝张大嘴，把整个奶嘴的奶头部分和奶嘴底部放入宝宝口中。另外，建议在宝宝有饥饿信号时就喂宝宝，而不是按照时间表喂，可抱着宝宝喂奶，而不是让宝宝独自躺着喝奶。可使用哺乳辅助器乳旁加奶，宝宝喝的是瓶子里的配方奶，但妈妈和宝宝同样可以享受"哺乳"的乐趣。因急性疾病不得已暂用配方奶代替的妈妈，可定时挤出母乳，以维持泌乳状态，待病愈或度过传染期，隔离解除后，可继续哺乳。这些技巧可令暂不能喂哺的妈妈保持泌乳或再泌乳状态，条件允许即可逐步恢复母乳喂养。

第四章

新生儿的医学问题

新生儿筛查

孩子有没有先天性、遗传性疾病，是家长非常重视和关心的问题。多数先天性疾病无法通过肉眼在孩子出生后第一时间发现，那么该怎么办呢？下面就来介绍一下新生儿筛查。

一、　为何进行新生儿筛查

新生儿筛查是一项系统保健服务，是非常有必要的。筛查，简言之就是"早发现、早治疗"。医疗保健机构在新生儿群体中进行群体筛检，使用快速、简便、敏感的检验方法，对一些危及儿童生命和生长发育、导致儿童智力障碍的先天性、遗传性疾病做出早期诊断，从而在尚未出现疾病表现，但体内代谢或者功能已有变化时，就有效地阻断危害因素，同时对因治疗，避免出现不可逆的损害，减少儿童智力、体格发育迟缓的情况发生。

二、　新生儿筛查都查什么疾病

1.　先天性及遗传代谢性疾病

患有遗传代谢病的孩子可能会因疾病而出现大脑受损、智力低下和发育迟缓的情况。我国自 1981 年开展新生儿筛查以来，主要筛查的代谢性疾病有高苯丙氨酸血症和先天性甲状腺功能减退症，部分地区还根据当地疾病特点开展了葡萄糖 –6– 磷酸脱氢酶缺乏症、地中海贫血等疾病的筛查。目前，我国可在新生儿筛查血滤纸片中，用一滴血同时检测多种氨基酸和酰基肉碱，进行 20~30 种遗传代谢病筛查，包括氨基酸、有机酸、脂肪酸代谢病等。其中，氨基酸代谢病除高苯丙氨酸血症（即苯丙酮尿症）外，还包括酪氨酸血症、枫糖尿病、瓜氨酸血症。有机酸代谢病有甲基丙二酸血症、丙酸血症、异戊酸血症、戊二酸血症Ⅰ型、多种辅酶 A 羧化酶缺乏症等。脂肪酸代谢病如肉碱缺乏病、中链乙酰辅酶 A 脱氢酶缺乏症、极长链乙酰辅酶 A 脱氢酶缺乏症等。

2. 听力障碍

听力筛查是通过客观、简单和快速的方法，将可能有听力障碍的新生宝宝筛查出来，并进一步确诊和追踪观察。通过国际公认的、无创性的电生理学检测，进行新生儿听力筛查，筛出先天性听力障碍者。如能及早发现听力损失，不仅可以通过早干预改善孩子的语言和认知发育，也可减轻家庭的心理、经济负担，有利于社会经济发展。听力筛查，包括后续的诊断、干预、随访康复和效果评估，是一项系统化社会化的优生工程。

三、 如何进行新生儿筛查

新生儿筛查一般由当地的妇幼保健部门统一负责。新生儿遗传代谢病筛查的最佳时间在新生儿出生 72 小时后至 7 天之内。宝宝充分哺乳后，医护人员会使用一次性采血针刺其足跟内侧或外侧，使用滤纸片接触血滴取样，进行新生儿遗传代谢病的筛查。由于各种原因（早产儿、低出生体重儿、正在治疗疾病的新生儿、提前出院者等）未采血者最晚在出生后 20 天内要完成采血。检测结果回报需要 1 个月左右的时间，家长要注意，如有阳性结果须按医疗机构要求及时复诊，以便明确诊断、及时治疗。

新生儿听力筛查依靠高精确度的无创性测定仪器，常用方法有耳声发射（otoacoustic emission，OAE）和自动听性脑干反应（automatic auditory brainstem response，AABR），不会对孩子造成损害和不利影响。新生儿出生后 48 小时至出院前完成第一次听力筛查，未通过者及未筛者均应于生后 42 天内再次进行双耳筛查。复筛仍未通过者，应当在出生后 3 个月内转诊至省级卫生行政部门指定的听力障碍诊治机构接受进一步诊断。有些生后因疾病原因住院的宝宝，在出院前也要接受 AABR 筛查，未通过者须直接转诊至听力障碍诊治机构，及早诊治和干预。

如当地医疗机构不具备开展新生儿筛查的条件，家长应在相应时间内选择有条件的医疗机构进行新生儿遗传代谢病筛查血片采集及听力筛查，以免发生可能的损害，最终延误治疗。

第二节
新生儿黄疸的
常见问题

一、　新生儿黄疸的常见原因

新生儿绝大部分轻度的黄疸是"生理性黄疸"，对宝宝没有明显影响，能够自己慢慢消退，但是严重的或出现比较早（生后 24 小时内）的"病理性黄疸"就非常危险，会造成胆红素脑病，导致永久性的脑损伤，宝宝会有行动障碍、听力障碍、眼球运动障碍、牙齿发育异常等。病理性黄疸通常有母乳性、溶血性、感染性和阻塞性四大类。

1.　母乳性黄疸

即由于母乳喂养引起的黄疸。关于母乳性黄疸的原因，目前有很多学说：激素学说、脂肪酸学说、肠肝循环学说、肠道菌群学说、遗传学说，等等。母乳性黄疸一般在生后 4~5 天出现，主要分早发性和迟发性两种。早发性黄疸发生于 1 周以内，与母乳分泌量少导致宝宝摄入不足有关，这时候不但不需要停母乳，还需要加奶粉以补充喂养量。迟发性黄疸是 2 周后宝宝因母乳引起的黄疸，可以停母乳 3~5 天，之后可以慢慢加母乳。母乳性黄疸没有预防措施，只需暂时调整和改变喂养方式（改用配方奶喂养），增加代谢、促进排泄，同时细心观察皮肤黄疸程度，必要时给予蓝光照射治疗。

2.　溶血性黄疸

新生儿最常见的溶血性黄疸多见于 ABO 血型不合溶血和 Rh 血型不合溶血，一般因为妈妈与宝宝的血型不合，比如母亲 O 型血、孩子 A 型或 B 型血，或母亲 Rh 阴性、孩子 Rh 阳性，一般黄疸症状较重。Rh 血型不合溶血相对比较凶险，分娩之前定期产检的 Rh 阴性的妈妈会得到产科医生的重视，给予治疗，分娩后的宝宝也会及时送到新生儿科观察诊治。ABO 血型不合溶血相对比较轻，但也有可能出现早、程度重，这时需要到医院进行治疗。

3.　感染性黄疸

除病理性黄疸的一系列特点，有时宝宝出现黄疸后还伴有感染表现，比如呼吸道感染、消化道感染、尿路感染等，同时具有肝细胞功能受损害的情况。这类黄疸的特点是生理性黄疸持续不退或者消退后又出现持续的黄疸，必须密切观察宝宝皮肤和全身情况，如发现黄疸不退，要及时治疗、控制感染，黄疸才会消退。

4.　梗阻性黄疸

新生儿梗阻性黄疸多由先天性胆管阻塞或闭锁引起。如宝宝皮肤暗黄且很难消退，同时大便为白色，就需要警惕是否为梗阻性黄疸。梗阻性黄疸必须去医院就诊，完善一系列检查，从而决定治疗方案，绝不能在家自行护理和观察，避免因拖延导致病情加重。

二、　新生儿黄疸观察处理重点

1. 注意保护婴儿皮肤，做好脐部、臀部局部清洁，防止感染。
2. 细致观察婴儿的全身表现、精神状态、睡眠质量、吃奶情况以及大便颜色。观察宝宝在黄疸期间皮肤是否看起来越来越黄；如果胆管阻塞，大便会变白；如果精神状态有问题、胃口不好、尖声哭闹或有小的抽搐发作，必须及时去医院检查。
3. 宝宝出院回家后一定要在光线柔和的房间休息，窗帘不要拉太严实，光线不能太暗，这样不适合观察黄疸的出现及严重程度。注意黄疸的颜色是否加深，是否及时消退，以便及时去看医生。
4. 生后第 3 天、第 7 天可做经皮测胆的检查，这是一种用仪器测定黄疸的方法，在宝宝的脑门、胸部轻轻接触一下，可以简单方便地初步了解黄疸的程度。

第三节

新生儿的皮肤问题

新生儿刚刚来到这个世界，皮肤比较娇嫩，对环境的变化还不能很好地适应，如果护理不当，很容易出现一些皮肤黏膜问题。初为人父人母的爸爸妈妈们需要多了解一些新生儿皮肤的知识，在遇到皮肤问题时才能减少困扰和担忧，及时处理和就诊。

新生儿常见的良性皮肤黏膜问题，只要细致观察、做好护理，大部分都能消退，无须太过担心。

1. 新生儿毒性红斑（图 2-19）

新生儿毒性红斑又称新生儿荨麻疹，为新生儿常见疾病，发生在出生后 2 周内，多数于生后 4 天内起病。该病的发生原因不是很清楚，可能与新生儿出生后外界刺激引起的非特异性反应有关，或者由肠道吸收物质的毒性作用引起。皮疹表现为红斑、丘疹、风团，随后出现淡黄或白色丘疹，有红晕，散在分布于头面部、躯干和四肢，偶尔融合，经过 7~10 天左右消失。不需要特殊治疗，家长不必过度担心。

图 2-19　新生儿毒性红斑

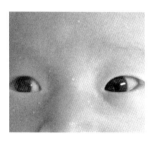

图 2-20　新生儿粟粒疹

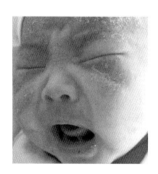

图 2-21　新生儿脂溢性皮炎

2.　新生儿粟粒疹（图 2-20）

由皮脂腺堆积形成，好发于鼻尖、鼻翼、面颊、颜面等处，亦可见于躯干、四肢、生殖器部位，散在分布，呈白色或黄色针头样坚实丘疹，表面光滑，3~4 周后消退。

3.　红痱

主要见于夏季湿热环境，好发于皱褶部位，如腋下、腹股沟等处，气候凉爽可自然消退。如果新生儿红痱面积较小，程度较轻，无须特殊治疗，注意保持皮肤清洁即可。

4.　彭氏珠

新生儿在硬腭中线上可见 2~4mm 大小不等的黄色小结节，也称彭氏珠，为上皮组织细胞堆积而成，数周后消退。

5.　上皮珠

主要是指刚出生的宝宝，口腔牙床上长出像小米或大米样大小的白色球状颗粒。数目不一，看上去很像小牙。其实这不是牙齿，而是口腔黏膜上皮细胞增生增厚，形成板状，俗称"牙板"。最初"牙板"和口腔上皮相连，乳牙牙胚发育到一定程度，牙板破碎，破碎的牙板一部分被吸收，没有被吸收的就逐渐增生角化，在牙床上形成小球状的白色颗粒，俗称"马牙"，医学上称为上皮珠，经过进食、吸吮的摩擦，可自行脱落。上皮珠一般对口腔颌面部的发育和健康没有影响，不需任何处理，千万不可用针挑或用毛巾擦，否则容易造成感染。如果长期不脱落，应请医生诊治。

新生儿如果有持续的皮肤黏膜问题或情况加重，影响吃奶和睡眠，或者伴有发热等全身症状，就需要警惕和及时就医，避免全身感染、病情加重。

6.　新生儿脂溢性皮炎（图 2-21）

出生后 2~10 周起病，特征性皮疹为红斑和油腻性皮屑，我们常称这种皮疹为乳痂，皮疹常见于头皮、前额、耳、鼻颊沟及皱褶处，伴有不同程度的瘙痒。一般

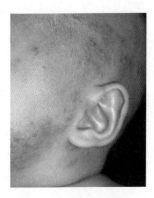

图 2-22　新生儿湿疹

图 2-23　鹅口疮

3 周到 2 个月可以痊愈，如果持续不愈，需要看皮肤科医生。

7.　新生儿湿疹（图 2-22）

　　湿疹常常在快满月时开始出现，2 个月后多见，主要分布在前额、眉弓、耳廓、耳后，也可波及头皮、面颊，会有瘙痒不适，严重的会影响宝宝睡眠，进而影响宝宝正常生长。湿疹如果不影响宝宝吃奶和睡眠就无须治疗，情况严重的需要去医院就诊。

8.　鹅口疮（图 2-23）

　　鹅口疮是由白念珠菌造成的黏膜损害，须与马牙相区别。鹅口疮通常在牙龈周围形成，有斑片状白膜附着，用棉签可轻轻剥去。剥去白色黏膜后，基底部充血明显。鹅口疮如果持续存在、不消退或者进一步加重，需要到医院就诊。

　　婴幼儿肌肤尚在发育中，更容易引发炎症或湿疹等皮肤黏膜问题。家长对新生儿的皮肤黏膜情况要多多了解，及时正确地预判状况，做好皮肤护理，既要避免盲目慌张、过度焦虑，也不要因为延误治疗时机而加重病症。

第四节

新生儿的随访

　　新生儿自出生至满 28 天的整个新生儿期，都需要加强护理和照看。正常情况下，新生的宝宝在产科和妈妈一起住院 2~7 天左右即可出院回家。回家后，医生们还要对宝宝进行多次系统的"例行检查"，这就是新生儿随访。从出生到回家，宝宝将多次接受医生们的基本检查。医院和社区机构按照每个城市或地区的新生儿保健常规，为居家的宝宝进行体重、身长、头围测量和心肺听诊、黄疸监测、采足跟血、听力筛查等。新生儿的家庭随访覆盖整个新生儿期，以确保宝宝健康茁壮成长。

新生儿宝宝的随访要点及注意事项都有哪些呢？

1.　出院早期

在宝宝出院后的头几天，访视医生和家长要特别注意 3 个关键检查项目：住院期间是否进行了听力筛查和"足跟血"检查以及检查结果是否异常（详见本章第一节），还要密切观察宝宝黄疸情况。目前，随着妈妈的住院时间逐渐缩短，很多宝宝生后 2~3 天就回到家中，而生后 3~5 天是新生儿黄疸的高峰时间，胆红素值上升较快，因此家长在家一定要密切观察宝宝的黄疸情况。

2.　新生儿家庭访视

新生儿出院后，乡镇卫生院、社区卫生服务中心会到新生儿家里进行新生儿访视。正常足月新生儿访视次数不少于 2 次，分别在出院后 7 日之内和出生后 28~30 日内。对于有高危情况的新生儿，如早产儿，低出生体重儿，高胆红素血症患儿，宫内、产时或产后窒息儿，有缺氧缺血性脑病、颅内出血的新生儿，患新生儿肺炎、败血症等严重感染的新生儿，会根据具体情况酌情增加访视次数。

访视时，医生会了解宝宝的喂养情况，进行体格测量和体格检查，并给出相应指导，对异常情况会及时进行转诊。新手爸妈可以抓住新生儿访视这个难得的机会，向医生了解情况，解决自己护理新生儿的疑问。

第五节
新生儿期需要
完成的免疫接种

每年的 4 月 25 日是"全国儿童预防接种日"，预防接种对于每一个宝宝都至关重要。接种疫苗是目前世界范围内预防很多严重传染性疾病的可行措施，同时也是最经济和最有效的方法。预防接种是宝宝健康成长之路上不可或缺的一件重要"铠甲"，每一位家长都有责任了解免疫接种知识，及时带孩子完成我国规定的基础计划免疫，为孩子的健康成长建筑第一道防线。

一、　新生儿期须按时接种的疫苗

新生儿期的宝宝在出生时只需要接种 2 种疫苗，即乙肝疫苗的第一针和卡介苗。若妈妈为乙肝病毒携带者，新生宝宝还需要在生后数小时内注射乙肝免疫球蛋白。新手爸妈需要了解和关注这两种疫苗，根据宝宝的情况安排接种。

1.　乙肝疫苗

乙肝疫苗是经过提纯的乙型肝炎病毒的表面抗原，是用来预防乙型肝炎的疫苗。接种乙肝疫苗可刺激机体产生保护性抗体，达到预防乙型肝炎的作用。整个免疫注射方案共需要接种 3 次，分别为宝宝出生时、1 月龄时及 6 月龄时。

一般情况下，乙肝疫苗是十分安全的，但有时也会存在一些"小问题"，需要父母注意和观察。乙肝疫苗的不良反应分全身和局部两类。个别宝宝在注射部位局部出现红肿、疼痛等，这种情况多在接种后 1 天左右出现，一般不用处理，1~3 天左右即可缓解消失。少数宝宝会出现一过性发热，还有的可能伴有腹泻、精神稍差等症状，多在 1~2 天内消退。若出现这些异常现象，新手爸妈务必及时咨询相关医务人员。

2.　卡介苗

卡介苗是由减毒的结核分枝杆菌制成的预防结核病的"活疫苗"。宝宝接种卡介苗后，接种部位会依次出现红点、红肿、化脓、破溃、结疤的表现，这是宝宝成功接种卡介苗的正常反应。整个局部反应过程通常要持续 8~12 周，在此期间只需要保持局部皮肤清洁干燥即可。接种卡介苗的不良反应还可表现为全身一过性发热，多为轻度低热，一般在 2 天内可消退。接种局部形成脓疱、溃疡等感染灶，局部脓疱直径大于 10mm 或长期不愈者，须前往医院进行处理。有的宝宝在接种部位的邻近部位出现皮下淋巴结肿大，如腋窝淋巴结肿大等，多为轻度肿大，1~2 月可消退，不需要特殊治疗；若淋巴结肿大形成脓肿甚至破溃，则需要前往医院治疗。如宝宝在此期间出现病情加重或者其他异常反应，要及时咨询医生，以及时得到处理。

二、　宝宝不能按时接种疫苗的处理措施

有些新生儿存在一些特殊情况，不能在生后立即接种疫苗，需要延迟接种。比如部分早产儿，出生体重 <2.5kg 或存在严重畸形的宝宝，以及患有黄疸、败血症、肺炎、窒息、严重的先天性心脏病等疾病的宝宝，需要等条件允许后择期补种。

乙肝疫苗补种一般在宝宝居住地的预防保健机构完成，医生需要先对宝宝进行体格检查，排除接种的禁忌证后方可补种。卡介苗的补种应按当地要求在宝宝居住地的预防保健机构或结核病防治所等进行，若宝宝 3 个月内未能补种卡介苗，则需要先进行皮肤的结核菌素试验，结果呈阴性再补种。

第六节

家人生病如何避免宝宝被感染

新生宝宝特别容易生病，这是因为宝宝免疫力较弱，成年人的一次哪怕是普通感冒都很容易传染给新生儿，发现不及时还可能造成肺炎、败血症，甚至更严重的疾病。因此，我们一定要尤为重视对新生儿进行保护性隔离。

除出院后避免过多亲戚朋友来家中探望新出生的宝宝之外，如果家庭成员生病并出现以下症状，比如发热、皮疹、鼻塞、流涕、打喷嚏、咳嗽、咽痛、腹泻、呕吐等，应该避免与新生儿"亲密"接触，更不能照顾宝宝。隔离是避免宝宝感染最有效的措施，即便家庭成员病情好转、症状消失，也应隔离1周以上，而且最好在家中也戴口罩。在咨询专业医生，确认安全、无传染可能后，家庭成员再恢复与宝宝的亲密接触。家中所有人不论生病与否，都应避免亲吻宝宝，尤其是宝宝口唇部。

与此同时，新生儿的用品要做好消毒清洁，如衣服、奶瓶、吸奶器、玩具等应单独存放和清洗，避免与其他家庭成员，尤其是生病成员的用品相互混用，以防止接触性传染。注意常用物品表面的严格消毒，毛巾、衣物应勤换洗。

如果家庭成员真的生病了，日常起居和看护该怎么办呢？

对于家中有两个或多个孩子的家庭，如果大宝生病，就要和处于新生儿期的小宝分开照顾。家中生病的幼儿对于新生儿是一个潜在威胁，大宝与弟弟妹妹玩耍、亲吻、拥抱时，会将病菌带给脆弱的新生儿。所以当家中大宝生病时，应尽量将两个孩子分开养护；在没有条件分开养护的情况下，至少要做到让两个孩子单独睡眠与分开玩耍。此外，应教导大宝养成良好的卫生习惯，如"进门换衣服""抱弟弟妹妹之前要洗手"等。

妈妈生病，在相对隔离的同时还要坚持哺乳。很多母亲围生期（妊娠28周到产后1周这一分娩前后的重要时期）的疾病并不影响母乳喂养以及母婴接触，妈妈在生病后需要尽快就医，在医生指导下选择适合母乳喂养的药物治疗，并根据疾病是否有传染性及医生的医嘱决定与新生儿的隔离方式。如果妈妈患轻微感冒，在佩戴口罩、勤洗手情况下仍可以坚持母乳喂养。即使感冒较重，也可以在与新生儿隔离的情况下将奶水吸出后，再喂给宝宝。妈妈患乳腺炎可引起发热等症状，但只要在医生指导下谨慎选择药物治疗，一定程度上并不影响哺乳，也没有传染性。关于妈妈患病服药是否应该中断母乳喂养这个问题，可以权衡利弊，因为药物通过乳汁排出的量一般都很少，但母乳对宝宝却是至关重要的营养源泉。必要时，妈妈可以先喂奶后服药，降低药物进入乳汁的概率。即使因为病情需要暂停母乳喂养，也要坚持用吸奶器挤奶，维持母乳的分泌。

一旦妈妈出现了一些严重的疾病，如患水痘、麻疹、开放性肺结核、肝炎等严重传染病，或进行了放射性药物治疗，或患有严重的精神疾病或产后抑郁，以至于不能控制自己的行为等，就不适合每天接触宝宝，需要遵医嘱做到与新生儿严格隔离，由其他健康的家庭成员照顾宝宝。

<table>
<tr><td>第七节

早产宝宝该怎么
喂养</td><td>很多早产宝宝出生后就离开妈妈，住进新生儿重症监护病房，由医生护士照看。当爸爸妈妈接宝宝出院回家时，对自己的宝宝往往都还很陌生，再加上早产儿身体发育还不成熟，往往会出现各种各样的困扰，特别是喂养问题。</td></tr>
</table>

一、　早产宝宝为何会喂养困难

与足月宝宝相比，很多早产宝宝吸吮和吞咽的能力并不是与生俱来的，需要通过后天学习和锻炼逐渐成熟起来。胎龄 <34 周、出生体重 <2kg 的早产宝宝生后多在医院中度过，其"吃奶困难"问题是通过逐步学习克服的，先是通过"胃管"来喂养，之后逐渐开始锻炼并成功做到经口吃奶。当宝宝可以出院回家时，大多已具备自己吃奶的能力，但仍有可能吸吮和吞咽尚不完全协调，比如宝宝吃奶时会"气喘吁吁"，容易呕吐、呛奶。有些患有支气管肺发育不良的宝宝在吃奶时可能还会出现口唇青紫等缺氧症状，需要配合进行家庭氧疗。除了从出生起需要经过"胃管喂养—部分经口喂养（奶瓶）—完全经口喂养（奶瓶）—部分母乳喂养（亲喂）—完全母乳喂养（亲喂）"的渐进过程才学会吃奶，每个早产宝宝还会存在各种喂养的"个性"问题，需要家长与医生及时和充分地沟通，并共同做出努力。

二、　刚出院的早产宝宝喂养问题

相比足月宝宝，面对刚刚出院的早产宝宝，新手妈妈将在喂养方面面临更大的挑战，这就需要在宝宝出院前与医生一起做足"功课"。

1.　珍惜喂养"实习期"

对于胎龄和体重很小的早产儿，很多医院会在宝宝出院前为爸爸妈妈提供与宝宝接触的机会，甚至让妈妈"练手"护理宝宝。爸爸妈妈们可一定要珍惜这个"实习期"，争取在此过程中向护士们学习喂养和护理宝宝的技能。

2.　出院前要问清的问题

　　在宝宝出院前，一定要和宝宝的主管医生或护士充分沟通，详细问清以下问题：宝宝每次能吃多少奶，间隔多久吃一次？吃奶时是否容易发生呛奶等情况，发生后该怎样处理？宝宝是否能吃母乳？是否需要添加母乳强化剂，强化剂的配比如何掌握？是否需要吃特殊种类的奶粉？吃奶时是否需要吸氧？有无其他特殊喂养困难和问题？新手爸妈可以先将医生的回答和解释记录下来，以备日后查对，遇到实际问题时，建议及时咨询医生。

3.　奶瓶及奶嘴的选择

　　早产宝宝喂哺用品的选择要考虑到吸吮能力和流速的问题。多数胎龄较小的早产儿吸吮力较弱，出院后无法直接母乳亲喂，需要先经过奶瓶喂养，再慢慢过渡。刚出院时，宝宝可能会因为不习惯吸吮家里配备的奶嘴而造成吃奶量下降或呛奶，新手爸妈们要仔细观察宝宝吃奶的情况，及时调整奶嘴的类型。一般情况下，宝宝吃奶量下降、吃奶时费力提示奶嘴孔过小，奶汁流出速度过慢；而宝宝频繁呛奶，有奶汁从口角溢出，则提示可能存在奶汁流速过大的情况，需要更换流速小的奶嘴。

4.　奶量及乳品的选择

　　对于刚刚出院的早产宝宝，关于喂养奶量，我们首先要做到"维稳"，即尽量保持宝宝和住院期间一致的进食习惯。不要因为宝宝体重小、爸爸妈妈心急，就给宝宝一次添加过多的奶量，这么做反而不利于早产宝宝的喂养。这个时期只需要保证与住院时期相当的奶量即可，存在喂养问题的宝宝在开始时还可适当减少单次喂养的奶量，并相应增加喂养次数。在宝宝适应新环境后，再根据医生的指导意见，逐渐少量、循序渐进地增加喂奶量。

　　以配方奶喂养的宝宝，出院后大部分需要改为早产儿出院后配方奶粉，建议爸爸妈妈根据自己的实际情况购买专用的早产儿配方奶粉。对于母乳喂养的早产宝宝，建议提前咨询医生，了解在母乳中添加强化剂的时机和配比原则，并严格执行。

5.　喂奶进行时

　　早产儿的喂奶姿势，一般多采用侧卧位或者上身抬高45°的体位，尽量不要采用平卧位喂奶，以避免发生呛奶。若宝宝有气喘等吃奶疲劳的表现，喂奶过程中可间断将奶头从宝宝口中轻轻拔出，让宝宝休息一会儿再进行喂哺。喂奶后立即轻轻拍背，帮助宝宝打嗝。注意，部分早产宝宝会存在乳汁反流的情况，即吃奶一段时间后，奶汁从胃内反流入口腔，严重的甚至会引起窒息，这需要家长在宝宝吃奶后将其身体保持头高脚低的侧卧位，并随时观察宝宝的情况。

三、　出院后期的喂养问题

经过出院早期的过渡，宝宝逐渐习惯了居家生活。接下来我们将面对的主要问题是：如何逐渐增加奶量，促进宝宝体重的增长，以及如何逐渐过渡到母乳喂养。

1.　奶量

如何精确计算早产儿的奶量增幅是很复杂的问题，要考虑到宝宝胎龄、体重和健康状况，每个宝宝都需要个体化的喂养方案。建议爸爸妈妈定期带宝宝到儿童保健机构进行随访，监测宝宝体重，并在医生的建议下根据监测数据进行奶量调整。增加奶量的总体原则是每次增加 10~20ml，逐渐过渡，避免一次增加量过多。对于将早产儿配方奶粉更改为普通配方奶粉的时机及停用母乳强化剂的时机，也需要由儿科医生经过体格检查评估后决定。

2.　母乳喂养

早产宝宝最好喂母乳，但宝宝需要逐渐从奶瓶喂养过渡到母乳亲喂。在开始阶段，妈妈们可以先排空乳房避免乳汁流速过大造成宝宝呛奶，再让宝宝每天进行吸吮训练，之后过渡到部分母乳喂养，并逐渐增加母乳喂养的次数及喂养量，最终达到完全母乳亲喂。根据宝宝适应情况的不同，这个过程可长可短，父母切忌急躁，要有充分的耐心和信心，陪宝宝一起走过育儿早期这段令人难忘的旅程。

总之，早产儿的喂养需要家长付出比足月儿更多的努力、心血和足够的耐心，并与医生时刻保持密切的联系与合作。尤其是家长应具备充分的信心和乐观的态度，提前储备专业详细的知识，这样才能和早产宝宝共同平稳渡过早产儿喂养这一难关，让宝宝追赶生长、健康发育！

第八节

生病的宝宝该怎么喂养

刚出院的新生宝宝生病了，这让家人尤其是妈妈感到焦虑和担忧。宝宝能吃什么，不能吃什么？在喂养上，应该注意些什么呢？

一、　患肺炎的宝宝如何喂养

肺炎是新生儿期常见感染性疾病之一，往往需要住院治疗。然而，出院后处于恢复期的肺炎宝宝仍然会出现喂养问题，如容易呛奶、吐奶等，这是因为宝宝气道中分泌物增多，呼吸加快，导致宝宝吸吮、吞咽和呼吸动作之间的不协调。奶汁呛入肺中会引起宝宝肺炎反复、加重，甚至可能出现窒息，造成严重不良后果，故在喂养肺炎宝宝时，应尤其注意流速，避免呛奶。

首先，需要控制单次喂奶量不要过多，防止宝宝出现反流、呛奶。单次喂奶量最好比平时减少 1/3 左右，可适当增加喂养次数，保证宝宝全天总奶量不受影响。母乳非常"冲"的妈妈在喂奶前可适当吸出部分奶液，防止奶流过猛造成宝宝呛奶。奶瓶喂养则需要注意奶嘴孔的大小，确保奶汁流出不要过快。将奶瓶倒过来，奶汁成滴流出，为合适的奶嘴孔大小。要仔细观察宝宝吃奶的动作，如果宝宝表现出疲劳、咳嗽、呼吸费力，需要暂停喂养，将奶头从宝宝口中移出，让其适当休息，调整呼吸节律后方可继续喂养。喂养后需要耐心进行"拍嗝"动作，并适当延长"竖抱"的时间，以防止宝宝吐奶或呛奶。一旦发生了"呛奶"，应立即停止喂养，将宝宝头朝向一侧，轻拍宝宝背部，让奶汁顺着口角流出，并仔细观察宝宝的呼吸情况。如果宝宝存在呼吸费力、口周发青、精神萎靡、拒奶等表现，须立即就医。

二、　腹泻宝宝的喂养

腹泻是新生宝宝的常见问题。腹泻的病因不同，具体的治疗方法也各不相同。家长和医生除了努力找出病因、对症治疗外，在喂养方面也需要注意。

1.　母乳和奶粉

对于大多数感染性腹泻的宝宝来说，不需要更换喂养乳品。母乳喂养的宝宝继续坚持母乳喂养，但妈妈在饮食上应注意清淡，避免进食过多的油腻食物，如肉汤、鱼汤等。有时医生会要求母乳喂养的妈妈回避一些特殊的食物，如鸡蛋、牛奶、坚果类或鱼虾类食物 2 周以上，具体需要严格听从医生的建议。

奶粉喂养的宝宝也不需要更改奶粉种类。对于特殊原因引起的腹泻，医生会建议宝宝更换为特殊配方奶粉，如深度水解蛋白配方奶粉、无乳糖配方奶粉等。

2.　注意脱水表现

当宝宝腹泻次数多、腹泻量大时，可能会出现"入不敷出"的情况，严重时可造成脱水症状，如前囟门凹陷、眼窝凹陷、口腔黏膜干燥、哭时泪少、皮肤干燥等。新手爸妈尤其要注意宝宝的尿量是否减少，如果出现以上脱水表现，需要及时前往医院补液治疗，以免延误病情。

第九节

正确喂养患有唇腭裂的宝宝

唇腭裂是因为宝宝在胚胎时期受到某些不良因素影响（如遗传因素、感染、辐射等）而引起的先天性畸形，出生后可通过手术进行矫治，一般不会对宝宝的健康造成严重影响。唇腭裂的修复手术往往要等到 1 岁之后进行，在此之前，唇腭裂宝宝往往会出现一定程度的喂养困难，一不小心就会造成呛奶，引发肺炎，严重的还可引起窒息，危及宝宝的生命。

母乳是宝宝最好的食物，妈妈的乳头也是为宝宝量身定做的"最合适的奶嘴"。轻度、单纯唇裂的宝宝，多数情况下是可以接受母乳喂养的。喂养时须注意采用正确的喂养姿势，让宝宝完全含住乳头及乳晕，也可同时轻轻用手指捏住唇裂处帮助宝宝增加吸吮力。喂奶过程中注意观察宝宝有无呛奶表现。对于较严重的、合并腭裂的宝宝，母乳亲喂可能容易引起呛奶，可用吸奶器吸出母乳，再使用唇腭裂专用的奶瓶、奶嘴喂养，这样较为安全。

如果用奶瓶喂养宝宝，为了保证安全有效地喂哺，家长应该考虑哪些问题呢？

1. 奶瓶奶嘴的选择

　　唇腭裂的宝宝吸吮力量较差，最好选择可挤压的塑胶奶瓶，以帮助宝宝吸吮。奶嘴选择较为柔软的、"十"字形或"Y"字形开口的为佳。此类奶嘴只有当宝宝用力吸吮压迫时奶汁方可流出，可最大程度上避免呛奶。喂奶前将奶瓶倒立，奶汁能一滴一滴地流出，则为最佳的流速。唇腭裂较严重的宝宝应选择带有排气孔及节流器的唇腭裂专用奶瓶。

2. 喂奶时的注意事项

　　对于单侧唇腭裂的宝宝，喂奶时需要将奶嘴朝向正常的一侧；对于双侧唇腭裂的宝宝，可咨询医生制作一个牙盖板来辅助吸吮。喂奶姿势多采取侧卧或 45° 仰卧，避免平躺喂奶引起呛奶。喂奶后应用棉棒蘸取纯净水清洗鼻孔、口腔，预防感染。分次喂养，避免宝宝吸吮疲劳；喂养期间，注意间断和拍背排气。

　　爸爸妈妈要注意，唇腭裂宝宝喂养过程中可能会有奶汁从鼻孔流出，此时只要停止喂养，拍背让宝宝咳嗽并排出奶汁后，即可继续喂食。唇腭裂宝宝因患病情况不一样，口腔内差异较大，爸爸妈妈要细心呵护、精心喂哺、自己摸索喂养方式，减少奶汁回流和呛奶等意外情况，帮助宝宝在矫正术前能健康地生长发育。

第十节

宝宝湿疹全攻略

湿疹是新生儿期最常出现的皮肤问题之一。湿疹时隐时现，造成宝宝的不适和痒感，进而影响睡眠，甚至影响生长发育。为什么宝宝会得湿疹？湿疹长大以后能恢复变好吗？

目前认为，湿疹的原因与遗传因素和外界环境刺激有关。爸爸妈妈如患有过敏性疾病，如皮炎、鼻炎、哮喘等，宝宝往往比其他宝宝更容易患湿疹。湿疹还会因外界环境因素诱发或者加重，比如干燥的空气、易过敏的食物、刺激性的化学品等。心理因素如紧张、焦虑也会诱发和加重湿疹。

在患湿疹的宝宝中，半数以上是在1岁前出现症状，且反复出现、时轻时重，请家长不要过度担心，绝大多数湿疹会在4~5岁以前消失，只有少数会持续到青春期阶段。在这期间，爸爸妈妈和医生一起尽量控制宝宝的瘙痒症状，避免湿疹加重，影响宝宝正常的饮食起居、生长发育。

那么，家长应该如何"战胜"湿疹呢？

1. 护理最重要

虽然宝宝湿疹反复难治，但家长往往容易忽略一个问题，即轻度的湿疹不需要药物治疗，只需要做到充分的皮肤护理，缓解瘙痒症状，预防皮疹部位感染就可以了。

湿疹宝宝的皮肤护理可概括为四个关键步骤：保湿、少捂、隔离、止痒。

保湿是根本。虽被称为"湿疹"，但湿疹绝不是因为潮湿引起的。相反，湿疹的反复和加重往往都与环境干燥有关，所以保湿是护理湿疹宝宝时最重要的一点。建议家长选择敏感皮肤婴儿专用的润肤产品，每天让宝宝在温水中洗澡，水温不要太高，洗澡后充分冲洗残留在宝宝皮肤上的沐浴液，避免残留沐浴液对皮肤的刺激，并尽快为宝宝涂上润肤露，锁住皮肤的水分。

避免捂太热。很多家长，尤其是老人往往认为宝宝娇嫩，比大人更怕冷，会给宝宝穿戴厚重的衣物，这其实是错误的。婴儿的体温调节能力较差，既怕冷，也怕热。建议家长根据环境温度，及时调整宝宝衣物的厚度，绝不能一味"捂着"。尤其是湿疹宝宝，更要注意皮疹处皮肤的散热和透气。一般情况下，应给宝宝穿和大人同样厚度的衣物。

隔离化学品。所有可能与皮肤接触的日用品、衣物、家装内饰都要认真甄别挑选。新买的衣物、毛巾、脸盆等均应充分清洗后再给宝宝使用。尽量选择纯棉制品、颜色较浅的衣物和被褥，避免含化纤或羊毛等动物皮毛的、硬质、编织粗糙或有凸起不平装饰物的纺织品和室内装饰接触宝宝。接触宝宝的家庭成员也应注意避免穿着以上种类的衣物。妈妈要暂时避免使用功效化妆品、刺激性较强的个人洗护用品及指甲油等。

止痒。湿疹对宝宝主要的影响就是长时间的瘙痒所引起的不适，严重的可影响宝宝睡眠，进而影响生长发育。对于瘙痒严重的湿疹宝宝，应避免其搔抓皮肤引起感染，可通过拍打患处或咨询医生，选用适当的止痒药来护理和治疗。

2. 治疗要坚持

如果宝宝湿疹严重，需要尽快就医，在医生的指导下接受药物治疗。主要的治疗药物包括外用药物和口服药物，家长可以根据情况来选择。

对于湿疹的治疗，外用激素类药物是使用时间最长、范围最广，也是最有效的药物。只要不使用过度，外用激素类药物是十分安全的，爸爸妈妈们大可不必"谈激素色变"，而不敢使用。一旦开始使用药物治疗，就必须按照医生要求持续用药，如看到皮疹好转后擅自停药，会造成宝宝湿疹复发，治疗效果前功尽弃。无激素的局部止痒药，如一些洗剂、止痒喷雾可缓解瘙痒和渗出等症状，但往往不能根本性减轻湿疹；也可以在医生指导下酌情口服抗组胺药止痒抗炎。

3. 必须就医的情况

多数宝宝的湿疹通过合理的护理和短期用药，均可以得到控制。如果宝宝出现皮疹严重，家庭治疗无效，或发热，皮疹表现为水疱、流液、黄色痂皮、大片红斑、疼痛等情况，需要尽快带宝宝就医。

第十一节

战胜鹅口疮

鹅口疮是由白念珠菌感染引起的婴儿口腔疾病，表现为口腔黏膜、舌面出现白色斑膜，看起来就像一块块的白色"奶块"。得了鹅口疮的宝宝往往会因为口腔内疼痛而出现拒奶、哭闹、烦躁等表现，新手爸妈要注意辨认。

宝宝为什么会得鹅口疮？

宝宝感染鹅口疮的途径通常有两个：一种是刚出生的宝宝患鹅口疮，这往往是在通过妈妈产道娩出时感染导致的；另一种新生宝宝患鹅口疮则多是通过妈妈乳头、奶嘴等途径感染的。鹅口疮往往更容易发生在营养不良、免疫力较差的宝宝身上。了解病因后，爸爸妈妈就应该尽可能采取措施，预防宝宝得鹅口疮。

1. 鹅口疮的预防

孕期产检和控制阴道炎症。孕妇因为激素水平的改变，皮肤黏膜的防御屏障功能有所减弱，更容易引起阴道炎。一定要遵循医生的嘱托按时产检，必要时进行阴道分泌物的相关病原学检查并用药治疗，最大限度地预防新生宝宝的产时感染。

做好清洁卫生。宝宝奶瓶、奶嘴、毛巾等用品，均要"一用一洗一消毒"，可采用蒸或煮的方式来清洁和杀菌。其实妈妈们最容易忽略的往往不是这些宝宝用品，而是自己乳房的清洁。在哺乳期，要注意擦洗乳头，喂奶前洗手保持清洁，并按时更换贴身衣物，洗澡讲究卫生。建议也要为孩子做好口腔清洁，很多妈妈往往会认为孩子没有牙齿而忽略宝宝口腔清洁，导致宝宝都是"吃了睡，睡了吃"，造成细菌在宝宝温暖、湿润、含糖的口腔环境内滋生繁殖。爸爸妈妈要认真清洁宝宝的小手，防止宝宝吃手时将细菌带入口腔和体内。

2. 鹅口疮的治疗

如果发现宝宝口腔内有白色的"斑块"，不要紧张，先确定宝宝是否真的得了鹅口疮。区别鹅口疮和奶渍的方法很简单，用棉签轻轻摩擦口内的白色斑块，如为奶渍则可以很容易就被擦除，而鹅口疮则比较难以擦除，用力擦除后还会出现局部出血。难以确定的爸爸妈妈可带孩子前往医院就诊。

鹅口疮的治疗比较简单，可用制霉菌素药粉加甘油混匀后涂擦口腔，建议爸爸妈妈们遵循医嘱，规律用药治疗。如果宝宝得了鹅口疮，需要先彻底进行"源头清洁"，将家中所有宝宝可能"入口"的用具都进行严格消毒，否则即使治好，鹅口疮很快还会有复发的可能。

第十二节

科学喂养低出生体重儿

早产儿刚刚出院回家时，爸爸妈妈一定会因为宝宝的瘦小而焦虑不已，恨不得一天之内就让自己的宝宝追赶上足月宝宝的体重，所以出院后早产儿的妈妈往往都会绞尽脑汁给宝宝增加奶量和喂奶次数。但是，对于出生时体重较轻的宝宝，是否需要"加速喂养"，低体重宝宝的发育真的是体重增长越快越好吗？

在以往的认知中，早产儿、低出生体重儿往往和"肥胖"这个词很难有所关联，但事实上，越来越多低出生体重的宝宝因为出生后的过度喂养，导致在 1~2 岁的时候变成了"小胖墩"。不仅年幼时会出现肥胖问题，成年后发生肥胖、高血压、糖尿病的风险也会随之增加。这是为什么呢？

这是因为生后早期是人体脂肪细胞产生的时间段，在这一时期过度喂养会引起宝宝脂肪细胞的过量生成，一旦脂肪细胞在宝宝体内"安家落户"，以后就不会再消失了。假使长大后没有养成良好的饮食及运动习惯，脂肪细胞就会越长越大，使宝宝变成"大胖子"，这种错误的喂养方式会对宝宝将来的健康造成危害。一般情况下，早产、低出生体重的宝宝在生后 6 个月左右会出现自然的"追赶性生长"。只要根据医生的指导正常喂养、保证充足睡眠、适当运动，多数早产宝宝能在 2 岁左右追赶上足月宝宝。父母要科学合理喂养，切忌由于担心宝宝体重小而采用"填鸭式"的喂养方法，破坏宝宝自然的生长代谢规律。

那么什么是"合理喂养"呢？

1. 坚持母乳喂养

从宝宝出生开始，就要坚持使用正确的挤奶方法，挤出母乳留存，条件允许时建议及时保温送到新生儿病房喂哺新生儿，并尽可能延长和坚持母乳喂养时间。对于母乳添加剂的使用，一定要在医生指导下进行，并定期随访，及时停用不必要的母乳添加剂。

2. 合理选择配方奶

不能母乳喂养的宝宝，建议根据医生的指导来选择适合宝宝的配方奶种类。在没有疾病指征的情况下，不要随意应用特殊配方奶，比如高热量的配方奶，并注意依据配方比例进行正确冲调，浓度不要过高。父母要坚持随访，根据宝宝体重追赶的情况来相应调整配方奶种类。

第三篇

1~3月龄宝宝：
满月后的成长点滴

第一章
生长发育要点

　　1~3月龄的婴儿在出生后开始适应外界的环境，不仅表现在身体的快速生长，而且心理行为和社会情绪也在环境的刺激下迅速完善和发展，这些特征标志着婴儿从一个自然生物个体向社会实体迈出了第一步。这个阶段，父母应了解、学习关于孩子生长发育、行为情绪变化的相关知识，养成观察孩子的习惯。

　　经历了一个月无规律哭闹和吃喝拉撒不分昼夜的日子，孩子成长的步伐迈入了1~3月龄，就像生命的小船驶入了宁静的港湾。大部分父母初步积累了养育经验，渐渐淡定自信，不再应接不暇，也开始有时间和精力逗引孩子，陪伴孩子一起玩耍。在这个阶段，孩子初步建立起了相对稳定的生活规律，虽然会反复，但父母已能掌握他们的基本作息周期。另外，父母也已大致了解了孩子的脾气秉性，对他的表情语音有了识别能力。如听到孩子哭了，是饿了，生病了，还是需要抱抱？父母可通过观察做出相比之前更加正确的评判。

　　亲子之间的依恋关系也有所发展，婴儿从早期的无差别依恋逐步向有差别的认人发展，对父母等抚养者会表现出微笑、动作增加等更为积极的情绪。

　　如果把这个年龄段孩子的样子一一记录下来，那么会是这样的图景：他渐渐从一天到晚吃了睡、睡了吃，变成了活泼可爱的小婴儿；他的身高体重会按规律增长；他开始笑出声；俯卧时他会稳稳抬起头，甚至把胸撑起；清醒时，他会常常盯着小手看，双手抱在一起放到嘴里啃，甚至从津津有味啃到出现呕吐反射；他喜欢目不转睛地盯着人看、追随移动的玩具；他甚至学会了"聊天"，用"哦""啊"去回应，或发出"咕噜咕噜"的声音等。

　　学着观察小婴儿的行为和情绪，将是家长的必修课。家长还应同时养成记观察日记的习惯，这有助于家长和孩子共同成长，有益于亲子关系的发展。比如婴儿如果出现哭闹、烦躁、不睡觉、拒奶等，父母应细致观察并思考原因。究竟是发育水平提高了，还是不舒适？是有需求，还是回应需求不恰当？尤其其行为与日常行为不一样时，更要深入思考和查找原因。

从这个阶段开始，家长还需要定期带孩子去做健康体检和生长发育监测，以做到对孩子的生长发育情况了然于心。现实中，并非所有婴儿都能按部就班地按父母的意愿和固定的节奏发育成长，比如身高、体重发育缓慢等。其中有些是疾病所致，有些是暂时的生长发育缓慢或周期性的发育特点，需要区别对待。

第一节
体格生长特点

1~3 月龄的婴儿平均每月体重增加 1 000~1 500g（不低于 600g），身长每月增加 2.5~4cm，头围每月增加 2cm。3月龄时，宝宝体重为出生时的 2 倍，身长平均为 62cm，头围在前 3 个月增长 6cm（达到约 40cm），宝宝的腹部仍较突出，四肢相对较短。详见表 3-1。

宝宝后囟门基本在 3 月龄前闭合，前囟随着头围的增大有所增加，斜径约1.5~2cm，正常范围的个体差异较大，可以在 0.6~3.6cm 之间。刚出生时，宝宝的脊柱是直的，3 个月时能够抬头，脊柱出现第一个弯曲。

表 3-1　1~3 月龄宝宝身长、体重、头围、BMI 参考标准

年龄	男婴				女婴			
	身长 /cm	体重 /kg	头围 /cm	BMI / $(kg \cdot m^{-2})$	身长 /cm	体重 /kg	头围 /cm	BMI / $(kg \cdot m^{-2})$
1 月龄	55.1	4.6	37.0	15.1	54.1	4.3	36.3	14.7
2 月龄	59.0	5.8	39.1	16.7	57.7	5.4	38.2	16.1
3 月龄	62.2	6.8	40.5	17.4	60.8	6.2	39.5	16.7

第二节
神经、心理行为发育特点

本月龄段宝宝的语言、感知觉、动作、认知、情绪和社会行为处在快速发展阶段。

语言发育特点：儿童语言发育有一定的性别差异及较大的个体差异。1~3 月龄以喉部发音为主，哭是表达需求的主要方式，哭的含义随着月龄的增长会发生改变，在 1 月龄后开始出现分化，哭时不仅仅是饿了、不舒服等，在他需要逗笑或陪伴时也会用哭声表达。3 月龄时，宝宝还会"咯咯"

笑出声、发出"咕咕"声、尖叫声等。

感知觉与动作发育特点：唇、舌及口腔颊部触觉高度发育；可以区别亮光和黑暗，眼睛追视能力从出生时的不协调发展至 3 月龄时可协调完成 180° 追视，出现凝视手的行为，可以不协调地寻找物体；听觉发育逐渐完善，对声音有眨眼、躲避、惊跳、活动增加等反应；俯卧时从出生时不能抬头，发展到 3 月龄抬头 45°、竖直抱头稳定；3 月龄开始出现双臂支撑行为，且手握拳逐渐松开，可以短暂抓住物体，出现玩手和手指、吃手行为。

情绪和社会行为：当看见人时，刚出生至 1 月龄的婴儿面部活动较少；2 月龄时对讲话的人有反应，并有反应性微笑；3 月龄时看见熟悉的人会微笑，哭的时间减少，对言语肢体的互动表示愉快，会拉扯衣服，可忍受短时间的延迟喂奶。

1~3 月龄宝宝智力发展特点详见表 3-2。

表 3-2　1~3 月龄宝宝智力发展特点

出生	弯曲的姿势	手的抓握反射	对强光、声音有灵敏的反应	哭声有力	喜欢肌肤接触
1 月	拉腕坐起、头竖直片刻	触碰手掌紧握拳	眼睛凝视，眼睛跟踪红球过中线，听声音有反应	自发细小喉音、倾听说话声	眼睛跟踪走动的人，抱着就安静
2 月	拉腕坐起、头能短时竖直，俯卧头抬离床面	拨浪鼓留握片刻	立刻注意大玩具，喜欢触摸身边的东西	发 a、o、e 等母音，发音表示高兴	开始微笑，逗引时有反应
3 月	俯卧抬头 45°，竖直抱时头稳定	两手握在一起，拨浪鼓留握 0.5 秒，抓着东西摇晃	眼睛跟踪红球 180°，会追看物体	笑出声音	能分辨母亲、见人会笑

第二章

基本护理

1~3 月龄人工奶粉喂养的宝宝使用的食具，是指喂哺时用到的各种辅助性哺乳工具，包括奶瓶、小奶杯、勺子、吸管及注射器等，其中最常用的是奶瓶。奶瓶的选择主要包括材质、容积及数量等方面。除了选对奶瓶，还要做好食具的卫生清洁和科学消毒，保障宝宝的食品卫生，避免因致病病原菌引起腹泻、发热和毒素中毒，影响正常生长发育。

一、 选材安全最重要

现今市场上奶瓶的材质琳琅满目，以塑料和玻璃最为常见。考虑到材料的安全性，首先推荐玻璃材质的奶瓶。

奶瓶使用时须频繁清洁消毒，如果瓶身色彩艳丽、有太多图案，则有掉色污染的担忧，不如选透明度好的奶瓶，也方便观察奶量和奶的状态。一定要避免选用有毒性的材料，以及非食品级、不耐高温的劣质材料制品。

二、 随着月龄增长变换奶瓶容积

对于人工喂养（特指奶粉喂养）的宝宝，父母们要根据宝宝的年龄和食量来为宝宝选购合适容积的奶瓶，并跟随月龄更换，奶瓶太大不利于握持，太小则一次吃不饱。新生宝宝一般准备容积为 80ml 的奶瓶即可，1 月龄宝宝可选用 120ml 奶瓶，到 3 个月时就该考虑选用 160ml 的奶瓶了。建议选择奶瓶的容积时，依据宝宝一次的最大喝奶量再加上 20~30ml 左右的余量，适宜的容积余量在冲泡时会更方便，也能保证宝宝连续畅快地吸吮。另外，建议再为此阶段人工喂养的宝宝单独准备 1 个 80ml 的小奶瓶用于饮水，而母乳喂养的 6 月龄以内的宝宝则不需要另外补水。

三、　奶嘴的定期更换

奶嘴常用材质为乳胶或硅胶，有一定使用寿命，在使用一段时间后可能出现损坏、小裂痕、变色、变硬及老化现象。变形的奶嘴会影响宝宝口腔发育，影响清洁卫生和吸吮效果，所以奶嘴一定要1~2个月定期更换。

奶嘴比奶瓶更换的频率更高一些，这是因为除去老化磨损，随着宝宝月龄增大，他们的吸吮能力也会逐渐提升，奶嘴的孔洞大小和流量流速也要随之变大。

四、　清洁与消毒方法

宝宝一次喝不完剩下的奶一定要第一时间倒掉，切不可在室温下久置，避免剩奶久置后病原体污染致病。清洁奶瓶时，可先用洗涤剂将奶嘴、瓶身分别清洗刷洗，再以清水冲洗干净，之后将瓶身和奶嘴同时放入锅内，装入足以淹没、灌满瓶身的水，进行煮沸消毒。保持水沸腾状态5~10分钟后关火，自然冷却后取出，放置在干净的毛巾上，不要用布擦拭以免二次污染。等到完全自然风干后，把奶瓶装上奶嘴，放置在干净的地方，覆盖上干净的干毛巾防尘，以备下次使用。要保证奶瓶干透，如果奶瓶带着水滴没有干透就加以密闭，则会增加霉菌污染的风险。也可以将奶瓶洗干净后，放到专用的消毒柜中进行消毒。

清洁消毒过的奶瓶通常在24小时内使用为好，放置时间过久，最好重新消毒备用。

第二节
安抚奶嘴

一、　不推荐家长使用安抚奶嘴

母乳喂养的婴儿，不要使用安抚奶嘴，以免发生乳头混淆。使用安抚奶嘴的目的是满足婴儿在不吃奶时的吮吸需求，并不能代替吃奶或将吃奶延后。婴儿对母亲乳头的吸吮，也并不是多余的，不需要寻找替代品，婴儿对母亲乳头的吸吮有利于乳汁的产生。

对于人工喂养的婴儿，要注意安抚奶嘴并非必需品，如果家长有其他更有效的办法安抚并不饥饿的宝宝，使之在大部分时间保持安静、愉悦或睡眠的正常状态，那么大可不必使用安抚奶嘴。

有时宝宝哭闹是困倦想睡了或仅仅是需要逗乐陪伴。家长一定要先排除宝宝的哭闹、烦躁以及各种不适是否是饥饿造成的，检查一下是否需要更换尿不湿，尝试抱抱宝宝，轻轻地抚摸宝宝的后背，以明确宝宝是否需要更多的身体接触。即使不使用安抚奶嘴，家长也可以平复宝宝的情绪。如依赖安抚奶嘴，家长可能就无法敏锐地感知宝宝的身体需求，宝宝也会倾向于拒绝与家长的亲昵，非常不利于健康亲子关系的建立。

如果已经使用了安抚奶嘴，在宝宝 12~15 月龄后，家长也要考虑让安抚奶嘴逐渐退出，以免影响宝宝的牙床发育和未来的心理健康发展。

二、　对于已经使用安抚奶嘴的宝宝，要严格限制其使用

不要频繁使用安抚奶嘴，让其成为安抚宝宝的第一选择，应避免养成在睡前使用的习惯。家长还应注意，在宝宝入睡后要轻轻取下安抚奶嘴，不要整晚都留于口中。

安抚奶嘴同样要考虑安全问题，如果选择使用，也要注意材质是否安全、质量是否合格。常用材质有乳胶和硅胶，尽量选择一体成型的产品，防止奶嘴部分在宝宝的啃咬下脱落。一旦发现奶嘴有裂痕、破损，要赶紧丢弃换新，以防宝宝误吞窒息。奶嘴应定期清洁消毒，以便随取随用。家长要随时检查奶嘴，千万不要用绳子将奶嘴固定在孩子身上而不管不顾，以免缠绕窒息的危险和意外发生。

第三节
户外活动

一、　活动前的准备

一般来说，满月的宝宝体格已发育正常，长得足够强壮，能够很好地适应室内室外温差和环境变化，可以带出家

门逐渐适应户外活动，享受阳光和新鲜空气的滋养。如果是早产宝宝，可以稍晚一些，需要结合宝宝的实际情况决定。

户外活动时间要选择在宝宝两餐之间，精神状态好的时候。应预先了解室外环境和温度状况，太冷、太热、大风、暴晒都不适合外出。要提前给宝宝穿上合适的服装，更换尿不湿，戴上遮阳帽。户外活动时间逐渐增加后，还要看情况准备一点备用衣物、尿不湿、饮用水和婴儿推车、玩具等。

二、 活动场所

户外活动的目的就是让宝宝充分享受日光浴和空气浴，所以宝宝户外活动首选环境优美安静的公共开放空间，以小区绿地、住宅附近的小公园为宜。建议不要带宝宝去人多、拥挤、嘈杂、空气不流通的场所，比如商场、超市等，以免带来不愉快的体验，令宝宝心神不安，增加不必要的感染风险。

三、 活动的时间

在相对风和日丽的冬日，建议选择在午后阳光最暖时带宝宝去户外活动；炎炎夏日，则建议选择在早上八九点或下午四五点进行户外活动。出生不久的小宝宝第一次户外活动，时间 3~5 分钟就够，以后再逐渐延长；到 3 月龄时可每天进行 2 次户外活动，每次半小时左右。如果有突发情况，如天气突变或者期间宝宝出现任何精神和身体不适，应该尽快带宝宝回家。

四、 日光浴的正确方法

日光浴并不是要将宝宝暴露在日光下直晒，这样做反而容易让宝宝的皮肤和眼睛受到伤害，而是在遮蔽的阴凉下，接受阳光的漫射即可。坚持日光浴有助于宝宝体内维生素 D 的生物转化，促进钙吸收。同时，对宝宝进行循序渐进的环境刺激能逐步提高其身体免疫力。

第四节
睡眠

　　　　　　作为一名家庭新成员，宝宝的来临带给家庭新的希望和乐趣，让爸爸妈妈非常快乐和兴奋。随之而来的夜间育儿问题也不容忽视。科学进行夜间看护是每个新生儿家庭面临的一项既重要又艰巨的任务，需要新手爸妈们在带养过程中不断摸索，逐渐调整，以达到互相适应。

　　每个家庭有不同的生活习惯，每个宝宝又有不同的气质和性格，这就要求爸爸妈妈在育儿过程中要保持积极、快乐和友爱的心态，依据宝宝日夜不同的睡眠特点和习惯来科学看护，宝宝也会以柔和、安静、平稳的睡眠来回报父母。

　　在白天，父母为宝宝频繁喂奶、更换尿布、抚摸和拥抱可加强亲子交流和亲密度，不仅增加宝宝的安全感，减轻宝宝的敏感和紧张，还能够使父母了解宝宝的脾气秉性以及生理需要，为夜间育儿打下基础。夜晚，爸爸妈妈已对宝宝的生物钟以及哭声有了更多了解，从而能及时和正确地回应宝宝发出的生理需要信号。周而复始，就能最终顺利形成宝宝夜间的良好睡眠习惯，让夜间育儿不再那样令人紧张和焦虑。

一、　　良好的睡眠离不开温馨、舒适、安静的睡眠环境

　　　　准备一个温湿度计，将室内调节到适宜和恒定的温度、湿度，建议温度为22~24℃，相对湿度在55%左右。冬季须做好保暖，夏季注意防暑和防蚊虫叮咬。

　　想帮宝宝建立规律作息，还须留意室内声光的调节。白天宝宝睡眠时，成人可以正常走动、说话交流，不必过于安静，但要尽量避免环境噪声干扰。经常处在嘈杂环境中的宝宝容易烦躁，入睡困难。小床可放在房间的背光处，避免刺眼的亮光，晚上卧室内的灯光应暗淡柔和，最好选择壁灯或地灯，睡眠时关闭。考虑到夜晚护理和观察方便，可选择一盏瓦数小的地灯，最好是声控。不建议开长明灯，目的是尝试让宝宝感受自然的光线变化，从中适应和建立自己的昼夜作息规律，从睡得昏天黑地不分昼夜，逐步过渡到尽量在晚上多睡。

　　卧室要经常开窗通风，保持室内空气新鲜。每天上下午各一次，每次20~30分钟，但要避免对流和直吹风。

二、　　准备适合宝宝的睡衣、被褥

　　　　宝宝的皮肤十分娇嫩，睡袋、被褥和衣物应选择柔和无刺激的纯棉材质。被褥

最好选用浅色柔软的棉布或绒布加棉花制作，尺寸不宜过大、过厚。睡眠时不宜给宝宝穿得太多、盖得太厚。睡袋对于 1~3 月龄的宝宝是不错的选择，可以增加宝宝安全感。宝宝睡觉时不建议戴帽子和穿袜子，不宜束缚宝宝的小手和小脚，避免影响头部散热和手脚的血液循环。

1~3 个月的宝宝脊柱比较平直，仰卧时肩背部和后脑勺接近位于同一水平线上，这时可以不垫枕头，直接躺在小床上即可。

三、   每日的睡眠时间

睡眠时间需要根据宝宝的月龄综合考虑。通常情况下，随着月龄的增长，睡眠时间逐渐缩短。1~3 个月的宝宝脑神经发育迅速，充足的睡眠可以促进宝宝的大脑发育。新生儿每天平均睡眠时间约为 18 小时（正常范围为 16~20 小时），1~3 个月的宝宝平均睡眠时间为每天 13~16 小时。随着月龄增加，宝宝白天清醒时间逐渐延长，家长可以充分利用这段时间与宝宝交流、抚触、做被动操等，增进与宝宝的感情。

四、   睡眠姿势的选择（详见第二篇第二章第一节）

五、   看护昼夜颠倒睡眠的宝宝

人类的饮食、睡眠都有昼夜节律，但刚出生的宝宝并非天生就有，他们对昼夜的感知是在出生后的最初几周或几个月里逐步形成的。小宝宝们逐渐感知昼夜的变化，天黑睡觉，天亮起床。一些宝宝出生后不久就能睡很长时间，而另一些婴儿的昼夜节律却连续数月颠倒。每个宝宝的昼夜节律差异很大，这与激素的昼夜节律波动、警觉性、睡眠、食欲和个性都有关。

新手爸妈该如何看护昼夜颠倒的宝宝呢？

在宝宝出生后，爸爸妈妈要重视培养宝宝的睡眠规律，从规律喂养做起，安排好作息时间，帮助宝宝及早建立自己的生物钟。白天在宝宝清醒的状态下，爸爸妈妈可以和宝宝进行有益的互动和活动，比如做一做抚触和被动操，在天气晴朗和阳光明媚的时候到室外去呼吸新鲜空气，接受阳光浴。如果宝宝白天的睡眠时间过

长，一觉超过 3~4 小时，特别是在傍晚时分，要及时叫醒宝宝。夜间睡眠时减少不必要的干扰，比如不要穿盖太多，保持舒适的室内温湿度；喂奶或换尿布时不要和宝宝交流，动作轻柔，尽量减少更换次数；喂完奶后及时放回小床睡觉，这样宝宝会很快进入下一个睡眠周期。随着时间的延长，宝宝就会形成良好的睡眠习惯，黑白颠倒的现象就不会出现。如果宝宝已经发生黑白颠倒，爸爸妈妈可以照着以上方法去做，坚持一段时间，付出爱心和耐心，宝宝夜间哭闹或清醒的状态就会减少，黑白颠倒的现象也会改善。

六、　宝宝为何频繁夜醒

频繁夜醒的原因很多，包括喂养不当，吃得太多或太少；护理不当，夜间宝宝尿布更换不及时或太频繁；夏季被蚊虫叮咬；患有湿疹、尿布皮炎等疾病导致的皮肤瘙痒等。夜间睡觉时，爸爸妈妈如给宝宝穿得太紧、盖得太厚或室温过高，宝宝不舒服，手脚乱动，也会导致宝宝频繁夜醒。如果宝宝发生了频繁夜醒，一定要寻找原因，对症处理。

大多数宝宝生后 6~8 周开始建立固定的睡眠节律，逐渐形成自己的生物钟。1~3 个月的宝宝，自身的生物钟还在不断改变和调节中，也容易被新手爸妈的带养方式影响。爸爸妈妈非常关注小宝宝的一举一动，但对宝宝的过度关注或溺爱，也可能有意无意间打乱了宝宝的睡眠节律。如宝宝夜间醒来或哭闹时，反应灵敏的爸爸妈妈立刻起身去照看，抱起来轻拍，甚至为了哄睡抱着宝宝在房间走来走去，反而打断了宝宝睡眠，久而久之形成恶性循环。

七、　该不该和宝宝一起睡

这个问题一直以来颇有争议。支持者认为，妈妈和宝宝一起睡的方式称为睡眠共享。这种睡眠方式可以增加亲密度，给宝宝安全感，双方能感受到彼此的存在，并逐渐形成同步睡眠。和宝宝一起睡能增加相互之间的接触和交流，对于纯母乳喂养的宝宝来说，妈妈喂奶更方便，可以减轻妈妈的负担。反对者认为，妈妈和宝宝一起睡，承担的安全风险很大，睡眠窒息等意外的发生率很高。小月龄的宝宝运动能力差，抵御风险的能力差，如果和妈妈一起或夹在爸爸妈妈中间睡，容易被身边的被褥或妈妈的乳房压迫，堵住宝宝的口鼻，再加上白天妈妈养育宝宝非常劳累，容易睡得很沉，导致意外的发生。有研究表明，和妈妈一起睡是婴儿猝死综合征的危险因素之一。

综上，建议 1~3 个月的宝宝睡在自己的婴儿床中，但要和妈妈睡在同一个房间，这样妈妈既容易观察宝宝的睡眠情况，也能保障宝宝的安全。当然，每个家庭都可以尝试不同的睡眠方式，不必拘泥于此，无论哪种睡眠方式，最重要的是要保证宝宝的睡眠安全。只要适合宝宝的发育特点和自己的生活习惯，爸爸妈妈和宝宝都休息得好，睡得舒适安稳，当环境改变时能及时调整，就是最适合和最好的方式。

第五节
卫生保健

宝宝沐浴清洁是家庭护理的一项基本和重要的内容。沐浴不但能清洁皮肤，还能消除疲劳，促进宝宝和父母的感情。对于较小的宝宝，选择适合和方便的沐浴方式，能让宝宝洗得舒服和安全，爸爸妈妈的后续护理也更轻松。

一、 盆浴还是淋浴

盆浴和淋浴各有优缺点，要依据宝宝月龄来选择沐浴方式。

盆浴环境与母亲子宫环境相仿，盆浴时妈妈轻柔地抚摸有利于缓解宝宝紧张的情绪，让宝宝感觉到舒适、安全。刚出生的小宝宝容易因外界环境温度的改变而出现体温的波动。有研究显示，采用盆浴时小宝宝的身体浸泡在温暖的水中，相对淋浴可减少体温的散失。

盆浴要在宝宝脐带干燥、脱落后开始，使用专用浴盆和浴具，用后冲洗干净、晾干，定期消毒。进行盆浴前，先把宝宝的手脚、臀部清洁后，再让宝宝坐到盆里去洗澡。在进行盆浴期间，要密切关注水温的变化，避免过凉或过热。

较小的婴儿我们推荐盆浴。随着宝宝长大，可以开始尝试淋浴。相对于盆浴而言，淋浴时宝宝被细菌感染的概率较小，冲洗更彻底。对于小宝宝是否已经具备淋浴条件的问题，并不存在一个确切的评判标准。大人可以在宝宝盆浴时尝试使用花洒，将水流调得柔和一点，先从手臂开始冲，观察反应，让宝宝慢慢适应和平稳过渡。

二、 宝宝专用的洗护用品

婴儿皮肤的角质层非常薄，厚度仅为成人的 1/10，皮脂腺分泌少、含水量高，容易发生各种皮肤问题，如湿疹、尿布皮炎、特应性皮炎等。认真做好日常皮肤护理，可减少皮肤问题的产生。

家长要选择婴儿专用洗护用品，不宜使用含皂质的碱性洗护用品，不建议使用成人洗护用品。婴儿洗护用品都使用天然原料制成，不添加香料、色素、酒精等刺激性物质，为婴儿专用。婴儿护肤品也要有针对性地选择使用。一般来说，乳液状的润肤露含天然滋润成分，质地轻薄，涂抹到宝宝皮肤上能很好起到保湿作用。在秋冬季气候干燥时，可为孩子选择保湿效果更好的润肤霜、润肤油，质地稍油腻，但滋润效果好，可用于皮肤已有干裂的宝宝。

选对了洗护品，还需要正确使用。在使用洗护用品前，成人可先试用，确保安全无刺激后再给宝宝使用。初次使用婴儿护肤品时，要少量涂抹，然后观察，如使用后是否出现泛红、瘙痒等症状。每天给宝宝洗澡时间不要过长，最好控制在 10 分钟以内。浴液不要多用，每周用 1~2 次即可，否则会加重皮肤干燥。给宝宝涂抹护肤品可以在沐浴后进行，宝宝裸露在外的皮肤由于水分蒸发较多，尤其是四肢伸展侧、手足等处的皮脂腺分泌少，可以适当涂厚一些，其他部位薄涂，不影响皮肤呼吸。给宝宝涂抹护肤品后，别忘了用手轻轻揉一揉，让护肤品充分吸收。

如果宝宝使用后皮肤出现刺激不适等反应，要及时停用，并尽快带孩子去看皮肤科医生。皮肤非常干燥的宝宝，可以一天全身涂抹 1~2 次婴儿专用护肤品。不建议家长经常更换宝宝洗护用品，以免出现皮肤过敏或不适。

皮肤有湿疹的宝宝，如较轻可以一天涂抹 2 次医用保湿护肤品。如 1 周左右未见好转，就需要带宝宝去看皮肤科医生，医生会根据宝宝的病情进行相应的治疗。

如需要给小宝宝使用散剂护肤品（如玉米淀粉、痱子粉等），家长要格外当心，防止宝宝不小心吸入，引发呼吸系统的疾病。

三、 臀部及外阴护理

宝宝的臀部皮肤非常娇嫩，如果长时间被尿液等排泄物刺激，会引起红斑或尿布皮炎。研究数据显示，宝宝出生后 4 周内尿布皮炎发生率高达 25%，婴儿期的发生率也较高。科学护理婴儿臀部皮肤，做好以下几点，可以有效降低尿布皮炎的发生。

1.   更换尿布

  宝宝排便后要立即更换尿布，表面未沾染粪便的尿布，也要在佩戴 2~3 小时后定时更换，最大限度地减少皮肤与尿液、粪便的直接接触。建议选择通透性和吸收性好的纸尿裤，材料要柔软，不会让婴儿有明显闷热潮湿感。如果是使用布尿布，尿布要彻底清洗后晾晒消毒。

2.   清洗

  给宝宝清洗前，家长须先洗净双手。每次换尿布时，可用温水清洗宝宝的臀部，使用宝宝的专用洁具，不用每次都使用清洁剂。将脱脂棉或柔软纱布浸透水，先清洁外阴部，后清洁肛门。洗后用干毛巾轻轻拍干皮肤上的水分，保持臀部清洁干燥。周岁内女婴不必每次都分开阴唇清洗。

3.   湿纸巾

  外出或不方便为宝宝清洗臀部时，可用不含酒精、无香型的婴儿湿纸巾清洁宝宝的皮肤。秋冬季节出生的宝宝，湿纸巾的体感温度有些凉，直接用于臀部的皮肤清洁会引起宝宝的不适，可以微温后达到体感舒适的温度后使用。

4.   护臀霜

  为宝宝清洗臀部后，可在宝宝的臀部、腹股沟、阴囊及阴囊下皮肤皱褶处涂抹一层薄薄的护臀霜以保护皮肤。

5.   尿布皮炎

  一旦宝宝得了尿布皮炎，除上述常规护理外，可在药师指导下外用皮肤屏障制剂氧化锌软膏或鞣酸软膏等涂抹患部，并加强护理。如果尿布皮炎比较严重，就要带宝宝去医院就诊，请医生酌情指导用药。

四、 指甲护理

  宝宝的指甲很薄，感觉和指尖的肉粘在一起。这样精巧的小手，常令爸爸妈妈不知该如何"下剪"，怕一不小心就会剪到宝宝的肉。宝宝出生后指甲长得很快，如不及时修剪，小脸常会被自己的指甲抓破。不清洁的指甲缝隙也藏有许多脏东西，所以勤给宝宝剪指甲是非常必要的。

  给宝宝修剪指甲时，需要注意的事项：

1.   选择专用修剪工具

  建议父母使用专为宝宝设计的、适合宝宝指甲弧度的指甲剪、指甲锉，一定要宝宝专用，不要使用成人的指甲剪。每次用完后用酒精擦拭剪刀消毒。

2.　修剪的最佳时间

宝宝清醒时喜欢动，给宝宝剪指甲比较困难，爸妈可以在宝宝熟睡时修剪。修剪指甲可以选择宝宝洗澡入睡后进行，这时宝宝的指甲会变得很软，比较容易修剪。一般来说，一周给宝宝修剪 1~2 次手指甲，脚趾甲因生长速度慢，半个月剪一次即可，不要频繁修剪。

3.　剪指甲的技巧

选择一个光线充足的地方给宝宝剪指甲。让宝宝躺在床上，爸爸或妈妈坐在床边，或将宝宝抱在怀里，确保宝宝的身体可以被稳妥地支撑和固定。修剪指甲时，将宝宝的小手攥在手里，用拇指和示指握住宝宝的一个手指，将其与其他手指轻轻分开，持稳，显露甲床最上端，这样就不会剪到宝宝的肉了。剪指甲可以先剪中间，再修两边，沿着指甲的自然弯曲弧度轻轻地将指甲剪下。

宝宝的指甲不要剪太短，剪完后摸摸指甲边缘，如果不光滑可以用指甲锉轻磨边缘直到光滑为止。指甲缝里如有污垢，不要用锐利的东西挑取清理，可用水清洗干净。指甲如有倒刺时不要拔拽，用指甲剪将其齐根剪断。修剪时如不小心损伤皮肤，应尽快用消毒纱布或棉球压迫伤口，再涂抹一些碘伏或消炎软膏消毒。

五、　头垢护理

有些刚出生的宝宝，头皮上覆盖了一层黄褐色油乎乎的鳞屑或痂皮，这是头部皮脂腺的分泌物混合一些灰尘等积聚形成的，如未及时清洗，日积月累痂皮会越来越厚，颜色也会越来越深而呈灰褐色，这些痂皮称为"头垢"。头垢大部分长在宝宝头顶，有的家长怕损伤宝宝的囟门和大脑而不敢触摸或清洗，这是不可取的。因为头垢很难自行脱落，如果清洗不及时、不彻底，会使头垢越来越厚，不仅不美观，也会影响头皮的透气性，严重者甚至引起脱发，继发头癣、感染等。

日常的清洗和护理非常重要，经常为宝宝清洗头皮可以减少头垢的形成，否则痂皮越来越厚，普通的清洗很难一次彻底清除。清洁顽固头垢要耐心细致，多次清洗才能彻底去除。

有一些小方法可以帮助爸爸妈妈简单处理顽固的头垢。给宝宝洗澡前，用干净的纱布或小毛巾蘸取婴儿润肤油或橄榄油轻轻擦拭头部痂皮，然后再用洗发液和清水冲洗。如果痂皮又厚又硬，需要先软化头垢。用干净纱布蘸取适量婴儿润肤油或橄榄油放置在痂皮上湿敷 10~20 分钟，待头垢变软后，用蘸油的干净纱布轻轻擦拭，然后进行清洗。一般经过 1~2 次处理，头垢就会被清理干净。切记不要用力过大或直接用手去抠，避免弄疼宝宝，伤到宝宝稚嫩的头皮，引发局部感染。

头垢严重者需要考虑就医。比如宝宝的头垢反反复复，且也在额头、面颊、耳后及皮肤皱褶处等其他地方出现，宝宝有痒感，同时有红疹、红斑及厚薄不等的灰黄色或黄褐色的油腻结痂和鳞屑状况，严重时渗出液体。这些情况提示家长，宝宝可能患有脂溢性皮炎，要请医生帮助鉴别和治疗。

六、 泪道阻塞护理

正常情况下眼泪会通过泪点、鼻泪管等通道流到鼻腔和口腔里。如果眼泪流出的通道发生阻塞，宝宝的眼睛里就会充满泪水，看上去总是泪汪汪的。如果出现这种情况，应该带宝宝到医院检查是否有泪道阻塞。如果泪道阻塞未得到及时干预，可能会贻误治疗，甚至发生角膜感染、急性泪囊炎等并发症。

经医生确诊并指导后，家长可以在家里为泪道阻塞的宝宝做泪囊区加压按摩。按摩前，家长要洗净双手，剪短指甲。轻轻扶住并固定好宝宝的头部和四肢，以免宝宝乱动造成伤害。按摩时，要用拇指或示指指腹由鼻根部泪囊区域顺鼻翼向下推挤，注意用力均匀，要有一定力度，但不要力量太大。

日常的眼部护理非常重要，提倡用流动水洗脸，宝宝的毛巾、手帕等物品要与他人分开，并经常清洗和消毒。在接触宝宝眼睛前，父母也要将手清洗干净。注意宝宝手部卫生，勤洗手，避免用脏手揉眼睛。如果宝宝的眼睛有分泌物，可以用消毒棉签将分泌物擦去。如果分泌物较多或呈黄绿色，伴有结膜发红，可能是眼睛发生了感染，要及时就医。

七、 避免听力损伤

婴儿听力损伤后，不能接受到外界声音信息，会严重影响听觉、言语发育，智力方面也会受到影响。因此，早期发现并预防宝宝听力损伤，是减少听力障碍发生的关键。听力损伤的常见原因有先天性和后天性两类，要在孕期及产后看护过程中针对性地进行预防和干预，避免发生听力损伤。

1. **先天性高危因素**

   很多因素都可能导致宝宝听力先天异常，比如有遗传性耳聋、基因和染色体异常，母亲孕期使用过耳毒性药物、宫内病毒感染，宝宝出生时缺氧、窒息、早产、低出生体重等。因此，首先要做好孕期保健，对于已有以上高危因素的宝宝，须从孕期开始就进行耳聋基因的产前筛查、高危儿监测、听力检测和跟踪随访，一旦发现听力障碍，及时给予必要的治疗和干预。

2. **疾病因素**

   中耳炎是儿童后天传导性耳聋发生的首要原因，常发生在感冒后。当宝宝感冒、频繁吐奶、呛奶时，液体可蓄积于鼓膜后的中耳，细菌从咽鼓管进入中耳发生感染。中耳炎会对宝宝的鼓膜、听小骨等造成直接损害，导致听力异常或听力障碍。患中耳炎的宝宝常有发热、拉扯耳朵、烦躁、食欲下降、呕吐或腹泻等表现。

   预防中耳炎要从改善易感体质和接种疫苗入手。日常要预防上呼吸道感染，积极治疗与中耳炎发生相关的疾病，如慢性化脓性鼻窦炎、腺样体肥大、慢性扁桃体炎等。可通过接种疫苗来预防肺炎链球菌，它是2岁以下儿童急性中耳炎的最常见致病菌。

   一些特殊疾病如高胆红素血症、脑膜炎、脑室内出血、先天性甲状腺功能减退症、苯丙酮尿症及颅面部畸形（腭裂、小耳畸形、外耳道闭锁）等，也可能导致听力损伤。

3. **药物因素**

   一些特殊的药物可损伤宝宝的内耳或听神经，导致耳聋，这些药物称为耳毒性药物，如链霉素、庆大霉素、新霉素、卡那霉素、氯霉素、万古霉素等。耳毒性药物常因药物使用不当、宝宝年龄小、营养不良、对药物敏感或有家族遗传因素等引起耳聋。

   预防耳毒性药物损害的关键是一定要在医生指导下使用药物，切不可擅自滥用药物。必须使用耳毒性药物时，要进行血药浓度和听力的监测。

4. **环境噪声**

   突然高分贝的声音或长时间身处在巨大噪声的环境中，可能引起噪声性聋。可用监测仪器辅助监测环境噪声，避免宝宝长时间处于巨大噪声的环境或接触高分贝的声音。日常生活环境的声音对宝宝不会造成影响，反而会让宝宝更好地适应环境，不必过于担心。

5. 烟草

烟草烟雾中的成分会损害宝宝的微血管，减少血氧供应，对内耳功能造成损害，进而引起听力障碍。相关研究发现，接触二手烟的儿童与未接触二手烟的儿童相比，有明显听力损害。

6. 外伤

家长看到宝宝耳道里有耳垢时，喜欢为宝宝挖耳朵，这是不可取的。耳道的分泌物会随着宝宝的咀嚼、张口或打哈欠的活动自行脱落、排出耳道，一般情况下家长不需要帮助宝宝挖耳朵。万一不小心损伤耳道和鼓膜，容易造成听力受损。

八、　鼻痂

鼻腔里每天都会有分泌物，干燥变硬后形成鼻痂。宝宝的鼻腔相对狭窄，鼻痂很容易堵塞鼻腔，在宝宝吃奶时不能通畅换气，可出现呼吸困难，甚至呛奶。

日常护理要及时为宝宝清除鼻腔分泌物。清除鼻内黏性分泌物，可将消毒软布卷起捻成小细条，轻轻放入宝宝鼻腔内，向外拉时可把鼻内分泌物一并带出擦除。纱条不要放入太深，以免引起宝宝不适。如果分泌物呈稀水样，可使用吸鼻器轻轻将其吸出。鼻孔处可看到的鼻垢可用消毒小棉签轻轻将其卷除。如鼻痂在鼻腔较深处，可先往鼻孔内滴1~2滴生理盐水，让鼻痂慢慢湿润软化，软化的鼻痂会随着宝宝哭闹或喷嚏排出。也可以轻轻挤压鼻翼，促使软化的鼻痂逐渐松脱，再用消毒小棉签将鼻痂卷除。

清除鼻痂时忌用手抠宝宝的鼻子，以免损伤娇弱的鼻腔黏膜，引起出血和感染。冬季时，可适当增加室内空气湿度。

九、　抱姿

满月以后的宝宝看起来硬朗了，加上一个月的经验和练习，爸爸妈妈抱宝宝的动作也越来越熟练，抱宝宝的姿势也各不相同，有横抱、竖抱和斜抱等姿势（详见第二篇第二章第三节）。

在尝试不同抱姿后可逐渐摸索出适合宝宝的抱姿。无论用哪种姿势，要注意保护宝宝的颈部和腰背部，不要让宝宝上身过度向后伸展。每天要把宝宝放在小床上，让宝宝有自由活动的空间，不要一直抱着孩子。

第三章
营养与喂养

第一节
母乳喂养

　　1~3 月龄的宝宝应坚持母乳喂养。此时，妈妈们的母乳量已逐渐充足，不再焦虑担心奶水不够，但是仍然需要按需哺乳。应确保宝宝频繁吸吮，每日不少于 8 次，这样可以使妈妈的乳头得到足够的刺激，促进乳汁分泌。如果母乳不足或者母婴患病，可能需要补充配方奶粉，应根据宝宝情况选择适合的配方奶粉，有时需要咨询医生。每日奶量建议 500~750ml，还要额外补充维生素 D，没有特殊情况不需要补钙。

一、 坚持母乳喂养

　　毋庸置疑，母乳是宝宝最理想的天然食物，可以满足宝宝 6 月龄内的营养需求。世界卫生组织（WHO）、联合国儿童基金会（UNICEF）和很多国际组织，以及我国《6 月龄内婴儿母乳喂养指南》都建议坚持母乳喂养。宝宝出生后的前 3 个月是一生中生长发育的第一个高峰期，对营养的需求高于其他任何时期，母乳既可以为宝宝提供优质、全面、充足和结构适宜的营养素，又能很好地适应宝宝的消化能力，更有利于宝宝体格发育。

　　1 月龄后，母乳虽已不是初乳，仍含有大量分泌型免疫球蛋白 A 及其他具有抗微生物、促进免疫系统成熟的活性因子，可以减少感染性疾病，特别是呼吸道及消化道感染的发生。母乳安全、可靠，温度适宜，无须消毒、加热，方便、营养，是宝宝的天赐美食。妈妈在哺乳过程中，与宝宝进行皮肤接触，给予宝宝爱抚、微笑、目光交流以及语言交流等，潜移默化地进行母婴情感交流，有助于宝宝情绪稳定和智力发育。

　　另外，母乳喂养对妈妈也好处多多，有助于产后体重恢复。宝宝的吸吮可以减少与抑郁相关的激素分泌和低落情绪，降低妈妈产后抑郁发生率。研究发现，哺乳可以降低妈妈乳腺癌、子宫内膜癌和卵巢癌的发病率，还能有效预防绝经后骨质疏松、骨折的发生。

二、　1~3月龄宝宝的营养需求

1.　满足能量需求

　　1~3月龄宝宝每日所需能量为90kcal/kg，蛋白质平均需求量为15g。每日奶量500~750ml，即可满足宝宝生长发育需求。

2.　母乳的营养成分特点

　　母乳中含有丰富且优质的蛋白质、脂肪、碳水化合物，还有多种维生素、矿物质和生物活性成分。人乳总成分超过2 000种，其中已知的、对婴儿生长发育来说必不可少的营养成分有300种左右，还有生长因子、激素等生物活性成分，以及免疫保护因子。

　　相比牛乳，人乳中的蛋白质含量较低，但富含优质蛋白，各种氨基酸含量和构成比例也更科学。乳清蛋白与酪蛋白之比约为7∶3，乳清蛋白中的α乳清蛋白和酪蛋白中的β酪蛋白含磷少、凝块小、吸收率高，对婴儿代谢负担小，适合婴儿消化吸收，更有益于生长发育。此外，母乳中含有较高的半胱氨酸和牛磺酸，它们是中枢神经发育和视网膜发育的重要营养物质，能促进宝宝智力发育。

　　碳水化合物是6个月内婴儿热能的主要来源。母乳中的碳水化合物以乳糖为主，且乙型乳糖占90%以上，有利于促进宝宝肠蠕动，以及促进小肠对钙、镁、氨基酸的吸收。母乳中的脂质不仅能给婴儿提供充足的营养素，同时也是婴儿的主要供能物质，为宝宝生长发育提供了约50%的能量。1~3个月的母乳趋向于成熟乳，脂肪含量增加，且以细颗粒（直径<10μm）的乳剂形态存在，长链多不饱和脂肪酸较多，易于消化吸收。母乳脂肪酸中高达70%的棕榈酸不会被脂肪酶分解成游离脂肪酸，不会与钙离子结合形成不溶性钙皂，有利于宝宝对钙、镁等矿物质的吸收。

　　正常营养状态的母乳中，维生素E、维生素C含量较高，维生素B_1、维生素B_2、维生素B_6、维生素B_{12}、维生素K和叶酸含量相对较少，但能满足生理需要。母乳中矿物质含量丰富，而且比例结构合理，钙磷比例适宜（人乳为2∶1，牛乳为1.2∶1），有利于钙的吸收；铁、锌含量较牛乳低，但其吸收率和生物利用率明显高于牛乳，母乳中锌的吸收率可达 59.2%，铁的吸收率可达 45%~75%。母乳中还含有免疫球蛋白、免疫因子，对呼吸道和胃肠道具有一定的保护作用，可以有效增强宝宝对外界感染性物质的抵抗力。

3. 母乳建议摄入量

　　婴儿的奶量个体差异比较大。那么，宝宝究竟要吃多少母乳才合适呢？一般来说，1~3 月龄宝宝奶量在 500~750ml 之间。母乳够不够吃，通过乳汁分泌是否充足评判。每天哺喂 8~12 次，吃奶时，宝宝有节律地吸吮，可以听见明显的"咕咚咕咚"的吞咽声，且吃完后比较满足，说明奶量较为充足。此外，宝宝的体格生长也可以灵敏地反映喂养状态。一般来说，婴儿前 3 个月每天体重平均增加约 20~30g。定期测量宝宝身长、体重、头围，并标记在生长曲线上，在合适范围内正常生长就说明母乳量足够宝宝吃。

4. 每天水的摄入量

　　母乳中 88% 都是水，所以原则上如果宝宝没有疾病，充足的母乳可以满足 6 月龄内宝宝的液体及营养需求，不需要额外喝水。即使在炎热的夏季，也可以通过正确地增加奶量来补充液体摄入。美国儿科学会也建议，6 个月内，无论何种喂养方式，通常都不需要补充水和果汁。因为小婴儿本身胃容量比较小，给宝宝喂水会占用部分胃容量，抑制孩子的吸吮，使其主动吸吮的乳汁减少。这样不仅影响宝宝营养摄入及成长，还可能会造成母乳分泌的减少。

　　但是，当宝宝处于缺水期，如观察到大量出汗、发热、急性呕吐及腹泻等情况，尤其是疾病引发脱水症状，就需要及时补充水分。建议喂适宜温度的白开水，不需要添加糖、果汁等。有需要时，医生还可能建议给宝宝补充含电解质的液体。

5. 按需喂养及喂养安排

宝宝哭了，是不是饿了？如何观察捕捉饥饿的信号呢？

　　宝宝饥饿的早期表现包括烦躁、警觉；身体活动增加，如把手放在嘴里或者动来动去；脸部表情增加，如做"鬼脸"。若持续饥饿，宝宝后续表现才是哭闹。按需哺乳就是在婴儿正确含吸乳头的情况下，不限制母乳喂养的频率和持续时间，参考宝宝的饥饿信号进行喂养（宝宝饥饿不同阶段的表情及动作见图 3-1）。妈妈应学会观察宝宝饥饿的早期信号，因为哭闹会影响宝宝含吸乳头，故应尽量避免哭闹后再喂哺。当宝宝停止吸吮、张嘴、头转开等往往表示已经吃饱，面部表情显示很满足安静，这时妈妈就不要再强迫哺乳了。

　　一般来说，1~2 月龄的宝宝在白天可能不到 2 小时就需哺乳一次，24 小时喂母

早期表现

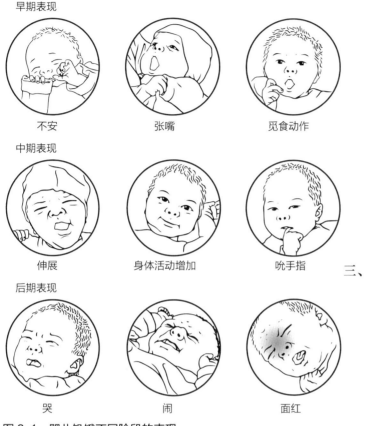

不安　　　张嘴　　　觅食动作

中期表现

伸展　　　身体活动增加　　　吮手指

后期表现

哭　　　闹　　　面红

图 3-1　婴儿饥饿不同阶段的表现
参考：中华医学会儿科分会 2017 年《0~3 岁婴幼儿喂养建议》。

乳次数差不多 8~10 次。如果有夜间超过 5 小时的长时间睡眠，可以唤醒宝宝喂奶。在 2 月龄后可规律哺乳，哺乳持续时间延长，每天哺乳次数在 7~8 次左右，夜间如连续睡眠超过 5 小时，甚至 6 小时，也不用再叫醒宝宝。

三、　早产儿喂养

早产宝宝是发生感染性疾病、生长迟缓和发育落后的高风险人群。早产儿出院回家后的科学喂养及追赶性生长是育儿任务的重中之重。

1.　选择人乳还是配方乳

人乳对早产儿具有特殊的生物学作用，WHO 积极提倡以人乳来喂养早产儿，在出生后、未出院前就可以开始。首选亲生母亲母乳，其次为捐赠人乳，人乳可以降低早产相关疾病的发生率。出院后，母乳仍为早产儿的首选喂养方式，至少应持续母乳喂养至矫正月龄 6 个月或以上。

因早产儿摄入量的限制，加之人乳中蛋白质和主要营养素含量会随泌乳时间延长而逐渐减少，使早产儿在此期间难以短时间内达到理想的生长状态。因此，多项专家共识建议，对出生体重 <1.8kg 或有营养不良高危因素的纯母乳喂养的早产儿，建议采用人乳强化剂（human milk fortifier，HMF）加入母乳中喂养，以提高营养素（蛋白质、矿物质、维生素等）含量、增加能量密度，适应早产儿追赶性生长所需的营养，保证其体格发育及骨骼健康。不同品牌的人乳强化剂在营养素含量、能量密度、渗透压等方面有所差别，需要仔细看清产品使用说明，并在专业医师或营养师的指导下配比使用，添加剂量要准确，使用前须充分溶解、混匀，现配

现用。

我国 2019 年《早产儿母乳强化剂使用专家共识》提出：对有使用指征的早产儿，建议母乳喂养量达到 50~80ml/（kg·d）时，开始引入人乳强化剂。一般先给予半量强化，约 3~5 天后逐渐过渡至全量强化，应用过程中须注意早产宝宝的个体差异。出生早期不具备人乳强化剂使用指征的早产儿，如果后期监测出现生长落后的情况，可以在医师指导下择时使用。

即使有了强化剂，也并不总是有效的。临床实践中发现，即使是标准强化喂养，超低出生体重儿住院期间也可能由于蛋白质能量累积摄入不足，导致生长发育迟缓，进而追赶生长不顺利。妈妈们要定期进行门诊随诊，不要气馁，通过评估宝宝营养状况来完成下一阶段喂养，以实现最佳追赶。

如果没有母乳或母乳不足，可以选择早产儿配方奶，其适用于胎龄 <34 周、出生体重 <2kg 的早产儿在住院期间应用。与普通婴儿配方奶相比，早产儿配方奶增加了能量密度及多种营养素，如蛋白质等，以满足早产儿在出生后早期生长代谢的需求。对于胎龄 >34 周或出院后的早产儿，可以选择能量及营养介于早产儿配方和普通配方奶之间的过渡配方奶粉。

2. 强化营养的时间和乳类转换

过度营养强化可能导致能量、蛋白质及其他营养素过多摄入，增加代谢负荷。不同早产儿强化喂养时间有个体差异，早产儿营养风险程度分类见表 3-3。一般来说，中危、生长速率满意的早产儿需要强化喂养至矫正月龄 3 个月左右；而高危、并发症较多和有宫内外发育迟缓的早产儿需要强化的时间较长，可至矫正月龄 6 个月左右，个别早产儿可到 1 岁。

表 3-3　早产儿营养风险程度分类

早产儿分级	胎龄 / 周	出生体重 /g	宫内发育迟缓	经口喂养	奶量/ [ml·(kg·d)$^{-1}$]	体重增长/ (g·d^{-1})	宫外发育迟缓	并发症
高危	<32	<1 500	有	欠协调	<150	<25	有	有
中危	32~34	1 500~2 000	无	顺利	>150	>25	无	无
低危	>34	>2 000	无	顺利	>150	>25	无	无

资料来源：中华医学会儿科分会 2016 年《早产、低出生体重儿出院后喂养建议》。

要特别提醒各位爸爸妈妈，即使营养风险程度相同的早产宝宝，其强化营养的时间也存在个体差异。建议强化喂养过程中监测生长曲线图，根据体格生长各项指标在矫正月龄的百分位数决定是否继续或停止强化营养。通常早产儿生长水平达到第 25~50 百分位数水平，小于胎龄儿 > 第 10 百分位数水平，就可以逐渐终止喂养。同时，注意避免体重 / 身长 > 第 90 百分位数，减少因体重过度追赶所致成年期代谢综合征的风险。与临床医师充分沟通，确定停止强化时间后，就可以逐渐转换为普通配方奶。

转换期间须监测早产儿的生长情况，如果生长速率和各项指标的百分位数出现下降，可酌情恢复部分强化，直至生长速度恢复正常。

3.　早产儿的营养素补充

为了促进早产宝宝的理想生长，除了应用强化配方，还需要补充其他重要的营养素。

维生素：人乳中的脂溶性维生素和水溶性维生素可能难以满足早产儿追赶性生长的需要，尤其是维生素 A 和维生素 D。2021 年《中国儿童维生素 A、维生素 D 临床应用专家共识》指出，建议生后即补充维生素 D 800~1 000IU/d，3 月龄后改为 400IU/d。维生素 A 制剂 1 500~2 000IU/d，前 3 个月按照上限补充，3 个月后可调整为下限。

矿物质：铁、钙需要补足。综合各种指南建议，早产儿生后 2~4 周需要开始补充元素铁 1~2mg/（kg·d），酌情补充至矫正满 12 月龄。钙推荐量为 70~120mg/（kg·d）。若从奶中获得的钙不足，需要额外补充钙剂。

长链多不饱和脂肪酸：长链多不饱和脂肪酸（long-chain polyunsaturated fatty acid，LCPUFA）对早产儿神经发育有重要作用，如 DHA 可在早产儿喂养时进行补充。早产母乳中 DHA 高于足月母乳，但受母亲膳食影响较大，建议进行哺乳期营养指导。目前对早产儿的推荐量是 DHA 55~60mg/（kg·d），直至胎龄 40 周。

第二节
营养素补充

为了保证婴儿的智能及体格发育，母乳喂养的婴儿还应注重以下 2 种营养素的补充，并且最好在医生指导下补充。

一、　维生素 A

每种营养素都有着不可替代的作用。维生素 A 是第一个被人类发现的维生素，其功能繁多：维生素 A 可以维持视觉功能和细胞膜的完整性（"夜盲症"就与维生素 A 缺乏有关）；可以促进细胞增殖分化和骨骼定型，维持生长发育；还可以促进免疫功能、维持生殖功能、改善铁的吸收、维持皮肤功能等。

　　婴幼儿维生素 A 水平受母乳和日常膳食维生素 A 水平的双重影响。因此，哺乳期妈妈要注意膳食营养均衡，保证深色蔬菜、动物肝脏等的适量摄入。2021 年《中国儿童维生素 A、维生素 D 临床应用专家共识》指出，我国儿童维生素 A 缺乏率处于较低水平，但是边缘缺乏率仍处于较高水平，缺乏原因主要是围生期储备不足、婴幼儿生长发育迅速、摄入不足、疾病影响吸收或导致消耗增加。因此，对于有维生素 A 缺乏高危因素的宝宝，建议每日补充维生素 A 1 500~2 000IU，不过具体是否需要补充、补充多少剂量，爸爸妈妈们要咨询专业儿科医师。

二、　钙

　　宝宝出汗多、枕秃、容易惊醒是缺钙吗？爸爸妈妈们总怕孩子缺钙影响生长发育。那么到底需不需要补充呢？

　　根据《中国居民膳食营养素参考摄入量（2013 版）》，6 个月前宝宝每日钙推荐摄入量为 200mg，如母亲钙摄入量充足，母乳中钙含量一般在 30~35mg/100ml，如宝宝每日摄入母乳 750~1 000ml，则完全可以满足钙需求。配方奶喂养的宝宝也不用担心，普通配方奶中钙含量一般为 50~60mg/100ml，每日奶量 400ml 以上就可以满足钙需求了。而快速生长的小宝宝，每日奶量是远大于这个数值的，所以 6 月龄内，奶量充足、健康生长、维生素 D 补充规律的宝宝是不需要补钙的。

第三节
人工喂养

一、　婴儿配方奶粉的选择

　　首先要强调的是，无论经过怎样的配方设计和先进研发，任何婴儿配方奶都不能和母乳相媲美，它仅是无法母乳喂养或母乳不足时的无奈选择。

　　国内部分地区的妈妈还会用单纯的牛乳或其他哺乳动物乳汁来喂养小婴儿，我们对此并不提倡。单纯牛奶中酪蛋白含量高，钙磷比例不合适，不容易被消化吸收，会给小婴儿未成熟的消化道和肾脏带来压力。另外，纯牛奶中铁含量低，维生素及其他婴儿所需营养素含量不能满足宝宝生长发育的需求，所含脂肪类型也不是成长阶段宝宝的健康选择，所以不建议给小婴儿喂纯牛奶。

大多数婴儿配方奶是在牛奶的基础上，尽可能模仿母乳成分，调整蛋白质的构成，同时增加生长所需的牛磺酸和肉碱等配制的。在脂肪方面，配方奶脱去了牛奶中全部或部分饱和脂肪酸，加入富含多不饱和脂肪酸的植物油，添加有益大脑发育的长链多不饱和脂肪酸，如二十二碳六烯酸（DHA）、二十碳四烯酸（ARA），使脂肪酸的构成接近母乳。在矿物质方面，配方奶减少了矿物质总量，以减轻肾脏负荷，同时调整了钙磷比例，为满足婴儿的营养素需求，还补充添加了铁、锌以及多种维生素等。所以，在母乳不足时，建议首先选择配方奶喂养。

原则上按照不同月龄选择适合月龄段的配方奶。针对患有特殊疾病（如过敏或遗传代谢病）的宝宝，爸爸妈妈们应在医生或营养师指导下选择相应的特殊医学用途配方奶。

二、 配方奶的喂养量

宝宝满 1 月龄时，每次吃奶量可达 80~100ml 左右，之后每月每次可能会增加 30ml 左右，建议每日奶量 500~750ml，全天奶量一般不超过 1 000ml。也可以通过体重来计算每日奶量。一般来说，1~3 月龄配方奶量为 18g/（kg·d），约合标准配比奶液 135ml/（kg·d）。实际哺喂过程中，允许每次奶量有波动，妈妈们不要过于刻板，强迫宝宝摄入固定计算奶量。而如果宝宝总是表现出吃不饱，就要注意寻找原因，比如配方奶的配比是否合理，要避免以过度进食来安慰宝宝。

即使母乳量不足，也应维持必要的乳头吸吮，刺激母乳分泌。每次喂奶时，先喂母乳，后用配方奶补充母乳不足。补充的奶量根据宝宝食欲及母乳分泌量而定，即缺多少补多少，没有固定奶量，宝宝吐出奶嘴，表情满足，说明吃饱了。在几天的喂养后，妈妈们就可以掌握宝宝的进食量。

全人工喂养在新生儿期也是根据饥饿信号来按需哺乳的。随着宝宝长大，1~3 月龄可能需要 7~8 次喂哺，多集中在白天，每次喂奶时间为 15~20 分钟，不宜超过 30 分钟，两次间隔 2~3 小时。夜间休息时有的宝宝已经能连续睡眠 5~6 小时，喂奶间隔可能会适当延长，这时候不需要叫醒宝宝。不建议依照机械的时间规定进行喂哺，宜根据宝宝饥饿信号来判断。

三、 配方奶的冲调和储存

宝宝所用奶瓶和奶嘴每次用过后须清洗消毒，晾干后准备下次使用。

首先，做好冲调奶的准备工作。冲配奶粉要在干净整洁的桌面进行，冲配前清洁相关区域，并彻底用肥皂洗净双手，然后用干净的毛巾或纸巾擦干双手。保证冲配奶粉饮用水的卫生，应使用煮沸后冷却到 40~50℃左右的温水。

冲调步骤：

1. 冲配时先加适量的温水至相应刻度处。

2. 建议应用奶粉罐内配套的量勺称量奶粉，每次盛一平勺（注意 1 平勺为自然舀后刮平，而非摇平或磕平），将量取的奶粉放入奶瓶中。参照奶粉外包装上参考数据进行调配，不可随意加减奶粉数量或冲调水量，避免奶液过稀或过浓，造成婴儿营养不良或肠道、肾脏受损。

3. 使用过的奶粉量勺不接触奶瓶，放入罐内，封闭好奶粉罐，以免受潮。

4. 旋紧奶嘴，轻轻摇晃奶瓶，使奶粉充分溶解于水中。滴一滴奶在手背上，感觉温度的高低，稍感温热即可。若过热可在流水下将奶瓶冲凉。

爸爸妈妈应根据孩子日常所需的奶量冲调，避免冲调过多。冲调好的配方奶在室温下放置的时间不应超过 1 小时。如果一次冲配过多，剩余奶液可以暂时放入冰箱 4℃左右的冷藏区，24 小时内食用。已经打开包装的配方奶粉应该盖紧，放置于凉爽干燥处，根据不同品牌配方奶的说明，一般建议 1 个月内饮用完毕。

四、 奶瓶喂养技巧及注意事项

1. 选择适合宝宝的奶嘴及奶瓶。使用十字奶嘴可方便宝宝依据自身吸吮力调整出奶量，但也更容易被大月龄宝宝咬出裂口，需要及时查看和更换。

2. 刺激宝宝引起吸吮反射后再喂。轻轻地触碰宝宝靠近大人身体一侧的脸庞，诱发宝宝的吸吮反射，当宝宝偏转头时顺势把奶嘴插入嘴中。注意不要把奶嘴捅得过深，以免呛着宝宝。

3. 保持正确的奶瓶喂养姿势。喂养者用上臂支撑宝宝，使其头和身体呈一直线，使其感觉舒适和安全。

4. 喂奶时奶瓶要倾斜。喂奶时要将奶瓶后部始终略高于前部，使奶嘴充满奶液之后再送进宝宝的嘴里，可有效避免宝宝吸入空气。还要注意奶液要始终充满整个奶嘴头

　　部，避免宝宝吸入过多空气。

5.　喂奶完毕后，要尽快拔出奶嘴，避免吸入空气。喂养过程中建议尽量让宝宝自己控制喂养速度，不要强迫宝宝一口气喝完。

　　母乳喂养和配方奶喂养都会出现吐奶的情况，用奶瓶喂养的婴儿因容易吸入空气而更常出现这种情况。为避免发生吐奶，不要让婴儿一边哭闹一边吃。每次喂完后给婴儿拍嗝，即使没有出现不舒服的表现也要拍嗝。喂奶过程中，适时地暂停并调整姿势可减缓婴儿的吞咽速度，减少吞入空气。一般吃配方奶的婴儿，建议每吃完 60~90ml 就拍拍嗝。如果是母乳喂养的婴儿，就趁着换位置时拍嗝。

　　每次奶瓶喂养后，需要彻底清洗奶瓶、奶嘴并消毒，可以用专用消毒设备或者沸水煮沸 5 分钟消毒。

　　人工喂养宝宝还有 5 个事项需要格外留意：

1.　训练瓶喂

　　有计划重回职场的妈妈，不管是决定配方奶喂养还是背奶，都需要及早用奶瓶喂养，使宝宝有足够的时间适应不同的喝奶方式。建议在计划完全转为瓶喂的前两周就尝试转换，逐步过渡，避免突然转变造成宝宝强烈的抗拒反应。

2.　渐进转换

　　在刚开始转换为瓶喂时要采取渐进的方式。譬如从一天一次瓶喂慢慢增加到两次瓶喂，或是调整为白天瓶喂，晚上亲喂的方式，避免一开始就突然完全改成瓶喂。改用奶瓶时，建议由家人来喂奶，以免宝宝闻到妈妈身上的味道而拒绝用奶瓶喝奶。

3.　选择合适的奶嘴

　　奶嘴有不同的尺寸，奶嘴洞也有不同的类型，例如圆洞、十字洞、Y 字洞等。妈妈们应当根据宝宝月龄选择合适的奶嘴。一般来说，0~3 个月的宝宝可以选择流量小、接近母亲乳头的人工奶嘴，使婴儿吮吸时的感觉更接近母乳喂养。

4.　手部清洁和试温

　　在用奶瓶给宝宝喂奶之前，须洗净双手，取出消毒好的奶瓶、奶嘴。将调好的奶倒入奶瓶，拧紧瓶盖。将奶瓶倾斜，滴几滴奶液在手背上，试试温度，感觉不烫再开始喂奶。

5.　正确的喂哺姿势

　　1~3 月龄的宝宝尚不能坐立，不可在无人看管的情况下让宝宝独自在床上躺着用奶瓶吃奶。这样宝宝可能会呛奶，甚至引起窒息，非常危险，切勿大意。

五、特殊医学用途配方食品

如果因先天性遗传代谢病或者后天疾病，小宝宝无法消化、代谢母乳或普通配方奶，就需要前往医院寻求专业医生的帮助，根据不同情况，可能需要考虑选择特殊医学用途配方食品。需要强调的是，这类配方食品的使用及剂量需要在医生或营养师指导下使用。

1. 无乳糖配方奶或低乳糖配方奶

适用于乳糖不耐受婴儿。碳水化合物来源以蔗糖、葡萄糖聚合物、麦芽糊精等完全或部分代替乳糖。

2. 乳蛋白部分水解配方奶

适用于乳蛋白过敏高风险婴儿。乳蛋白经加工分解成小分子乳蛋白、肽段和氨基酸，以降低大分子牛奶蛋白的致敏性。根据不同配方，其碳水化合物可以完全为乳糖，或用其他碳水化合物完全或部分代替乳糖。

3. 乳蛋白深度水解配方奶或氨基酸配方奶

适用于乳蛋白过敏婴儿。氨基酸配方不含乳蛋白，是乳蛋白过敏婴儿理想的食物替代品，适合严重牛奶蛋白过敏的宝宝。深度水解配方是将乳蛋白水解成短肽或部分氨基酸，会有部分婴儿不耐受，适合轻中度牛奶蛋白过敏的宝宝。

4. 早产儿、低出生体重儿配方奶

适用于早产儿、低出生体重儿。其能量、蛋白质及某些矿物质和维生素的含量高于普通配方奶粉，使用容易消化吸收的中链脂肪酸作为脂肪的部分来源。

5. 母乳强化剂

适用于早产儿、低出生体重儿，可选择性地添加规定的必需成分和可选择成分，与母乳配合使用，可满足早产儿、低出生体重儿的生长发育需求。

6. 氨基酸代谢障碍配方奶

适用于有氨基酸代谢障碍的婴儿，不含或仅含有少量与代谢障碍有关的氨基酸，如苯丙酮尿症专用配方奶粉。其所使用的氨基酸来源符合相关标准规定，并适当调整某些矿物质和维生素的含量。

第四节
常见喂养问题

一、　用奶瓶喂母乳好吗

一些妈妈不选择亲喂而倾向于使用瓶喂。有的是怕奶量不足，为精确判断宝宝摄入量就选择吸出乳汁再用奶瓶喂奶，其实这样并不能判断实际奶量。泌乳是一个很神奇的过程，宝宝吸吮的乳汁量是多于吸奶器泵出的乳汁的，所以这个方法并不可取。

有的妈妈认为，母乳吸出来瓶喂，宝宝吃奶又快又多还不费劲。表面上看起来是这样的，吸吮母乳与吸吮奶瓶的方式不一样，奶瓶吸吮更省力一些。但是持续吸出母乳后瓶喂，失去了亲喂的肌肤接触、情感交流等优势，长期如此可能导致母乳减少。另外，母乳瓶喂可能会造成乳头混淆，影响后续亲喂。

即便喂哺量相同，奶瓶喂养与母乳喂养对宝宝的影响也不同。母乳并不是无菌的，母乳中发现的菌群主要来自乳房及乳头皮肤，"亲喂"的宝宝获得的口腔微生物菌群更为丰富。而吸奶器吸出母乳瓶喂使菌群多样性减少，这些减少的菌群可能对婴儿肠道健康有很多益处。吸奶后瓶喂有可能导致乳汁中潜在病原体相对增加。

婴儿吸吮乳头可以促进下颚和面部结构发育，对口腔发育也有一定作用。所以如果条件允许，首先建议母乳亲喂。只有在不得已的情况下，如母婴分离、母亲乳头条件不好、孩子吸吮能力有限，以及妈妈因为疾病或外出实在不能亲喂时，才建议母乳吸出后瓶喂。

当不得不瓶喂母乳时，需要注意以下事项：

1.　当宝宝发出饥饿信号的时候再喂食，而不是根据固定的时间点。
2.　喂奶过程中要注意换边，可以刺激宝宝眼睛均衡发育，并预防转回亲喂时宝宝习惯只认一侧乳房。
3.　每次喂养 10~20 分钟，模仿母乳喂养模式。喂奶要适量，而不是尽可能又快又多。
4.　模仿母乳喂养的节奏，在瓶喂时可适当停顿，模仿奶阵前后的母乳流出。这也可以改善宝宝胀气现象，还可以预防乳头混淆。
5.　如果宝宝在吸空奶瓶前就松开奶嘴，就意味着已经吃完，不需要强迫吸光奶瓶。

二、　乳头需要消毒吗

妊娠及生产后，乳头经常会分泌一些"污垢"，这是新陈代谢的细胞混合油脂形成的，如果比较多，可以用棉签蘸温水，或者哺乳结束后用剩余少量乳汁外敷后轻轻拭去。

　　部分妈妈为了减少婴儿感染风险，喂奶前先消毒乳头。殊不知母乳喂养本身就是一个有菌喂养过程，可以帮助宝宝建立肠道菌群，过度的消毒并不利于宝宝免疫系统发育成熟，反而可能促进过敏及疾病的发生。乳房上有一层酸性角质层保护膜，可以防止乳头皲裂，不被细菌侵害。如果使用肥皂、酒精、消毒剂等清洗，保护层就很难在短时间形成，容易引起乳房皮肤干燥、肿胀，还会促进嗜碱微生物生长。所以，不需要在哺乳前消毒乳头。

第四章

安　全

新手父母往往易将宝宝吐奶和呕吐混为一谈，这二者之间其实是有差别的。

小宝宝经常会吐奶，也称溢奶。吐奶的婴儿一般不会注意到自己吐奶，乳汁毫无压力地从口腔溢出来，无恶心，一般精神状况良好，没有过分哭闹。而呕吐发生时力量较大，比平时吐奶量多，有时可在喂奶前出现，婴儿还会因为感觉痛苦或者不适而剧烈哭闹。这种呕吐的情况在正常宝宝中比较少见。如果发现婴儿经常性呕吐（每天 1 次或多次）或者在呕吐物中发现血样或黄绿色物质，或伴有高热、精神状态差，就提示宝宝可能生病了，爸爸妈妈应立即带小婴儿去医院就诊。

做好呕吐安全紧急防护，能防止婴儿呕吐或吐奶后呛咳、呕吐物吸入气管引起窒息。当发生呕吐时，要及时清理宝宝口腔和鼻腔内的奶液、奶瓣，爸爸妈妈应随身常备小毛巾、手帕或者棉签，以及时清洁，有备无患。如果看到宝宝脸色发紫或是憋气，马上使宝宝面部朝下、头低脚高，同时拍打宝宝背部。

一、　适量正确喂养

虽然母乳喂养和配方奶喂养都会出现吐奶的情况，但其更常见于奶瓶喂养的婴儿。一方面是瓶喂时掌握不当，一次性喂奶容易过量；另一方面是婴儿用奶瓶吃奶时，常会吞入过多空气。在这种情况下，最好暂停喂奶，而且不要让婴儿一边哭闹一边吃奶。

喂奶过程中，适时地通过暂停并调整姿势来调控节奏，减缓婴儿的吞咽速度，避免狼吞虎咽吞入过多的空气。即使每次喂完后婴儿并没有出现不舒服的表现，也建议轻轻拍嗝。

视频 3-1
拍嗝

二、　正确拍嗝预防吐奶

　　将喂饱后的婴儿由横卧位轻轻转为竖直位，抱起在胸前，头靠在父母肩膀上，一手托住婴儿的臀部，另一只手在其背部轻轻拍打；也可扶着婴儿让其坐在大人膝盖上，一手支撑住孩子的胸部和头部，另一只手轻拍其背部；或让婴儿趴在大人的腿上，让头部略高于胸部，一手扶住孩子，另一手轻拍他的背部或者轻轻画圈抚摸。

　　拍嗝手势要注意，将五根手指并拢，手心向下弯曲成勺子漏斗状，在婴儿背部自下而上地轻拍，可重复一两次，拍的手势和力量应能引起振动，又不至于让宝宝感到疼痛。不是每次拍背婴儿都一定会打嗝，所以几分钟后还没有拍出嗝来也不用担心，拍背后须再竖直抱起保持 10~15 分钟，防止吐奶。

第二节
衣物及配饰安全

　　关于婴儿服饰的安全隐患，家长要充分了解并经常检查，不可掉以轻心。小婴儿的衣物以冬暖夏凉、穿着舒适、穿脱方便、安全为主。一般首选材质天然、袖口宽松、透气性好的衣服，不要选择有安全隐患、容易引起安全问题的衣物。

　　为小宝宝选择衣物配饰时注意，衣物到手后要仔细检查，内面不要有脱落、松垂、露出的针脚缝线，以免在穿脱、活动过程中不小心把线绳拽出，缠住婴儿的手指或者脚趾，造成划伤、循环不良，甚至坏死；要格外注意婴儿衣服上的一些特殊工艺，如抽绳或者花边，检查是否牢固服帖，避免因松脱而缠住婴儿的手指或者脚趾。

　　在选择小婴儿的衣物时，以短绑带固定的"和尚服"款式为佳，以舒适安全为主。衣物上不要有长的丝带或者绑带，这些有可能会在婴儿翻身时缠住或者勒住婴儿，婴儿无法诉说和自行摆脱束缚，容易发生危险。衣物上也不要有纽扣、亮片或小珠子、拉链头等，纽扣不方便穿脱，容易损伤孩子娇嫩肌肤，也有可能被婴儿误吞，引起窒息。

　　随着物质资源的丰富和生活水平的提升，服装面料层出不穷。为吸引家长，市面上有很多衣物颜色鲜艳，甚至装饰有涂层，还附加印染工艺。家长需要考虑这些服饰上的科技产品是否可能对小婴儿柔嫩的皮肤产生不良影响，尤其是婴儿可舔舐的位置。如无严格检测保障，在选购衣服、袜帽、包被等配件时，建议选择保险一点的，如颜色简单、添加染料少、自然材质面料的衣物。

第三节

睡眠安全，预防窒息

小婴儿在不会翻身、爬行时，父母往往感觉不管把小宝宝放在哪里睡觉都比较令人放心，相比会翻身后活动范围较大的婴儿更不容易发生睡眠意外，那么真实情况如何呢？其实，1~3月龄的小婴儿在睡眠过程中反而存在着更多的危险因素和安全隐患。

一、　睡眠中的三大安全问题

1.　误吞

　　婴儿床上放太多杂物尤其是小物品，比如衣物上的纽扣、玩具的小零件、安全别针等，都有可能被小婴儿吞食，造成对婴儿的伤害，甚至窒息猝死。

2.　窒息

　　睡床上的任何塑料袋类物品如玩具、寝具包装、隔水围嘴、尿垫等，都有可能堵住小宝宝的鼻子和嘴，使其无法呼吸；3月龄内的小宝宝趴睡，口鼻朝下容易呼吸不畅，小宝宝无法自己灵活翻身调整，非常容易窒息猝死；同床或分床睡觉时，厚重被褥覆盖压迫婴儿面部，可导致呼吸不畅或窒息；母乳喂养过程中，特别是躺喂时，若妈妈太疲劳，睡着后乳房压住婴儿口鼻或溢奶吸入宝宝气管，容易导致窒息的发生。

3.　坠床

　　睡床寝具、防护围栏质量不合格如材质不过关、栏杆间距不科学、围栏松脱或断裂，在睡眠过程中宝宝容易跌落，可造成严重伤害。

二、　11条睡眠安全注意事项

1.　不在婴儿床上放置任何有危险隐患的小物品（如安全别针、小纽扣、拉链扣、珠子或者玩具的小零件、豆类、坚果和糖果等），凡是有可能被婴儿吞食的物品必须拿走，只留睡袋和必要的被褥，以免被误吞后发生窒息。

2. 不要在婴儿床上放置任何塑料袋类物品，一旦被风吹起或在婴儿活动过程中，有可能盖住婴儿脸，而小婴儿没有能力拽开塑料袋，即可引起窒息。对于经常吐奶的婴儿，不要使用塑料围嘴，而应选择透气的围嘴；婴儿独自熟睡时，尽量保持身体侧卧。

3. 婴儿床要远离窗户、窗帘、电线等位置，以防婴儿从窗户上摔落或者被百叶窗上的细绳以及窗帘等物拦住甚至勒住，窗帘被风吹起时，窗帘上的别针或其他小物品可能脱落，导致婴儿受伤或窒息。

4. 婴儿床的涂料要安全、不含铅。新床垫要去掉所有塑料包装，以防窒息。

5. 不可在婴儿床的围栏上系绳子，以防小婴儿翻身或坠落时缠住脖子，发生窒息。

6. 即便小婴儿不会翻身或不会爬，也一定要放在有栏杆的床上，并确认固定好栏杆。因为小婴儿可能会因为蹬脚而很快窜到床边，发生坠床。

7. 婴儿床围栏间距应小于6cm，且床头板和床尾板上不留空隙，以免卡住小婴儿头部。

8. 婴儿床与墙壁之间要么贴紧，要么留出 50cm 以上的距离，以防坠床时婴儿的头部卡在床与墙壁之间而发生窒息。

9. 婴儿床垫应大小合适，如果床垫和床边间距大于两指，应更换床垫，以防婴儿陷入床垫和床边之间的空隙中。

10. 如果使用床围，一定要选用与婴儿床配套的床围，且床围至少用 6 根带子固定，以防滑落。同时，固定带要短于 15cm，以防勒住婴儿。

11. 夜间母婴同床时，不要让婴儿含着母亲乳头睡觉，妈妈要两侧轮流哺喂，保持清醒，以防疲劳睡着后乳房堵住婴儿的鼻子和嘴。如果婴儿被压住后不能自由挪动，无力推醒母亲，可出现窒息。

第四节

入浴安全

新手父母为小婴儿洗澡时都比较紧张和担心。一方面，婴儿较软无力支撑，不知道如何下手和用力；另一方面，更怕婴儿脱手滑倒而呛水，发生沐浴危险和意外。建议父母在为小宝宝洗澡前熟读以下内容，检查措施是否到位，做好入浴的安全工作。

一、洗澡前准备

1. 婴儿洗澡的时候，澡盆周围不可放置任何可能烫伤婴儿的热源，如热水器、热水壶、暖炉、无防护的暖气等。

2. 准备洗澡水时，先放冷水，再放热水，用手腕内侧试试水温，水温在40℃左右。

3. 不要在喂奶后马上洗澡，容易发生吐奶等不适，至少间隔1小时。

二、洗澡时的注意事项

1. 让婴儿臀部坐在浴盆底部的厚毛巾或者防滑垫上，用一只手托住婴儿身体，并扶好小宝宝的胳膊，避免滑倒和歪斜，另一只手进行擦洗。

2. 调好水温和水量再放入婴儿，婴儿在澡盆里沐浴时，尽量不要开水龙头，以免水温不匀而烫伤。

3. 为避免耳朵进水，大人可用拇指和中指从后面向前轻轻压住婴儿的耳廓，以遮盖外耳道口。

4. 洗头时，头低位，应注意避免婴儿眼睛进水、哭闹造成滑脱，可准备一条小干毛巾及时拭去眼部溅上的水珠。

5. 海绵不容易晾干，可能成为霉菌或细菌隐藏的场所，所以不宜用海绵洗澡。

第五节

婴儿的安全抱姿

1~3月龄宝宝的安全抱姿很重要，关键是要托住宝宝的头颈部。

对于1~2月龄宝宝，因其头颈肌肉力量偏弱，所以主要采取横抱或角度较小的斜抱，重点是做好对宝宝头颈部的保护，避免其头部左右或前后晃动。之后，宝宝的竖头力量逐渐增强，3月龄时已渐稳，家长可以采用倾斜角度更大的斜抱或逐渐尝试竖直抱姿，在安全的前提下让宝宝更舒适，有充分的安全感，同时，与宝宝交流的视线和视野也更开阔。

竖抱的第一种推荐抱姿是让小宝宝背朝成人，坐在成人的一只前臂上，成人的另一只手拦住小宝宝的胸部，让小宝宝的头和背贴靠在成人的前胸；另一种抱姿是让小宝宝面朝成人坐在成人的一只前臂上，成人的另一只手托住小宝宝的头颈、背部，让宝宝的胸部紧贴在成人的前胸和肩部。

第五章

早期促进与亲子游戏

　　1~3 个月的宝宝已经和母亲初步建立起一定的感情联系，这一阶段的早期促进和游戏内容主要以母婴互动、皮肤接触为主，受到宝宝发育水平的限制，很多活动都是基于家长的主动输入来完成，如语言刺激、视听觉刺激、运动促进及适宜的玩具辅助等。由于 1~3 个月宝宝的个体差异，尤其是睡眠、饮食、互动需求方面的差异仍然较大，家长应该基于自然的情境开展适宜的互动游戏，以宝宝为中心，在清醒状态下进行，同时也要结合其目前的能力。干预的频次和时长建议以不要打扰宝宝休息为准，同时也不要加重母亲的身心负担。

第一节

听觉的促进

　　刚出生的小宝宝，不但能听到很多声音，而且还对听音有着特别的喜好。他们喜欢听妈妈讲话的声音，喜欢类似在子宫中听到的舒缓而有节律的声音。随着慢慢长大，他们对声音的分辨、定向能力进一步加强。3 个月的宝宝已经可以将头转向声源的方向，特别是当听到自己熟悉的声音时。

　　宝宝的听觉发展，对宝宝语言能力有重要意义，不但可以增进宝宝与家人爱的交流，还对运动能力的发展有益。**听觉发展如此重要，那么爸爸妈妈如何在家进行有效的听觉早期促进呢？**

游戏 1：一起听音乐

　　音乐环境能促进宝宝听觉的良好发育。父母们可以选择旋律优美的音乐，可以拉着宝宝的小手，随着音乐的旋律轻轻晃动，和宝宝一起感受音乐的律动。优美的音乐可以让宝宝平静下来。一般来说，音乐的音量不要过大，保证不妨碍正常说话即可。

游戏 2：发现、寻找声音

　　家长们需要准备一些出声柔和的玩具，比如摇铃、拨浪鼓等。将玩具在宝宝两

视频 3-2
追声

视频 3-3
听觉定位

侧耳边轮流轻轻晃动，观察宝宝的反应，让宝宝辨别声音的来源。如果宝宝不太能找到声音是从哪里发出来的，可以把玩具放到宝宝眼前 20~30cm 的地方轻轻晃动，引起宝宝的注意，让宝宝一边看着玩具一边听玩具的声音。一种玩具持续玩的时间不需要太长，可能只是几分钟，当宝宝对一种声音失去兴趣之后，我们可以换一个声音不一样的玩具。

游戏 3：呼唤名字

家长们可以在宝宝面前轻声呼唤宝宝的名字，逗引宝宝关注发出声音的人。全家对宝宝的名字要统一，以免宝宝混淆。爸爸妈妈也可以模仿宝宝发出的声音，和宝宝持续地交流。如果宝宝的反应不明显，可先让宝宝看到说话人的脸，引导宝宝注意到人的声音。注意在和宝宝交流的过程中，要面对面，配合着眼神的对视。在日常生活和养育过程中进行交流，语气表情要适当夸张、丰富并有变化。

游戏 4：听觉和运动结合

听觉活动还可以同时促进宝宝大运动的发展。父母们选择宝宝感兴趣的声音，让宝宝在不同的体位下寻找声音，不管是躺着还是趴着时，都可以用声音吸引宝宝自己将头抬起来，或者左右转动寻找声音。这样还可以加强宝宝对头部的控制。

听觉游戏不但促进宝宝听力的发展，还可以增进宝宝与父母的交流。不一定要专门进行，可以结合在运动、视觉、语言认知的游戏中，建议爸爸妈妈在宝宝吃饱了、精神愉悦的时候协同进行，在游戏过程中也要随时注意宝宝的情绪状态。

第二节
视觉的促进

婴儿的视觉发育是在生长过程中不断发展的。刚出生，宝宝的眼睛更多时间都是闭着的，眼中的世界模糊而混沌。随着快速地生长，他们开始学习用眼睛观察这个世界，但不是所有距离他们都能看得清楚。20~30cm 是最合适的，这也正是喂奶时，妈妈和宝宝脸的距离。当小宝宝更多地睁开眼睛的时候，我们就可以开始帮助他们用眼睛去做游戏了。

一、 追踪玩具

宝宝的眼睛从出生几天后便能看清距离其 20~30cm 的物品，并能跟随物品移动。随着年龄的增长，他们跟随的速度、持续看的时间也会随之增长。慢慢地，宝宝的头也会跟着玩具左右转动。

小宝宝们喜欢看颜色鲜艳、对比强烈的玩具。红球是深受宝宝们喜欢的玩具之一，红球不要太小，否则会让小宝宝很难看清楚，尽量选择能让宝宝持续地追着看的合适的大小。建议家长们将红球放在宝宝眼睛上方 20~30cm 处，轻轻晃动，吸引宝宝的注意力，当确定宝宝看到红球后，我们可以向左或者向右缓慢地移动红球，引导宝宝能持续地追踪，并且看得更久，看得范围更大。移动的方向可以是左右水平方向，也可以是上下垂直方向，引导宝宝抬头、低头去看玩具。如果宝宝还不太会转头去看，家长们可以用手托住宝宝的头，辅助他转头。

需要注意的是，家长们移动玩具的速度一定不要太快。另外还需要注意游戏时间，因为对于小宝宝来说，他们的注意力可能并不能持续很长时间，家长们需要反复地去吸引宝宝的注意力。如果宝宝表现出对玩具不再感兴趣或者疲劳了，就要换一种玩具或者让他做点别的事情。

二、 追踪人脸

除了鲜艳的玩具，人的脸，特别是爸爸妈妈的脸也是宝宝的最爱。家长们要经常让宝宝看着大人的脸，当确认宝宝看到大人的脸之后，我们同样可以左右移动我们的脸，引导宝宝持续地转头去追踪人脸。和宝宝说话的距离，同样保持在 20~30cm 最为合适。这样的亲子活动对宝宝的视觉、听觉、语言能力发展都有促进作用。

三、 结合运动一起练习

游戏 1：不同体位追看

家长们可以让宝宝趴在软硬合适的垫子上，在宝宝面前轻轻晃动他喜欢的玩具来吸引他的注意力，让宝宝在看玩具的时候能够把头抬得更高一些，并且体验从不同的体位下看玩具是什么感觉。爸爸妈妈也可以趴在宝宝对面，呼唤宝宝名字或者发出声音，逗引宝宝抬头。这种游戏对宝宝的眼球运动和眼神灵敏度都有很好的促进作用，还可以加强宝宝对头部的控制能力。

游戏 2：趴在成人身上

当宝宝可以竖抱的时候，一名家长可以让宝宝趴在大人身上，另一名家长可以站在这名家长身后，面对着宝宝，和宝宝讲话，或者用宝宝喜欢的玩具来吸引，让宝宝可以抬头看到大人的脸或玩具（详见本章第四节头部控制"游戏 1"）。

第三节
语言和认知的促进

婴儿语言的发展可以促进认知发展的广度和深度。婴儿一出生就能通过聆听他人的声音来学习语言，大多数婴儿在两周大的时候就会在听到熟悉的声音后停止哭泣。当我们很亲密地和他们说话时，婴儿还会伸胳膊踢腿，显得非常高兴，这时我们就知道他们正在听大人说话，而且很喜欢这样的交流方式。

一、 怎么和宝宝谈话

很多人总认为宝宝那么小，根本听不懂大人在说什么，认为与婴儿交流是浪费时间。其实小宝宝出生后对人的声音，特别是妈妈的声音非常敏感，也很喜欢和人讲话，他们也可以用不同的声音来表达不同的意思。

技巧 1：眼神对视

在和宝宝说话之前，爸妈们要先把脸保持在宝宝眼前 20~30cm 的位置，互相注视。

技巧 2：呼唤宝宝的名字

家长在和宝宝说话的时候，要经常呼唤宝宝的名字（详见本章第一节"游戏 3"）。

技巧 3：适当夸张

和宝宝谈话的时候，家长们注意表情和语气要适当夸张一些，以吸引宝宝的注意。

技巧 4：倾听宝宝的回应

爸妈们和宝宝说话时，宝宝会有所回应，比如他们会微笑，可能会扭动身体，或者用"咿咿呀呀"来回应。家长在观察到宝宝有回应的时候，应该给宝宝表达的机会，不能只是大人不停地说话。

二、　用日常生活内容进行对话

游戏1：聊聊正在做的事

当家长们在喂宝宝喝奶、给宝宝换尿布，或者为宝宝换衣服时，可以一边做一边和宝宝说说话，告诉宝宝此刻发生了什么事情，爸爸妈妈在做什么。"宝贝，你是不是尿湿了，让妈妈看看你的尿布。""我们现在要穿衣服了，爸爸来帮你把衣服穿上吧。"在谈话的过程中，父母要注意和宝宝的眼神对视，尽量维持宝宝的注意力。

游戏2：专门的谈话时间

父母们可以和宝宝有专门的谈话时间。在宝宝状态比较好时，把他抱起来，让他可以看到大人的脸，然后对着他说话。对宝宝说话时一定要看着他的脸，并常常叫他的名字，如"宝贝，我看到你啦，你现在也正在看着妈妈。""宝贝，你在想什么？你想和爸爸一起玩吗？"

三、　引逗宝宝发声

孩子在出生后就有反射性发声。在1~3月龄期间，宝宝状态比较好的时候，建议家长们可以坐在宝宝旁边，主动看着宝宝，和宝宝交谈。

游戏1：和宝宝唱歌

和宝宝一起唱歌也是让宝宝发音的一个好方法，家长可以拉着宝宝的手，让宝宝看着自己，哼一些宝宝经常听的歌。选一本童谣或儿歌集，不必苛求里面的内容只适用于小宝宝，只要这些童谣或者儿歌听起来很柔和很优美就可以了，轻轻地念儿歌给宝宝听，并尝试用音乐曲调来唱，以保持宝宝的注意力，念儿歌时还可以抱着宝宝轻轻地拍拍他，和他一起享受安静舒适的时光。

游戏2：挠痒痒

宝宝可以趴着或躺着，家长坐在宝宝身边，伸手过去轻轻地挠他痒痒，观察宝宝是否会笑，是否会发出什么声音。伸手的速度或快或慢，挠痒痒的时间也可以有长有短，语言和动作同步进行。"宝贝，妈妈的手指要过去啦！""你很喜欢爸爸挠痒痒对不对，你想再玩一次吗？"

四、 回应宝宝的发音

当宝宝开始发声时，正是与宝宝交流的宝贵时机。我们可以模仿相同的音节回应宝宝，也可以在这个时候加上一些其他简单的音节，教宝宝发出更多的声音。

游戏1：音节游戏

仔细听宝宝能发出什么音节，家长们可以通过模仿宝宝发出的音节来回应他，如"啊，哦，宝贝在和妈妈说话，你想和我说话是吗？"观察他是否会发出更多的音节。我们要在互动过程中密切关注宝宝的表情和肢体动作，当宝宝不再看我们时，说明其注意力已转移，不想再互动交谈了，这时要考虑选择其他的活动来交替进行，或让宝宝休息一会。

游戏2：哭声的含义

婴儿与外界进行交流最重要的方式之一就是哭。通过哭，婴儿向外界传达出一系列信息，比如他们饿了、尿了或者需要抱一抱。不同的哭声是有着不同的需求，也需要我们不同的回应。当宝宝哭闹时，爸妈可以边安抚边观察宝宝不同的哭声，并想想可能是哪里出了问题，通过说话来回应他们。如"宝贝你怎么了？是不是尿湿了？哦，是你的肚子饿了。""现在想睡觉吗？""你是不是不想玩这个小玩具了，那我们再找点其他的东西玩吧。"

1~3月龄的小婴儿每天大多数时间都在睡觉，爸妈们每日的语言对话可以在喂奶、换尿布，以及休息玩耍时进行，不必额外唤醒宝宝或给予过多的外界刺激，以免影响其生长发育。随着月龄的增加，家长可以再逐步增加互动的内容。

第四节
动作的培养

一、 俯卧抬头

宝宝睡醒了，除了躺着看天花板，不妨让宝宝开始一些俯卧的练习，扩大视野，换个角度看世界。锻炼俯卧抬头有利于增加宝宝头部抗重力伸展的能力，也可以为之后的动作发展打下良好的基础。

游戏1：俯卧准备

父母准备软硬度合适的垫子铺在地上或者桌上，让宝宝趴在上面。初次尝试俯卧的宝宝，还不能支撑起头部，会呈现脸贴着垫子、撅着屁股的姿势。家长可帮助宝宝将双肘支撑在胸前，轻轻将头摆正。每次俯卧的时间从 1~2 分钟开始，逐渐增加时长，可以每天多次练习。

游戏 2：头部转动

通过练习，宝宝在俯卧位下已经可以独立抬起头，保持下巴离开床面一小段时间。家长们可以准备一些颜色鲜艳或者有声音的玩具放在宝宝面前，逗引宝宝，让宝宝胸部离开床面的距离越来越高。除了在前方逗引，也可以左右方向，水平缓慢移动玩具，让宝宝在抬头的同时随着玩具向左、右转头，以增强宝宝对头部的控制。

游戏 3：呼唤宝贝

除了用玩具吸引，家长们还可以趴在宝宝对面，亲切地呼唤宝宝名字或者发出一些有趣的声音，逗引宝宝抬头。宝宝听到熟悉的呼唤声就会努力抬起头，虽然可能坚持不了多久，但是随着练习和月龄的发展，宝宝能将头越抬越高，持续时间也逐渐增加。

游戏 4：亲子互动

有的宝宝不喜欢趴在垫子上，那么也可以尝试其他方法练习抬头。家长躺在床上，然后让宝宝趴在自己胸前。家长和宝宝尽量穿着单薄的衣物，增加彼此的皮肤接触。这种方式可以通过皮肤接触给宝宝更多安全感，减少俯卧的恐惧，增加游戏的乐趣。

二、 引导宝宝翻身

视频 3-4
俯卧抬头

翻身标志着宝宝开始有独立移动和改变姿势的能力，是运动发展过程中的重要阶段。1~3 月龄的宝宝一般不能独立完成翻身，部分宝宝开始侧身或者可以在辅助下翻身。家长可以给宝宝进行翻身体验和练习，增加宝宝的运动体验感和乐趣。

视频 3-5
引导翻身

游戏 1：引导用手触碰下肢

当宝宝舒适地躺着玩时，家长可以轻轻拉着宝宝的手去触碰下肢。同时用温柔的语气和宝宝对话，例如"宝贝，摸一摸你的腿呀""小脚在哪儿啊，摸一下"，让宝宝的手掌去触碰或者抚摸自己的小腿、脚背和脚趾等。这个游戏有利于增加宝宝身体感知的能力，同时也有助于下一步练习翻身。

游戏 2：辅助翻身

在舒适安全的垫子上，家长先拿小玩具在宝宝一侧逗引，引起宝宝想翻身去抓玩具的欲望。然后轻轻扶着宝宝的小屁股，帮他从仰卧位置开始侧身，再辅助翻身至俯卧。这个过程中，家长要注意手法轻柔、动作缓慢，如果感觉宝宝有自主用力的动作，就适当减少助力。翻身练习可以根据宝宝的具体情况，每日少量多次地练习。

三、　吃手和玩手

宝宝的小手可爱极了，爸爸妈妈们肯定会经常玩宝宝的小手，打开他紧握的拳头或者把肉乎乎的小手掌按在自己的脸颊。这个月龄的宝宝们也开始学着自己玩手，攥紧的小拳头逐渐打开，手也能更加准确地放进口中"吧唧吧唧"地吃。

要知道，这个对成人再简单不过的动作，对宝宝来说却是一个巨大的进步。这标志着宝宝开始意识到手是自己身体的一部分，并开始学着更灵活地支配自己的肢体。同时，用嘴啃咬又是获得触觉体检的重要途径，所以宝宝吃手是一种正常行为，家长不要阻止，相反，应该鼓励宝宝这样做，只需要保证小手的干净和卫生即可。有的家长给宝宝戴上小手套或者阻止宝宝把各种东西往嘴里放，这些错误做法会一定程度影响宝宝精细动作的发育。

手是宝宝的最早和最方便的"玩具"，吃手是宝宝重要的技能之一。我们可以留意观察宝宝吃手的姿势，必要时可以适当地协助。例如，宝宝吃小拳头，我们可以帮助宝宝把大拇指放进嘴里，这样可以促进拇指和其他手指分离。如果宝宝月龄已接近 3 个月，但是很少吃手或者很少关注自己的手，家长除了增加引导，必要时还建议尽早咨询医生。

四、　头部控制

保持头部竖立是运动发展的开始。新手爸妈们常常担心给宝宝造成伤害而迟迟不敢竖抱或者练习竖头，其实只要掌握好方法，循序渐进地练习，这并不困难。

游戏 1：在成人的肩膀上看世界（图 3-2）

随着宝宝月龄的增长，他们已经不满足于躺在大人的臂膀中，而是更喜欢竖抱。趴在大人的肩膀上能促进宝宝头颈力量的发展，更加广阔的视野也会让宝宝对外界更加好奇。一般竖抱拍嗝时，宝宝就有机会体验趴在成人肩膀上的感觉。家长在竖

图 3-2　在成人的肩膀上看世界

抱宝宝的时候，一只手托住宝宝的小屁股，另一只手及前臂扶持宝宝的头颈和脊柱，帮助维持头和身体的竖直。建议家长们两侧肩膀交替竖抱，避免因为习惯而造成宝宝头颈姿势不对称。

游戏 2：面对面头部控制游戏

家长找一个舒服的姿势靠坐在床上，双腿屈膝，双脚平放于床上。然后让宝宝面朝自己，躺在自己并拢的双腿上。大人的双手帮助保护宝宝的头和肩部，尽量和宝宝平视、面对面地交流。随着练习的增加，双手慢慢减少辅助，看看宝宝能不能独立维持头的姿势。

游戏 3：面朝外竖抱（图 3-3）

图 3-3　面朝外竖抱

随着头部控制能力的提高，宝宝开始不满足于只靠在大人肩膀上了，他们渴望面对更广阔的视野，特别是外出时与大人同步视野。这时家长可以尝试让宝宝面朝外竖抱。具体方式是家长站直或坐直，不要弯腰或向后仰，一只手托着宝宝屁股，让宝宝"坐"在手掌上，另一只手扶住宝宝的躯干并背靠大人胸前。这种抱姿可以提高头和身体的控制能力，同时让宝宝的双手有机会居中活动，有利于精细动作的发展。尝试这个姿势时要注意，须保持宝宝头和身体正直，不要后仰或者倾斜，大人的身体要确保给宝宝腰部足够的支撑。

游戏 4：靠坐头部控制练习

家长带着宝宝去户外活动或者晒太阳的时候，同样可以练习头部控制。家长找一个高度合适的椅子坐下，双脚踩地，腰部挺直坐好，让宝宝"靠坐"于大人的大腿根处，然后家长双手扶住宝宝身体。家长注意要给宝宝身体足够的支撑以保持头和身体正直。

游戏 5：在游戏中引导宝宝俯卧抬头

具体方式见上述"俯卧抬头"的游戏，逗引方式可采取摇晃摇铃、玩具或者家长趴在宝宝对面逗引。

第五节

精细动作的促进

视频 3-6
抓握练习

宝宝开始关注和喜欢自己的小手，有时专注地在眼前摆弄，有时津津有味地把拳头塞进嘴里啃一啃。随着宝宝月龄的增长，手打开的时间会越来越多，同时可以更加自如地把双手放到身体中线活动。

游戏 1：抓握练习

家长可以准备一些利于宝宝抓握的玩具，例如沙锤、摇铃等。先在视线范围内吸引宝宝的兴趣，看看宝宝是否有主动伸手的意识。如果暂时做不到主动伸手或伸手了抓不到玩具，家长可以拿着玩具轻敲宝宝的小手，引导宝宝的手尽量往身体中线的位置去抓玩具，培养主动抓物的能力。

游戏 2：感受不同的材质

家长引导宝宝去触摸和感知不同质地、形状的玩具。准备一些安全且质感不同的物品，例如柔软的丝巾、粗糙的毛巾、光滑的小球、带小刺的球、温热的鸡蛋、凉一点的奶瓶、木质的积木、塑料的小玩具等。家长可以帮助宝宝轻轻打开小手，让宝宝用小手去触摸各种玩具，体会不同材质、形状带来的不同感受。

家长要严格确保玩具无毒、安全并做好清洁卫生，不必阻止宝宝去抓和啃咬玩具。互动过程中，别忘了边玩边和宝宝讲话，这是很好的交流互动机会。

第六章

情感的培养和习惯的建立

宝宝一哭到底要不要马上抱？新生宝宝爱哭的原因到底是什么？

　　哭泣和寻求安慰是每个宝宝的本能。宝宝出生前，妈妈的子宫像个温暖的家，有充足的营养供应，能听见妈妈心跳的声音和轻柔的话语，让宝宝感觉子宫内的空间如同妈妈的拥抱，安全感得到了充分的满足。宝宝出生后，生活环境发生翻天覆地的变化，环境不再是安全、温暖、湿润的子宫，而是充斥着噪声的陌生的空气；营养不再自然恒定地获得，而是需要妈妈或看护者的喂养和照料；而且，宝宝也不能时时刻刻听到妈妈的心跳。宝宝对外界环境变化缺少归属感，这种不适应的消极情绪，往往以频繁啼哭的形式表现出来。

　　宝宝用哭声表达需求和不适，如饥饿、寒冷、燥热、腹胀、想排便、纸尿裤不舒服等，就连对声音和光线刺激的不满也会用哭声来表达。但是，宝宝们并不知道什么需求是合适的、什么需求是可以等一会儿的、什么需求是不合适的，他们只会统一用"哭"来表达。要帮助宝宝建立正确的需求表达，父母应积极地回应宝宝的哭声，为宝宝提供一个安全的心理避风港，这样并不会"宠坏"孩子。那么，父母应如何正确地回应呢？

　　当宝宝啼哭时，妈妈可以把宝宝的双臂交叉在胸前轻拍宝宝，增加宝宝的安全感，再轻柔地抚摸他的肌肤，亲亲小脸，温柔地在宝宝耳畔低语，可以同时用手轻轻碰触宝宝嘴角，以观察宝宝是否有进食的需求。如果宝宝不想进食，可以检查纸尿裤是否需要更换，看看是不是宝宝的衣服或其他东西让宝宝感到不舒服了。检查后，如果宝宝的身体是温暖、干燥的，也吃得饱饱的，还可以试试这几种安慰方法：重新把宝宝舒舒服服地包裹；给他唱好听的儿歌；放一首轻柔的音乐给宝宝听；最后，也是看护者最习惯用的方式，抱起来哄。建议父母可以先尝试前面几种，最后再用抱起的方法。

如果尝试了多种方法宝宝还是哭闹不停、烦躁不安，就需要考虑宝宝是不是不舒服、生病了。用体温计测量一下体温，摸摸宝宝的肚子观察反应，一旦发现异常要及时带宝宝去看医生。

现实生活中，家长往往不是每次都能清楚宝宝哭的真正原因，"无法诉说的"真实需求得不到满足，哭声止不住，时间稍长就会引起大人的焦虑和紧张，奔去医院看医生后发现只是虚惊一场。家长应该多了解分析和细致观察，避免过度焦虑。宝宝不同需求所发出的哭声不一样，音高和音调都会有所差异。比如，有的宝宝饥饿时会发出类似"奶、奶"的哭声，想排便时会发出类似"啊、啊"的哭声，这需要看护者细心地观察和正确地理解。

宝宝的哭闹同时也考验着大人的情绪管理，照顾宝宝的家人一定要先冷静，控制好自己的情绪，通过上述正确方式告诉宝宝"我在"，让宝宝马上获得安全感，同时快速思考、仔细分辨哭声所表达的意义，才能真正了解宝宝真实的需求，有针对性地去满足。这样可以帮助宝宝减少负面情绪，有助于其将来成长为一个心理更健全的人。

第二节
与宝宝分床睡觉

每个家长都担忧和惧怕宝宝在睡前和半夜会无休止地哭闹，希望自己和宝宝都能一夜安静好眠。宝宝出生后，随着一天天地长大，是与家长在同一张床上睡觉，还是与家长分开睡？如分开睡，宝宝多大和父母分床睡比较好呢？如何营造最佳的分床时机？对于这些问题，人们观点各异。在和宝宝分床睡这个问题上，不应刻板地对照时间表执行，还应考虑实际情况，建议家长结合家庭环境、家庭关系模式、家庭需求、宝宝的健康状况及气质特性等综合考虑。

一、 与宝宝同床睡的坏处

很多家长有了宝宝以后还是习惯和宝宝同床睡，看上去是为了方便喂奶和照顾，不用抱来抱去，殊不知，家长与宝宝同床睡，有不少弊端。父母睡得太沉，宝宝易被大人不小心压住，或者被厚重被褥堵住口鼻，导致呼吸不畅，甚至窒息、发生意外。和孩子同床睡可能会影响夫妻关系，也不利于宝宝独立意识的培养。

一些家长担心过早与宝宝分床睡会令宝宝的需求和安全感缺失，不利于宝宝的心理健康。其实大可不必太担心，分床睡不一定会导致宝宝的需求得不到满足。只要在宝宝需要的时候家长能及时出现，并适时满足他饥饿、口渴、温度不适、更换尿布或者亲密接触等各种需求就可以了，这样大人也可以充分休息。

二、　与宝宝分床睡的好处

分床睡有利于从小培养孩子的独立意识，促进心理成熟；鼓励孩子培养生活自理能力，帮助其形成独立健康的人格。父母与孩子分床睡能有效把宝宝及父母的"私人空间"区分开来，保障双方睡眠质量和睡眠时间。

宝宝在独处或没有大人协助时能够自己学着去做一些事情，比如自己跟自己玩耍，和自己说话，自己整理玩具等。这些独立意识的培养建立可以防止宝宝对父母的过度依赖，令他们在成长的过程中较快去适应孤独寂寞的周围环境，心态比同龄人更加乐观和健康。

三、　与宝宝分床睡的准备

一些家长已经具备了与宝宝分床睡的想法，但实践时就会遇到各种困难和阻挠。其实，分床睡并不那么难，小宝宝可以和父母在一个房间，家长们应从软件和硬件两方面做好分床睡的充足准备。

1.　营造舒适、安全的睡眠小环境

宝宝房间的布置要符合年龄特点，可根据宝宝的喜好把其睡觉的小床周围装饰得童趣温馨，同时应具备围栏等防护设备，防止宝宝坠床。

2.　逐渐培养宝宝规律的作息习惯

宝宝出生以后，规律的饮食、生活、睡眠习惯要靠家长逐渐引导培养，宝宝并不能自己自然形成。建议父母有计划、有目的地引导宝宝建立科学、合理的作息规律和睡眠习惯，养成相对固定的入睡时间，坚持固定的睡眠节奏和睡前仪式（如睡前洗澡、喂奶、亲吻晚安等），坚持晚间喂完奶就送回小床，一旦习惯养成，就不要轻易改变。

3. 掌握好与宝宝分床睡的最佳时机

宝宝3~6月龄时，妈妈身体逐渐恢复，宝宝还没有形成强烈的依赖感，也没有形成自己的睡眠习惯，培养起来比较容易。这时宝宝可以和父母同睡，分床不分屋，小床紧挨或靠近大床，设好围栏，防止宝宝运动能力提升后坠床或"越界"。

睡眠时应熄灯，小夜灯仅在父母起夜等必要时使用。宝宝睡着后30分钟内，这个时期宝宝最容易醒，建议陪睡的大人在相邻的大床上躺平装睡，这样更有助于宝宝入睡。尽量减少发出声音，更不要急于离开宝宝所在的卧室。陪睡者应尽量固定，这样宝宝会更快建立睡眠习惯，也更有安全感。

第三节
二孩父母如何养育孩子

二孩家庭如何养育孩子？这个问题之所以受到如此密切的关注，是因为在从一孩家庭过渡到二孩家庭的过程中，父母的角色发生了变化，这些变化可能会让父母感到难以应对。如果不能同时兼顾两个孩子的需求，不仅会对孩子的身心产生影响，也会影响父母自身的心理健康。比起一孩父母，二孩父母尽管已有一些相同的经历，但由于每个孩子都具有独特性，所以父母将不得不面对许多新的经历和挑战，这使得父母面对两个孩子时遇到的情况将更为复杂。

对这些家庭来说，获得二孩家庭教育的相关知识尤为重要。

1. 提供积极温暖的成长环境，摒弃消极的养育模式

父母应尽力为大宝、二宝提供积极温暖的成长环境：给孩子提供良好的物质保证，并且多鼓励、赞扬，帮助他们建立和谐的同胞关系，促进两个孩子都朝着积极的、相互适应的方向发展。如果父母为两个孩子提供消极的养育模式，如经常批评、打骂等，不但会阻碍同胞关系的发展，影响同胞之间亲密关系的建立，并且可能会导致两个孩子出现心理健康问题或行为问题。

2. 父母双方相互支持

父母的心理压力会降低对孩子需求的关注度，降低协商的能力，最终导致不恰当的养育行为的出现。因此在二孩家庭中，父母双方应相互支持、相互配合，尽量避免互相唱反调。

3. 总结养育"大宝"的经验，调整改进后养育"二宝"

在养育大宝的过程中，父母学到了一些养育孩子的经验，比如喂养、辅食添

加、建立饮食生活习惯、学习教育等。在带养二宝的过程中可以对以往的经验进行总结，分析哪些经验是有用、有价值、省力的，哪些还需要调整和改进。这种"取其精华，去其糟粕"的方式能提升带养孩子的效率。

4.　尽量消除"差别对待"

值得注意的是，在二孩或者多孩家庭中，父母对待孩子的方式总是不同的，没有两个孩子会经历完全一样的养育环境，而这往往体现在父母对两个孩子是否存在"差别对待"。差别对待，其定义是父母在情感、投入或者管教等方面更多地指向某个孩子，而更少地指向另一个孩子的方式。比如很多家庭在二宝出生后，父母把更多精力放在了二宝身上，客观上导致大宝被忽略，大宝就会有种被抛弃的感觉。如果父母长期不能做到公平公正，大宝的负面情绪积累到一定程度，会引起较多心理行为方面的问题。因此，二孩父母要注意照顾大宝的情绪，尽量消除"差别对待"。除了吃穿等物质方面要做到两个孩子一视同仁外，对两个孩子的情感态度也要一样，在照顾二宝的同时，要特别留出时间陪大宝，保证平等的关注，让大宝也感受到爱和安全感。

5.　协调同胞关系

两个孩子发生矛盾冲突时，父母的解决方法可以分为三类：

不卷入：父母告诉孩子们要自己去解决。这种方式对同胞之间的亲密性要求较高，因而只对原本相处比较好的同胞适用。

干预：父母介入并解决问题。这是最常见的处理方式，但容易加剧同胞冲突的发生，不利于同胞关系的改善。

指导：父母给出如何解决问题的建议，类似于我们常说的"授人以鱼，不如授人以渔"。这种方式对于儿童期正在学习新的社会技能的同胞来说比较适用。

具体来讲，在二孩到来之前可与大宝多沟通，让其有思想准备；可以带大宝与其他二孩家庭多接触，感受弟弟妹妹带来的乐趣；或者通过阅读关于同胞故事的绘本，让大宝了解这个自然过程；让大宝全程参与到二宝的孕育过程当中，提升其自豪感和责任感。

二宝出生后，父母可以让大宝参与到养育二宝的过程中，做力所能及的事。比如让大宝一起参与装饰婴儿房间；在购买婴儿用品时，给大宝一些机会为弟弟妹妹选择婴儿用品的颜色和款式；帮父母给二宝洗澡、换洗衣服，学习给二宝喂饭、讲故事；和二宝一起玩耍等。实践过程中，父母及时给予大宝肯定和鼓励会让其获得参与感，确立存在感，增加自豪感，逐渐建立同二宝的正向同胞关系。

6. 充分考虑儿童自身特点

　　每个孩子的年龄、性别、气质、性格特点可能都会不同，因此父母的养育方式也应因人而异。有研究发现，在跨性别同胞组合（一男一女组合）中，父母对男孩的投入明显低于对女孩的投入，这类男孩更容易出现外显的行为问题，也更容易得到父母更多的消极养育行为，如严厉批评、惩罚等。因此，父母可多了解儿童心理行为特点，对两个孩子的养育也应"因材施教"。

　　总之，"二孩"的到来，改变了家庭的环境，可在一定程度上克服家长对独生子女的过度关注和溺爱，使家庭教育更加回归理性。父母要注意孩子的心理健康，做到科学育儿，使每个孩子都健康、幸福地成长。

第七章

1~3月龄常见的医学问题

第一节
疫苗接种

一、 免疫规划疫苗和非免疫规划疫苗

根据《中华人民共和国疫苗管理法》，疫苗分为免疫规划疫苗和非免疫规划疫苗。免疫规划疫苗是指居民应当按照政府的规定接种的疫苗，包括国家免疫规划确定的疫苗，省、自治区、直辖市人民政府在执行国家免疫规划时增加的疫苗，以及县级以上人民政府或者其卫生健康主管部门的应急接种或者群体性预防接种所使用的疫苗。免疫规划疫苗是政府免费向居民提供的疫苗，如卡介苗、乙肝疫苗、脊髓灰质炎疫苗、百白破疫苗等（表3-4）。非免疫规划疫苗是指居民自愿接种的其他疫苗，需要居民自费接种，如轮状病毒疫苗、水痘疫苗、流感疫苗、肺炎疫苗等。非免疫规划疫苗包含免疫规划疫苗没有覆盖的疾病范围。

表 3-4　1~3月龄宝宝的免疫规划疫苗接种表

月龄	疫苗	剂次	可预防的传染病
1月龄	乙肝疫苗	第二剂	乙型病毒性肝炎
2月龄	脊髓灰质炎灭活疫苗	第一剂	脊髓灰质炎
3月龄	脊髓灰质炎灭活疫苗	第二剂	脊髓灰质炎
	百白破疫苗	第一剂	百日咳、白喉、破伤风

资料来源：《国家免疫规划疫苗儿童免疫程序及说明（2021年版）》。

二、 接种疫苗前的注意事项

1. 凭证接种疫苗

家长一定要记得带上宝宝的预防接种证（接种本）去接种，以便医生及时登记接种信息，预约下次接种的时间。

2.　告知既往病史

　　如果宝宝有先天性心脏病、肝肾疾病、活动性肺结核、化脓性皮肤病、急性传染病或有过敏史、惊厥史等，都应主动告知医生并询问是否需要推迟预防接种时间。

3.　告知近况

　　如果宝宝在接种前几天有发热、咳嗽、皮疹、腹泻等症状，也一定要告知医生。

4.　生活准备

　　接种前一天可以为宝宝洗个澡，接种当天让宝宝吃饱奶，穿着宽松易穿脱的衣物。

三、　接种疫苗后的注意事项

1.　接种疫苗后棉签按压针眼几分钟不出血便可将棉签拿开，不要按揉接种部位。

2.　口服脊髓灰质炎疫苗或轮状病毒疫苗，前后半小时内不要喂奶或吃热的东西。

3.　接种后一定要在指定区域留观 30 分钟，有异常反应及时告知医生查看。

4.　接种疫苗当日回家后要注意宝宝的护理，给宝宝多饮水、适当增减衣物，以及注意饮食卫生。

5.　接种疫苗当日回家后尽量不要给宝宝洗澡，注意保持接种部位的清洁。

6.　接种疫苗后的几天内要观察孩子有无发热、皮疹、食欲减退等症状，及时对症处理或就医。

第二节

健康检查

为了保障宝宝的身心健康，从宝宝出生开始，国家就开始为每一个小宝宝提供免费的健康检查服务。这项服务对家庭和小宝宝来说是至关重要的。按时带宝宝体检，不仅能有效评估宝宝的生长发育和健康状况，还能及时发现潜在疾病和发育迟缓问题，进而进行有针对性的调整和干预，为宝宝的健康保驾护航。

　　当宝宝满 1 月龄时，家长除了为宝宝庆贺"满月"，还一定要记得带宝宝到社区卫生服务中心进行疫苗接种，同时进行体检。体检内容具体包括：

1.　医生询问宝宝一般情况：如喂养、睡眠、大小便及有无患病等情况。

2.　　体格测量及评价：体重、身长、头围及相应的评价。

3.　　常规查体：精神状态、面色面容、皮肤、囟门、眼睛耳朵外观、心肺、腹部（包括脐带脱落情况）、肛门及外生殖器、脊柱、四肢肌张力、髋关节等。

4.　　医生在宝宝的喂养、护理及疾病预防方面指导家长。

5.　　完成体检记录、体检单，预约下一次社区卫生服务中心健康检查时间。

　　　　除了满月时在社区卫生服务中心进行的体检，在生后 6 周左右，宝宝还要和妈妈一起前往生产医院进行一次非常重要的体检，就是大家常说的"42 天体检"。

　　　　为什么选在生后 6 周左右进行一次更为全面的体检呢？一方面是因为宝宝在新手爸爸妈妈的照顾下度过了一个多月的时间，医生们要检查新手爸妈们在喂养和护理上有没有错误和不合适的地方，如果有会及时纠正。另一方面，很多有未诊断出的潜在先天性疾病的宝宝在这一时期可能会表现出相应的症状和体征，比如心脏杂音、生殖器畸形等，可以及时诊断和干预。

　　　　那么"42 天检查"包含哪些检查项目呢？除了体重、身长、头围的测量和囟门、皮肤、口咽部、心肺腹部、生殖器等部位的查体，医生还要对宝宝的动作反应和肌张力进行测评。听力筛查未通过的宝宝也要在这一时期进行复查。医生们还会询问宝宝吃奶、吐奶、大小便的情况等，并对新生儿父母宣传育儿和护理知识，指导产妇正确哺乳。

第三节

宝宝偏头怎么办

　　　　让宝宝有个完美头型是每个父母的愿望，但宝宝出生后，由于父母缺乏经验或其他各种各样的原因，会出现偏头的情况。**作为爸爸妈妈，这时该如何帮宝宝预防偏头和打造饱满对称的头型呢？**

　　　　宝宝偏头的常见原因较多，多胎妊娠的妈妈宝宝在宫内生长空间受限，宝宝在出生时受到一些外力作用，或是出生后睡姿持续不变等都容易出现偏头。一般来说，偏头和长时间保持一个睡姿有很大关系。为了让小宝宝有个漂亮的头形，避免出现偏头的情况，在宝宝出生后，家人需要经常变换婴儿睡姿，包括仰卧位、左侧卧位、右侧卧位，在宝宝清醒、有大人看护的时候，也可以让宝宝采取俯卧位的姿势，但注意不要长时间平躺。等到再大一点，2 个月左右的时候，宝宝的头部可以自由转动了，宝宝就不依从大人的意愿，会按照自己的选择偏好自由决定头的朝向。睡觉时，宝宝喜欢朝着妈妈的方向睡，清醒时喜欢看人脸，看小床周围装饰的物品，尤其是颜色鲜艳的物品。这时父母可经常帮宝宝调换一下床周围的环境布置，以及妈妈和宝宝睡觉的位置，比如轮换床头、床尾睡觉，或是改变周围装饰物品的位置等，让宝宝头部的姿势经常调换，避免固定不变。

如果宝宝已经出现了偏头，需要尽早帮宝宝纠正头形。纠正的最佳时期是在宝宝出生后的 3 个月内，年龄越小，颅骨的可塑性越大，头形矫正也更容易。建议家长们尽早根据宝宝头形发育情况来调整睡姿。如果宝宝的头部左侧扁平，右侧突出，需要让宝宝尽量脸朝右侧睡觉，反之亦然。哺乳时妈妈也要注意变换姿势，左右交替。

还有一种偏头的情况，多发生在早产宝宝或出生后长期住院的宝宝身上，表现为后脑勺扁平，这时应该尽量减少宝宝平卧的时间。家长日常看护时，要帮助宝宝多采取侧卧或俯卧位，避免物品掩盖口鼻。在进行这些姿势矫正的同时，可以考虑用一些物品帮宝宝固定头部，在头部一侧放上较软的矮枕头，或利用帽子、小毛巾等，使头部固定在相应位置。

绝大多数在早期进行姿势矫正的偏头宝宝都会获得非常有效和明显的效果。如果宝宝 3 个月后还是存在明显的偏头，通过姿势矫正又不能很好地改善头型时，可以在专业人士指导下，选择佩戴矫形头盔来纠正。

当家长发现平躺的宝宝脸总是朝着一个方向，除了考虑习惯性姿势外，还要注意排查宝宝是否存在斜颈或其他问题的可能，尽早带孩子去看医生。

第四节
宝宝是不是腹泻了

在照顾 1~3 月龄宝宝的时候，爸爸妈妈可能会发现宝宝每天排便好几次，并且大便很稀，还有可能混有小颗粒样的东西。这时候不免会有些担心："我的宝宝是拉肚子了吗？是不是有点消化不良呢？还是得了肠炎？"

要想知道这个问题的答案，首先应该了解一下宝宝的正常大便是什么样子。

一般来说，宝宝的大便因喂养方式不同，颜色、质地和频率都有所差别。母乳喂养的宝宝往往比配方奶喂养的宝宝大便次数多一些，性状也偏稀一些。实际上，6 个月以内的小婴儿，大便的颜色、形态是千差万别的。即便是同一个宝宝采用同一种喂养方式，大便的形态也是不固定的，有时呈均匀的糊状，有时会混有一些不消化的奶瓣；大便颜色有时呈金黄色，有时呈黄绿色；大便里的水分也会有时多，有时少。大便的次数也有个体差异，多数宝宝一天排便 2~3 次或 4~5 次，有些母乳喂养的宝宝每天大便次数可达 6~7 次，甚至更多一些，有时每次喂奶时或一用力就会有大便排出；而也有一些宝宝可能 1~2 天才排便 1 次。一般情况下，只要宝宝精神状态好，身长体重增长好，大便里没有黏液和血丝，不影响宝宝的生长发育，这些就不算是腹泻，爸爸妈妈们不用过度担心，也不需要特殊的治疗。随着宝宝月龄的增加和辅食的添加，绝大多数宝宝大便的次数会逐渐减少，其性状也会逐渐趋于成形便。

那么，宝宝的大便在什么情况下考虑是异常的呢?

要判定是否是疾病引起的腹泻，除了观察大便的性状之外，宝宝的精神状态和身长体重增长情况也非常重要。如果宝宝大便稀的同时，还伴有发热、精神弱、呕吐等表现，或是宝宝的大便突然之间变得特别稀，大便里混有黏液或血丝，那么可能就是某些"疾病"引起的腹泻，家长就需要尽快带宝宝到医院去诊治了。

第五节
卵圆孔未闭该怎么处理

卵圆孔? 很多人对这个名词非常陌生。如果小宝宝被检查出心脏卵圆孔未闭，爸爸妈妈往往不知所措，充满了焦灼担忧："宝宝的心脏是不是没有长好? 是不是需要做手术?"

首先我们来了解一下宝宝心脏的结构。

可以想象一下，宝宝的心脏像一座小房子，在这个小房子里，一共有四个房间，分别是左心房、右心房、左心室、右心室。卵圆孔是位于左心房和右心房之间的一个小开口。在宝宝还在妈妈子宫内生长的时候，这个开口是开放的，可以让血液在左心房和右心房之间流动，这也是宝宝胎儿期发育必要的一个生命通道。宝宝出生后，血液在这个小房子内的流动路线发生了变化，也就不再需要这个开口作为生命通道了。因此，多数宝宝在出生后不久卵圆孔就会自行闭合，出生后 1 年内绝大多数宝宝的卵圆孔都会闭合。

在 1 岁以下的婴儿期，宝宝的卵圆孔未闭是正常的生理现象，不算是先天性心脏病，也不需要做手术，只要注意定期复查可以了。

虽然大部分宝宝的卵圆孔会在生后第一年内逐渐闭合，但也有少数宝宝的卵圆孔一直未闭合。虽然卵圆孔未闭多无症状，但近些年的研究显示，一直未闭合的卵圆孔可能与成年后的一些系统疾病存在相关性，如缺血性脑卒中、肺栓塞、偏头痛等。目前，对于这类一直未闭的卵圆孔的治疗仍是一个有争议的问题。如果宝宝在3岁之后卵圆孔仍然没有闭合，家长需要咨询心脏外科医生，结合宝宝的情况和检查来决定下一步的方案。

第六节

肠绞痛

肠绞痛一般发生在生后1个月左右。这时，很多之前醒了吃、饱了困的睡眠"小天使"可能突然之间变成了"小恶魔"，开始哭闹，哭起来声嘶力竭、脸红脖子粗，甚至嘴巴周围变白、手脚变凉。有时候虽然不哭闹，却总是一阵阵地"吭吭哧哧"全身使劲、蹬腿、身体扭来扭去，小脸憋得通红，尤其是肚子摸起来鼓胀鼓胀的，无论爸妈如何哄抱或喂奶都没用，直到哭得精疲力竭才逐渐停止，或在排气、排便后才缓解，之后恢复正常，照常吃喝和玩耍，但到了第二天又会卷土重来。

仔细观察几天，会发现宝宝的这种哭闹或是烦躁似乎在每天的固定时间段重复出现，像上了定时器。看着宝宝这么痛苦，爸妈不免忧心忡忡、焦虑不安，到医院检查后发现一切都"很正常"。宝宝的体重增长情况不错，所有的检验结果正常，这时候就要考虑"婴儿肠绞痛"的可能。

什么是婴儿肠绞痛呢？

肠绞痛是一部分婴儿生长发育过程中出现的一种生理现象，而不是疾病，主要表现为健康宝宝出现长期的哭闹或难以安抚的烦躁行为，一些医生也用"过度哭闹"或是"肠胀气"来描述。婴儿肠绞痛的表现有：

1. 宝宝症状开始和停止的月龄段在5月龄内。
2. 宝宝出现反复、长时间的哭闹、烦躁或易激惹（"烦躁"指的是间断地不良发声，是一种"不完全像是在哭，但又不清醒的行为"，很多时候，婴儿的表现往往介于哭闹和烦躁不安之间），且均无明显原因，无法预防或自行缓解。
3. 宝宝无生长迟缓、发热或生病的迹象。

肠绞痛的病因至今仍不明确，它可能是多种因素作用的共同结果。婴儿肠绞痛的可能原因有：

1. 喂养技巧不当：喂养不足、过度喂养、喂养时吞入了过多的空气。
2. 机体发育不成熟：婴儿神经系统、消化系统和调节机制尚未成熟。
3. 肠道菌群失调：一些研究认为过度哭吵可能和肠道菌群失调有关。
4. 乳糖不耐受或牛奶蛋白过敏。
5. 宝宝气质："难养型"宝宝敏感性高，生物节律性差，更容易发生肠绞痛。
6. 父母因素：家庭压力、母亲焦虑等与婴儿肠绞痛相关。

　　肠绞痛的宝宝可能会哭个天昏地暗，令爸妈感到疲惫不堪、内疚和沮丧，但爸爸妈妈们不要过于担忧。肠绞痛一般不会影响宝宝的发育，随着宝宝长大，肠绞痛会逐渐好转，这个过程中最有效的治疗方法就是等待。过了 4 个月，肠绞痛就好得差不多了。到了 5 个月后，基本所有的上述症状都已经得到缓解。

　　父母可以采用一些技巧和方法来帮助宝宝缓解当下的不适。

一、 安抚及护理

1. 正确喂奶

　　如前所述，母乳喂养的妈妈在喂奶时要让宝宝含住乳头和大部分乳晕；奶瓶喂养要注意奶嘴孔的大小，避免流速太快，喂奶时应保持奶瓶中的空气在底部，而不是在奶嘴的区域，以减少喂奶时吸入大量的空气。喂奶后一定要把宝宝竖抱起来轻轻拍嗝，让宝宝把在吃奶时咽下的空气排出来。正确喂奶对有肠绞痛的宝宝尤其重要，所以再强调一遍。

2. 按摩宝宝的腹部

　　可以帮宝宝轻轻地按摩腹部，按摩的时候以肚脐为中心，沿顺时针方向进行，这种按摩不仅能让宝宝感到舒适，也能增加宝宝的安全感。

3. 保持舒服的体位

　　给肠绞痛宝宝的腹部给予一定的压力，有利于消化道内气体的排出，宝宝会感觉舒服很多。父母可以试着帮宝宝采取几种舒服的体位：竖抱宝宝，或者让宝宝趴在大人的身上或床上，或趴在大人的手臂上（俗称"飞机抱"）（图3-4）。

图 3-4　"飞机抱"示意图

在宝宝趴着的时候一定要注意安全，避免因为堵塞鼻孔引起窒息。

也可以尝试一下襁褓包裹法，用大的方巾将宝宝轻轻包裹起来，给宝宝类似在妈妈肚子里的感觉，宝宝身体上的不适会相应地减轻。须注意，襁褓包不等于"蜡烛包"，在打襁褓时不要把宝宝的两条腿紧紧地压在一起，而要给宝宝的小腿留下自由伸展的空间，否则会影响宝宝髋部的发育。同时，抱着宝宝轻轻摇摆、转动，也可以将宝宝放在婴儿摇篮或婴儿秋千内轻轻摇晃，让宝宝产生类似于在子宫内时的摇晃感觉。要注意保护好宝宝的头部或颈部，千万别大力、大幅度地摇晃，以免对大脑或颈椎造成伤害。

4.　播放白噪声

尝试使用"白噪声"，比如真空吸尘器、衣物烘干机、洗碗机、商业化的白噪声生成器等，可能会让宝宝安静下来。使用的时候要将声源尽量放在远离婴儿的位置，播放时音量不要太大，每次播放时间不宜太长，以最大限度地减少白噪声对宝宝听力或听觉发育的潜在不良影响。

二、　药物治疗

1.　西甲硅油

西甲硅油可以改变宝宝消化道内气泡的表面张力，使气泡分解，释放出的气体可被肠壁吸收，并通过肠蠕动更快地排出体外。对于西甲硅油在肠绞痛治疗中的有效性如何，目前的研究还没有确切的结论。如果宝宝肠绞痛非常严重，在尝试了以上各种非药物方法后仍感到难以应对，家长也可以尝试在医生指导下使用西甲硅油。

2.　益生菌

益生菌可能对肠绞痛有一定缓解，有理论建议给宝宝用益生菌。但是，益生菌是否能缓解所有宝宝的症状，以及具体作用有多大，目前并无统一定论。如家长考虑应用益生菌，建议先征求儿科医生的建议，结合宝宝的具体情况来决定。

大人的情绪也会直接影响宝宝的状态，如果尝试了各种方法后还是感到非常焦虑或不堪重负，千万不要独自一个人承担，可以到儿科保健医生或是心理医生那里寻求帮助。如果宝宝有比较明显的拒奶、呕吐、腹泻或是大便带血、体重或身长增长慢，往往是伴有器质性疾病或喂养方法不当引起的，这种情况需要及时带宝宝到医院查找潜在的原因，并及时治疗。

1~3 月龄的小宝宝由于自身的体温调节机制还不完善，容易受多种因素的影响而出现体温升高，也就是发热的情况。比如在哭闹、吃奶后体温会高一些，包裹太厚、房间内过热时也会出现体温升高，但这些并不是真正的发热，一旦让宝宝安静下来，给予合适的温度环境，宝宝的体温便能较快地恢复正常。因此，在给宝宝测体温的时候，要注意周围环境的温度不要过高或是过低，并且要在宝宝安静的状态下进行。

宝宝发热了该怎么办？

实际上，3 个月以内的宝宝体内有从母体带来的保护性免疫球蛋白，可以抵御一般病原微生物的入侵，很少因感染而发热，即使出现发热，体温也不会太高。

新生儿和 1~3 月龄婴儿发热应减少穿着的衣物、打开包被进行散热，每 15~30 分钟监测体温，较少使用温水外敷额头、退热贴等方法降温。2 个月以内的宝宝体温中枢还没有发育完全，一般不建议用退热药，除非有医生的处方，否则不要擅自给宝宝喂非处方退热药。此外，也不推荐使用乙醇擦拭，因擦拭后乙醇蒸发可引起快速皮肤降温导致寒战；也存在乙醇经皮肤吸收引起中毒的风险。如果宝宝体温超过 38.0℃，或是出现了明显呛奶、精神弱或烦躁不安、呼吸加快、频繁咳嗽的情况，提示宝宝存在感染，需要尽快带宝宝就诊。

宝宝因各种情况需要用药时，给宝宝喂药可能是一件让父母感到棘手又头痛的事情。掌握一些小的方法和技巧，会让大人轻松不少。

一、 喂药时间的选择

如果是处方药，需要按照医生的医嘱来决定什么时候喂药、每天喂几次。如果处方上简单地写着一天两次或是一天三次，那么这种药没有太严格的时间限制，可以选择在白天时间段内分成早晚两次，或是早中晚三次用药。如果医生的医嘱是每 12 小时一次，或是每 8 小时一次，父母就需要严格计算好并按照固定时间来喂药了。如果是非处方药，喂药的时间需要按照说明书进行。关于喂药的时机，是在喂奶前或是喂奶后一段时间，还是与奶一起服用，都需要听从医生的建议。

二、 不同药物剂型的口服方法

1~3月龄的宝宝最常用的药物剂型通常是液体型，其他还有混悬液、散剂、颗粒剂、片剂等。液体型药物服药方便，直接喂服即可。一些散剂或颗粒剂的药物需要加水搅拌后服用，片剂的药物需要碾碎至粉末后再加水服用，混悬液药物一定要摇匀后再喂药。

三、 喂药小技巧

目前，很多儿童药物考虑到口感的问题，做成了宝宝可以接受的味道，比如水果味、奶味等。这些药物多是独立包装的小胶囊，或是配有专门的滴管，服用前直接把胶囊剪开或是直接用滴管吸取药物喂到宝宝嘴中就可以了。如果宝宝在喂药时特别不合作，就需要动一番心思了。

选择一种合适的喂药工具。小勺是一种传统的喂药工具，但不便于测量药量，而且容易洒，家长可以考虑使用喂药器。喂药器其实是一个类似针管的设计，药液吸进去之后不易洒出来，而且可以比较精确地控制药物的量，有滴管式和奶嘴式的，喷出的管口比较小，宝宝也更容易接受。

喂药时，最好能有一个帮手帮忙固定宝宝，另一个人来负责喂药，两个人协作会更轻松，也更容易成功。帮手把宝宝抱在怀里或者让宝宝采取半卧位，头侧向一边，适当固定宝宝的手脚；喂药的人可以用左手拇指和示指轻轻捏着宝宝的两颊，让嘴巴张开，用右手拿喂药器取适量药液后，紧贴着宝宝口角送入口内，将管口放在宝宝的口腔颊黏膜和牙床之间，按照宝宝的吞咽速度慢慢滴入，待宝宝把药咽下后再拿出喂药器。喂药后可以给宝宝喂少量温开水以冲淡药味，再将宝宝抱起来轻拍背部，以免呕吐发生。

如果喂药过程中宝宝发生呛咳，需要立刻停止喂药，将宝宝侧卧，清除口腔内尚未咽下的药物，以免药液呛入气管。

如果宝宝服药后立刻吐出，可以等宝宝平静后再喂一次；如果宝宝服药十几分钟后吐出，是否需要补服药物就需要根据药物的吸收特点和宝宝的具体病情来考虑决定了。对于剂量要求特别精确的药，比如治疗心脏病或是哮喘的药，吐药后是否补服有必要咨询医生。

<table>
<tr><td>第九节

隐睾怎么办</td><td>如果家有男宝宝，在出生时没有摸到睾丸，请不要惊慌，通过阅读本节内容，父母可以了解有关宝宝"蛋蛋"的重要知识。</td></tr>
</table>

一、 什么是隐睾

正常情况下，睾丸存在于男宝宝的一个叫作"阴囊"的皮肤囊袋中。如果男宝宝的睾丸不在阴囊内，就是我们常说的隐睾了。隐睾多数是由于睾丸未降，也有少部分是由睾丸缺如或其他原因造成的。在胎儿初期，男宝宝的睾丸是位于腹腔下部的，到了胎儿后期，睾丸就通过一个叫作腹股沟管的通道逐渐下降到阴囊内。睾丸未降是睾丸正常降入阴囊过程的突然中断，睾丸可能停留在腹腔内，也可能在腹股沟管中或其他部位。在足月的男宝宝中，隐睾的发生率约 2%~4%，早产宝宝的发生率会更高一些。大部分宝宝的隐睾是单侧的，也有少部分是双侧的。

二、 如何判断宝宝是否存在隐睾

男宝宝出生后，一定别忘了检查宝宝的阴囊。正常的宝宝，双侧阴囊看上去是对称且稍饱满的，用手去触摸会在两侧各摸到一个花生米大小的睾丸。相反，如果宝宝的双侧阴囊看上去不对称，一侧能摸到睾丸，另一侧却空空的，这就是单侧隐睾；如果宝宝双侧的阴囊看上去都比较扁平，也都摸不到睾丸，这就是双侧隐睾。

在检查宝宝睾丸的时候，需要注意室内温度不宜过低，检查者的手也必须是温暖的，因为在受到寒冷刺激的时候，宝宝的睾丸会自动回缩到阴囊上方，这可能会影响判断。如果不能确定，家长也可以请医生来检查宝宝的睾丸。

三、 隐睾需要处理吗

如果出生后发现宝宝存在隐睾，需要先到医院进行初步评估，以寻找隐睾的原因。如果是睾丸未降造成的，绝大多数会在出生后 3~4 月内完全下降；到 6 个月后，睾丸继续下降的机会就明显减少了；到 1 岁时，大约有 1% 的男宝宝仍存在睾丸未降的问题。因此，如果 6 个月后睾丸仍没有下降到阴囊内，可能就需要外科治疗了。

目前的一线治疗是通过手术把睾丸固定到阴囊内，最佳手术时间是 2 岁之前。如果是由睾丸缺如或其他原因造成的隐睾，需要结合专科医生的建议进行相应的处理。

四、 隐睾不治疗有什么后果

睾丸是男性的生殖细胞生成的场所。一般来说，阴囊的温度比体温要低 1.5~2.0℃，这一温度是保证睾丸和生殖细胞发育的必要条件。如果睾丸停留在其他部位，就会因为局部温度较高，不适宜睾丸和生殖细胞的发育。如果男宝宝的睾丸一直不下降或是治疗太晚，就会引起睾丸发育不良而影响成年后的生育能力。此外，隐睾还容易发生恶变、扭转或是外伤。所以，如果宝宝 6 个月后还存在睾丸未降，父母一定不要拖延，要及时到泌尿外科就诊，不要错过最佳干预和手术时机。

第八章

常见育儿问题

宝宝又哭了！宝宝一啼哭，家长首先想到的是宝宝是不是饿了，但很多时候却发现宝宝拒绝进食，这时家长要多多了解宝宝哭声背后的含义。

除了表达声音、情绪等，婴儿哭闹常见原因见表3-5。

表 3-5　婴儿哭闹的原因及常见表现

原因	常见表现
饥饿	平缓且持续的哭声，触其嘴角，出现转头寻找奶源，喂奶后哭闹停止
不舒适、疲乏	一般在受到冷热刺激、衣着不适、极度疲乏、环境过吵或蚊虫叮咬等情况下出现，哭声初起较大，之后变小，伴全身躁动不安，哭闹在去除不适因素可有效得到安抚
患病、疼痛	突然出现阵发性剧烈哭闹，伴面色苍白、冷汗，常提示可能有肠套叠或肠绞痛；如接触食物哭，考虑鹅口疮或舌咽部炎症；长期夜间哭闹，伴易惊、多汗可能与营养不良、维生素缺乏有关，都需要及时就医
情感要求	当亲人不在身边或失去喜爱的玩具时出现，起初哭声洪亮，之后减弱，声泪俱下，待情绪稳定后哭闹停止
目的性假哭	多见于1岁以上幼儿，以达到某一目的采取的方式，哭声忽大忽小，间歇性观察带养人的回应

聪明的爸爸妈妈都是宝宝哭声的"翻译家"，能够从他们不同的哭声中辨别出不同的含义。美国心理学家T. 贝里·布雷泽尔顿（T. Berry Brazelton）研究发现，生后2周，婴儿每天啼哭总计2小时；生后6周达高峰，每天啼哭总计3小时；生后3个月时，每天啼哭总计1小时，且多发生于傍晚时分。一般来说，宝宝的哭闹的原因包括生理性、心理性和病理性三个方面。

一、 生理性哭闹

刚刚脱离母体的新生儿通过洪亮的哭声来表明自己的存在。啼哭同时也让宝宝被动增加了胸廓活动，建立自主呼吸。这时，哭是宝宝的本能反应，哭声有力、均匀，有一定规律。

当宝宝饥饿时，可出现持续的哭声，用手指触及嘴角，宝宝会转头寻找乳头，待喂奶后啼哭停止，吃饱后会满足地入睡。人工喂养的宝宝，在食物太热或周围环境太嘈杂时也会哭闹，这时若将宝宝食物温度调整至合适或将其抱起换个环境，哭声会随之停止。

若宝宝受到突然的冷热刺激，或感觉衣服布料不舒适、被褥包裹太紧，或有尿布湿了、被蚊虫叮咬等情况发生时，也会引起啼哭，这时哭可能是宝宝在"求助"。这种哭声特点是初期哭声较大，之后逐渐减小并伴全身扭动。父母要对宝宝的"求助"信号做出判断和正确回应，如及时更换尿布、保持环境温度适宜和安静、抱在怀里予以轻柔地抚摸安慰，以期有效地缓解哭闹。

二、 心理性哭闹

当依恋的人走开或失去心爱的玩具时，宝宝也会哭闹。这种哭闹的特点是开始时哭声洪亮、声泪俱下，之后逐渐减弱，并伴有伤心的表情和懒散的情绪。如果及时将宝宝抱起，可使其情绪逐渐平复，心情恢复愉快。部分父母因不了解婴儿的具体需求，就索性完全不理会宝宝或尝试安慰无效后转而发怒，这反而会加重宝宝哭闹的发作，从而形成恶性循环，不利于其身心健康的发展。

三、 病理性哭闹

当各种原因引起宝宝不适、疼痛时，宝宝会哭闹不安。在患病初期，尚未出现临床表现和体征时，啼哭往往是疾病的最早表现，家长不可忽视和错过这一重要信号。

比如，宝宝突然出现阵发性地剧烈哭闹，常伴有不规律的腹痛、冷汗、面色苍白，应警惕肠绞痛或肠套叠的发生；接触乳头或食物后哭闹，应考虑先检查和排除鹅口疮或舌咽部炎症的可能性；如一接触宝宝身体某一部位就哭，应仔细检查皮肤有无破溃、糜烂、肿胀，还应结合活动磕碰情况考虑是否有骨折或脱臼的可能性。婴儿缺乏维生素 D 导致的啼哭往往表现为烦躁不安、易惊多汗，常常发生在夜间。

随着宝宝的成长和心理发育，其哭闹的表达方式和内容都会随之改变。父母需要分析孩子哭闹的特征和规律，采取适当的方式与宝宝沟通，使宝宝在温馨、愉快的环境中茁壮成长，而非一味地依赖喂奶的方式来缓解哭闹。

第二节
母乳不够要加奶粉吗

很多妈妈都会怀疑自己的奶水不够吃，也会有这样的困惑："我的宝宝长得没有别人家宝宝快，是不是因为母乳不足，营养跟不上？"

其实，孩子的身长体重增长并非均速，需要参考生长曲线。确实也有哺乳期妈妈因各种原因奶水减少，这时奶量无法满足宝宝的需求，出现了供求矛盾。那么究竟用不用添加奶粉呢？母乳不足时该怎么办？

大多数母乳不足是由一个或多个原因引起的，这时可以尝试以下方法：

1.　建立信心

"你的宝宝长得没有吃奶粉的宝宝快，为什么不给他吃奶粉呢？""我无法做到完全母乳喂养……"当哺乳期妈妈正在努力建立为自己宝宝进行母乳喂养的信心时，不要轻信这些消极的建议。母乳喂养需要信心。宝宝刚出生不久，对吸吮乳头不适应，妈妈分泌的乳汁不足是正常现象，不必焦虑，应当坚定母乳喂养的信心。宝宝吃得越多，妈妈的乳汁才会分泌得越多，不能主观认为母乳不足就匆忙添加配方奶粉。添加奶粉会减少婴儿对乳头的吸吮刺激，不利于母乳的分泌。

2.　定期监测宝宝体重

可以每周在家完成一次体重监测。如宝宝体重增长不足，应寻求医生或专业人员的帮助，依据生长曲线图，查找宝宝体重不增长或增长慢的原因，而不是盲目地添加配方奶粉。

3.　寻求各方面的支持

向母乳喂养方面的专业人士寻求帮助，指导喂奶和含接的姿势，检查宝宝的吸吮情况；或联系母乳喂养专业机构，如爱婴医院。

4.　和宝宝亲密接触

喂奶时，建议妈妈要与宝宝亲昵地依偎在一起。在喂奶的时候脱下宝宝的衣服，给宝宝喂奶的同时抚摸他、拥抱他。增加皮肤接触可以刺激催乳素的分泌、提高宝宝的觉醒程度，有助于顺利完成哺乳。

5. 增加哺喂次数和后乳摄入

这个年龄段的宝宝可以按需喂养，没有必要限制宝宝的吃奶时间，更不建议硬性规定哺喂的时间。当宝宝吃完母乳看起来很满足时，竖起来抱着拍一拍，将肚子里的空气排出，有助于腾出更多的空间。鼓励宝宝将一侧乳房吃空，这样可使宝宝充分获得含有更多脂肪的后乳。后乳量虽不多但能量较高，可以帮助促进宝宝体重增加。

6. 生活规律，心情放松

母乳喂养期间生活应该规律，避免睡眠不足、过度疲劳。通常说来，早上乳汁会分泌得略多一些，而下午或晚间乳汁会分泌得少一些，这可能与妈妈休息情况和身体劳累程度有关。哺乳期妈妈一定要合理安排作息时间，保证足够的休息和睡眠，才能促进母乳分泌。如果精神焦虑或情绪紧张，泌乳反射可能会受到抑制，建议调整心态，和亲人、朋友多沟通，保持心情愉快。尝试把家务事和其他琐事暂时抛开，把主要精力投入到哺喂宝宝身上。

7. 按摩乳房

喂奶前轻轻地按摩乳房，有助于刺激妈妈的泌乳反射，宝宝一凑上去奶水会自动流出来。喂奶时按压乳房，使乳汁加速向乳头方向流动，可以用这种方式鼓励宝宝吃得久一些。当宝宝吃得慢下来或缺乏兴趣时，用支撑乳房的手按摩乳房，加速乳汁的流动，这时宝宝的吞咽和吸吮会重新变得积极主动起来。

第三节

妈妈生病能喂母乳吗

当妈妈患有某种疾病时，是否还能继续哺乳，有哪些注意事项?

1. 甲型肝炎

在急性期时应隔离，暂停母乳喂养。在隔离期，妈妈应正常挤奶以保证乳汁的正常分泌。婴儿须接种免疫球蛋白，待隔离期过后，在医生的指导下可继续母乳喂养。

2. 乙型肝炎

接种乙肝疫苗是预防新生儿乙型肝炎病毒感染的最有效方法。母亲乙型肝炎表面抗原阳性的新生儿，应在出生后24小时内（最好是生后12小时内）尽快注射乙肝免疫球蛋白，同时接种乙肝疫苗，并于生后 1 个月和 6 个月时接种第二和第三针乙肝疫苗，可显著增强阻断母婴传播的效果。患有乙肝的妈妈在母乳喂养过程中，其乳汁中会有少量乙肝病毒，但通过乳汁传播的风险远远低于分娩时的感染风险。在高效价的乙肝免疫球蛋白和乙肝疫苗的双重免疫下，建议妈妈对宝宝进行纯母乳喂养 6 个月。

特别需要注意的是，当乙型肝炎母亲乳头皮肤破损、出血、伴有浆液性渗出或婴儿有口腔溃疡时，应暂停母乳喂养，待伤口恢复后再继续母乳喂养，以减少婴儿感染病毒的机会。妈妈哺喂前应先洗手再给婴儿喂奶，且婴儿和母亲的用品应做好隔离和定期消毒，毛巾、脸盆、杯子等应独立使用。

3. 上呼吸道感染

母亲患上呼吸道感染时可以继续母乳喂养，每次喂奶时佩戴口罩即可，注意不要对着宝宝咳嗽、打喷嚏等。在服用药物治疗时，应咨询医生。

4. 巨细胞病毒感染

对于早产且母亲巨细胞病毒 IgM 阳性时，暂不建议母乳喂养，须待巨细胞病毒 IgM 转阴且 IgG 呈阳性后，再考虑进行母乳喂养，期间妈妈应定时挤出母乳并丢弃。

5. 单纯疱疹病毒感染

如果妈妈确诊 2 型单纯疱疹病毒感染，那么妈妈病灶活动期侧的乳房应避免哺乳，非患侧可正常哺乳。要避免宝宝直接接触病变部位，以免造成病灶通过宝宝口腔传播。若妈妈患有生殖道单纯疱疹，可以在正确有效洗手的基础上，继续坚持母乳喂养。

6. HIV 感染

"获得性免疫缺陷综合征"又称艾滋病，是由人类免疫缺陷病毒（human immunodeficiency virus，HIV）感染引起的传染病，可通过性接触、母婴和血液三种途径传播。对于 HIV 感染母亲所生的婴儿，我国提出的喂养策略是：提倡人工喂养，避免母乳喂养，杜绝混合喂养。

7. 母乳喂养禁忌证

◇ 半乳糖血症患儿

◇ 母亲患活动性肺结核

◇ 母亲接受放射性同位素扫描或治疗、工作环境中存在放射性物质

◇ 母亲接受抗代谢药物、化疗药物或一些特殊药物治疗期间

◇　母亲吸毒或存在药物滥用

◇　母亲乳房患有单纯疱疹病毒感染

◇　母亲有 HIV 感染

第四节

摇睡宝宝是正确的做法吗

当宝宝哭闹或睡眠不安时，一些父母会将宝宝抱在怀中或放在摇篮里摇晃，如果宝宝哭闹越凶，父母会摇晃得越厉害，直至宝宝入睡为止。这种摇睡的做法是不提倡的，因为婴儿的脑组织尚未发育完善，颅内脑组织易受外力造成损伤。

婴儿脑部水分含量较高，较成人脑部柔软脆弱，出生时大脑重量已接近成人的1/2，而婴儿颈部肌肉力量薄弱，不足以支撑头部，剧烈晃动会使大脑和颈椎受损风险大大增加；婴儿颅内脑组织固定并不牢固，受到强大外力容易晃动，晃动的脑组织中的血管易被"撕裂"，造成脑震荡、硬膜下出血或蛛网膜下腔出血。

宝宝哭闹不能摇睡，那该怎么办呢?

宝宝哭闹不休，的确会让许多父母深感头痛和手足无措。虽然宝宝的哭声会令父母心烦意乱，但是我们必须知道"哭"是婴儿对外沟通的语言，他们只能用不同的哭声来表达自己的各种情感和需求，爸爸妈妈不必因此心烦意乱。建议家长多了解宝宝"哭"的真实含义（详见本章第一节），针对性分析，进而学会安抚宝宝。

父母可帮宝宝按摩背部，通过身体的亲密接触缓解宝宝的情绪，避免抱着摇晃而不慎伤害宝宝。可拿玩具或带宝宝外出散步以转移宝宝的注意力，让宝宝停止哭泣。如果安抚了很久还无法让宝宝停止哭泣，这时最好考虑送医，由专业的儿科医师进行诊治，才能有助于明确和解决宝宝哭闹不止的问题。

第五节

绑腿

我们可能都从老人那里听说过，"给孩子绑腿是民间流传下来的风俗，趁年龄小绑腿能让孩子的腿长得又直又长，还可以预防 O 形腿和 X 形腿。"然而，真是这样的吗?

从科学的角度上来说，绑腿有助腿直这种说法是没有依据、不科学的。根据胎儿生理学和发育的特点，胎儿在妈妈的子宫里时，长时间保持蜷曲的姿势，出生后相当一段时间内，宝宝的小腿看起来不直、不能并拢，这些都是正常的。一方面，宝宝出生后由于屈肌力量占优势，伸肌力量不足，腿弯的状态会维持一段时间。婴儿的腿部弯度也是一种正常的生理弯度，不影响宝宝正常发育。随着宝宝的生长发育、活动增多，小腿会慢慢变直，家长不需要为此烦恼，如果绑腿，反而有害无益。

不建议绑腿是因为它有很多危害：

1. 影响宝宝肢体的血液循环，甚至可能出现血液循环不畅、局部组织坏死的危险情况。
2. 限制了宝宝腿部活动，不利于肢体的发育。
3. 易造成髋关节的损伤。在婴儿期，髋关节还处于不稳定期，如果孩子下肢可以自由活动，当他的腿像青蛙一样外展，股骨头就处于髋臼里。如给婴儿绑腿，将其双腿并齐伸直裹紧或包起来等，都容易造成髋关节脱位或不利于髋关节的发育。

应当明确的是，无论是病理性弯曲还是正常的弯曲，绑腿都起不到"绷直腿"的效果。对于民间流传的"绑腿"这一不科学的习俗，应尽量避免。如宝宝出现双下肢皮纹不对称、臀部不等宽、双下肢不等长、下肢弹响等情况，应及时带宝宝就医，以排除先天性髋关节发育不良等病理情况。

第六节

宝宝手脚凉是穿少了吗

在照顾宝宝时，家长们会经常摸一下宝宝小手，发现手脚发凉就赶快给宝宝多穿一些衣服。虽然这样做手脚发凉的情况有所缓解，但很多时候宝宝又出现痱子、湿疹等问题。那么，宝宝的手脚发凉是穿少了、身体冷吗？需要添加衣服吗？

宝宝手脚发凉通常是正常现象，不能根据手脚是否发凉来判断是不是要给宝宝添加衣物。当外界环境温度发生变化时，人体可通过自身温度调节机制维持机体的体温恒定，婴儿的体温调节中枢一般还不完善，所以裸露在外的手脚温度受环境温度的影响较大。同时，婴儿的心率、呼吸比成人快，血压也比成人低，末梢循环较差，所以宝宝的手脚摸上去总是冰凉的，和冷不冷没有关系。

很多情况下，父母总觉得宝宝穿得太少，担心宝宝冻着了，会给宝宝穿较厚的衣服，这种情形比较普遍。这样，宝宝裹得像粽子一样，行动会不便，活动后出汗又会使衣物变湿，导致宝宝总穿着汗湿的衣物，更容易着凉生病。夏季一旦穿着太多导致热量散发不出去，宝宝还会容易得痱子、湿疹，甚至中暑。

宝宝还不会用语言表达感受，那么爸爸妈妈们应该如何来判断宝宝是否穿得合适呢？这时，可以选择摸摸宝宝的后背或颈部，通常如果这两个部位温度正常且不出汗，就基本说明宝宝穿的衣物是比较合适的。

第七节
夜哭是缺钙吗

宝宝总是在夜间睡眠中伴随哭闹，怎么哄都不见效，这时父母可能会认为夜哭是缺钙造成的，不过往往经过补钙后宝宝的夜哭现象仍然存在。这究竟是怎么回事呢？下面我们就来分析和了解一下宝宝晚上睡觉时哭闹的原因。

通常说来，宝宝夜哭的原因包括外在因素、心理因素和疾病因素。

1.　外在因素

本身宝宝的睡眠周期比较短，所以半夜醒来哭闹是很常见的现象。有可能是因为饿了，需要进食了，所以通过哭闹向父母"报告"；也有可能是因为白天玩得过于兴奋，所以在夜里便会睡眠不安；还有可能是因为拉了、尿了，用哭闹来提醒爸爸妈妈该给他更换纸尿裤了。此外，如果宝宝的睡眠环境过热、过冷，或者有蚊虫叮咬，都可能造成宝宝在夜里哭闹。

2.　心理因素

如果宝宝没有任何不适，吃奶、大小便和身长体重增长均正常，这种情况下宝宝的夜哭可能与心理因素有关。晚上哭闹多是因为缺乏安全感，需要妈妈的关注和安抚，妈妈如给予轻轻抚摸或拥抱，帮助宝宝缓解紧张不安的情绪，宝宝会很快入睡。

3.　疾病因素

有时宝宝患病，如发热、腹痛、佝偻病等也会出现夜哭。

在患病的情况下，宝宝哭闹时间会比较长，而且哭闹比较剧烈，家长很难安抚。比如肠绞痛，可以试着轻轻顺时针按摩宝宝腹部，可以缓解疼痛。但如果是急腹症，宝宝就可能拒绝腹部被触摸，因为这会让他感到更加疼痛，这时就需要带宝宝去医院就诊，以排除肠套叠或肠梗阻等疾病。如果宝宝存在缺乏维生素 D 的情况，会因为钙磷代谢失常导致佝偻病。佝偻病的初期由于血钙降低，非特异性神经兴奋性增高，宝宝会表现为易激惹、烦躁、易惊、夜哭、多汗。

那么，是不是宝宝夜间经常哭闹，就可以确定是缺钙了呢？并不是。缺钙的宝宝，除了会有夜间哭闹，通常还伴有入睡后大量出汗、囟门迟闭、骨骼改变等症状。对于大多数摄入奶量充足的孩子来说，钙的摄入量也是充足的，而促进钙吸收的维生素 D 往往相对不足，所以一般及时补充维生素 D 以后，宝宝夜里哭闹的症状多数都能缓解。

第八节
宝宝排绿便一定是消化不良吗

细心的父母会发现，宝宝的大便有时会呈现出绿色。因此很多父母非常担心，是不是宝宝的消化出现了问题。那么，宝宝排绿便是正常现象吗？是不是消化不良呢？

宝宝的大便是宝宝健康的晴雨表。一般来说，母乳喂养的宝宝粪便呈黄色或金黄色，糊状，次数有多有少，没有酸臭味。吃母乳的宝宝也很少便秘。人工喂养宝宝的粪便较母乳喂养宝宝的粪便质硬，呈淡黄色或土黄色，有酸臭等异味。

那么，什么原因会导致大便变绿呢？

1. 母乳喂养

大便的颜色与胆汁的化学变化有着密切的关系。胆汁含有胆红素和胆绿素，使大便呈黄绿色。当大便到达结肠时，胆绿素经过一系列的氧化还原作用转变为胆红素，这时大便呈黄色。母乳喂养的宝宝的大便偏酸性，在肠道细菌的作用下，部分胆红素转变为胆绿素，使排出的大便呈浅绿色，这是正常现象。

2. 消化不良

有些宝宝在腹部受凉或摄入的奶温度偏凉时就会出现绿便，这是因为受凉会导致肠蠕动过快或肠道炎症，胆绿素来不及被还原成胆红素，故大便呈现绿色。这是产生绿便的常见原因之一。父母注意给宝宝腹部保暖，过几天便会恢复。

3. 摄入含铁的药物或食品

为了保障早产儿、低出生体重儿的正常生长，宝宝出生后需要补充铁剂预防贫血，这种情况下，大便容易呈绿色；吃强化铁配方奶粉的宝宝，若不能完全吸收奶粉中的铁，大便也会呈黄绿色，这些都是正常的情况。

总之，宝宝大便发绿，家长不必惊慌，要学会察"颜"观色，分析绿便的原因，采取相应的措施。随着宝宝胃肠功能逐渐完善，排绿便的情况会越来越少。

儿童发育行为自测

您的宝宝学会这些新技能了吗？

1 月龄

☐ 1 俯卧头部翘起

☐ 2 触碰手掌紧握拳

☐ 3 手的自然状态，双手拇指内收不达掌心，无发紧

☐ 4 看黑白靶

☐ 5 眼跟红球过中线。在婴儿脸部上方 20cm 处轻轻晃动红球以引起婴儿注意，然后把红球慢慢移动，从头的一侧沿着弧形移向中央，再移向头的另一侧，观察婴儿头部和眼睛的活动。把红球移向中央时，婴儿用眼睛跟踪，看着红球转过中线

☐ 6 自发细小喉音

☐ 7 听声音有反应

☐ 8 对发声的人有注视

☐ 9 眼跟踪走动的人

2 月龄

☐ 10 俯卧头抬离床面

☐ 11 花铃棒留握片刻

☐ 12 拇指轻叩可分开。轻叩婴儿双手手背，观察拇指自然放松的状态，婴儿双手握拳稍紧，拇指稍内收，但经轻叩即可打开

☐ 13 即刻注意大玩具

☐ 14 眼跟红球上下移动

☐ 15 发 a、o、e 等母音

☐ 16 听声音有复杂反应

☐ 17 自发微笑

☐ 18 逗引时有反应

3 月龄

☐ 19 抱直头稳

☐ 20 俯卧抬头 45°

☐ 21 花铃棒留握 30s

☐ 22 两手搭在一起。婴儿仰卧，观察婴儿双手是否能够自发搭在一起，或将婴儿两手搭在一起，随即松手，婴儿能将双手搭在一起，保持 3~4s

☐ 23 即刻注意胸前玩具

☐ 24 眼跟红球 180°

☐ 25 笑出声

☐ 26 见人会笑

☐ 27 灵敏模样。婴儿不经逗引可观察周围环境，眼会东张西望

注：本自测内容适用于家长了解 0~1 岁儿童各月龄发育行为，儿童发育行为存在个体差异，某些发育行为可能会提前或滞后。发育行为滞后时间过长，请及时到医院请医生进行综合评估。

第四篇

4～6月龄宝宝：
迎来新的成长期

第一章
生长发育要点

在经历了与这个世界短暂的 3 个月初次亲密接触后，小宝宝迎来了一个全新的发展阶段。

生长发育方面，身长、体重、头围继续以一定的速率增长；吃喝拉撒睡有了一定的规律，每隔 3.5~4 小时吃一次奶，夜间吃奶次数减少，甚至可以不吃；睡眠也逐渐规律，逐步过渡为白天两大觉、夜间睡整觉的有序状态。

行为认知方面，宝宝开始认生，喜欢被熟悉的人逗笑和拥抱，也会警惕地盯着陌生人看，甚至哭闹不止；小手喜欢抓握玩具，尤其对小拨浪鼓喜爱有加，频繁地把拿到的东西放到嘴里，不让啃就用哭闹来抗议；常常发出"咿呀"的声音，让人误认为是不是宝宝要开始说话了，但却无法听懂；俯卧时做出匍匐姿势，摆出要爬的架势，可以爬几下，甚至到处爬行……

第一次出现的这些细小变化，需要家长们仔细观察后才能捕捉到，继而体会到孩子的发育需求，理解他们丰富的肢体语言背后的诉求，从而给孩子提供更丰富的、符合这个月龄阶段的探索与尝试的机会，促进孩子的健康发展。

无论是家长还是孩子，在这期间仍需要学习和完成更多的新任务。对孩子来讲，要学会适应新的食物，从液体食物逐步过渡为泥糊状食物；学会独坐、伸手拿核桃大小的玩具；学会区别生人和熟人；学会肢体、眼神的交流，甚至听到自己的名字开始有明确的反应。对家长来讲，要学会科学合理地添加辅食，这个过程可能顺利，也可能有反复和困难；要清楚每个孩子的体格、心理和行为有共同规律，也有个体差异，不要按图索骥，希望把他培养成父母心中的理想宝宝，孩子需要在父母和家人的陪伴、观察之下互动交流、一起做游戏、玩耍，才有机会朝着更加健康的方向良好发育。

除此之外，还须了解，父母保持情绪平和是与孩子相处的原则，焦虑、抑郁、不安和控制欲都是孩子健康发育的大敌。

第一节
体格生长特点

4~6 月龄的婴儿体重平均每月增加 600~900g，6 月龄时体重已达出生体重的 2.5 倍；身长平均每月增加约 2.0cm，0~6 月龄身长共增加约 15cm；4~6 月龄期间头围共增加约 3cm（表 4-1）。有的宝宝长出上切牙，流涎明显增多。宝宝的腹部仍较突出，腿和胳膊相对较短。

宝宝头部的前囟门开始缓慢缩小，但同前 3 个月相比变化并不十分显著。6 月龄开始出现支撑坐，胸椎、腰椎的自然弯曲还未形成。

表 4-1　4~6 月龄宝宝身长、体重、头围、BMI 参考标准

年龄	男婴				女婴			
	身长 /cm	体重 /kg	头围 /cm	BMI / $(kg \cdot m^{-2})$	身长 /cm	体重 /kg	头围 /cm	BMI / $(kg \cdot m^{-2})$
4 月龄	64.8	7.5	41.6	17.8	63.3	6.9	40.6	17.1
5 月龄	66.9	8.0	42.5	17.9	65.3	7.4	41.5	17.3
6 月龄	68.7	8.4	43.4	17.9	67.1	7.8	42.2	17.3

第二节
神经、心理行为发育特点

在此月龄段，宝宝的感知觉、语言、认知与运动、情绪和社会行为各方面发展都很快。

一、语言发育

发音开始变得更丰富。4 月龄宝宝会大声笑，对熟悉的人开始出现"咿咿呀呀"的发音，能够注意人的声音；5~6 月龄宝宝可以发出高兴或不高兴的声音，牙牙学语，一部分音节已能发清楚，开始懂得大人的表情和语气，对简单指令开始有反应。

二、认知与运动发育

4 月龄的婴儿头可以竖直稳定，俯卧抬胸，观察周围，开始尝试向一侧翻身，小手可以拨弄和抓取东西，并逐步发展出拇指对掌抓握技能。宝宝可以抓取核桃大

小的物品，能够较长时间注视喜欢的物品或移动的物品。

5 月龄时，婴儿可以从仰卧翻到俯卧，坐立时背部能自行竖直，但腰部弯曲尚不稳定。扶起站立时双下肢能直立，俯卧匍匐姿势，有部分婴儿开始爬行；抓握玩具总喜欢放在嘴里啃，经常将自己的脚放进嘴里，可以拾起掉下的玩具，用一只手抓小玩具，但动作尚不协调。

6 月龄婴儿可以短暂独坐，腰部弯曲明显；俯卧姿势进一步发展，可以手臂伸直，用手支撑身体重量，胸部及上腹可以离开床面；翻身更加协调，可随意从仰卧到俯卧、俯卧到仰卧转换姿势，扶起站立时双腿可以支撑身体的重量；宝宝开始用手指抓物体，自己捧奶瓶，双手传递心爱的玩具；喜欢拿起东西敲桌子，对食物也有了选择偏好。

三、　情绪和社会行为

4 月龄时，宝宝在对周围的事情感兴趣时会立刻微笑，可以与别人玩，被逗引时身体有明确的回应性的行为，晚上可以睡整觉；5 月龄婴儿有明显的认生行为，表现为辨认出母亲并开始有黏人行为，害怕陌生人；6 月龄婴儿除认生行为继续发展外，开始有害羞的行为，会大笑，会有表示反对或拒绝的行为（如单独相处或玩具被拿走时），口腔吞咽变得协调，口水较多，这时已具备了吃辅食的能力。

第二章

基本护理

食具数量主要依据 4~6 月龄婴儿摄入奶量来选取。此阶段宝宝的每次进食奶量已逐渐增加，但进餐次数却随之减少，因此家长可选购 6~7 个容积在 180~200ml 的优质奶瓶。食具类型方面，需要增加辅食进食用具，包括碗、勺等。一般可选购硅胶特制的婴儿用勺，柔软的质地可保护宝宝口腔不受刺激和伤害。

父母布置婴儿活动区需要从功能来划分和安排区域。

婴儿活动区大致由婴儿进食区、洗澡区、睡眠区、游戏和活动区等几个具有不同功能的空间组成。不同区域依据功能来固定和划分，并合理布置，有利于宝宝作息规律、活动节律的养成。比如家长固定好进食区域，布置好宝宝餐桌椅，帮助宝宝逐渐养成进餐好习惯；布置好游戏活动区，摆好安全地垫，归类摆放玩具，有利于宝宝运动和游戏能力的提升；布置好睡眠区，摆好婴儿床，选择合适的寝具，装好夜灯，有利于宝宝的睡眠健康。

如有独立婴儿房条件，可将功能区集中规划在婴儿房内。如果没有独立婴儿房，分散安排相应功能区也完全没有问题。

宝宝大了，户外活动时间可逐渐延长。出发前除了准备适当的备用衣物、尿不湿、毛巾、湿纸巾外，还可为宝宝备好饮用水、奶，以及随身带上一两件喜爱的小玩具。

4~6月龄的宝宝户外活动可适当延长至每天2小时左右。在宝宝充分享受日光浴和空气浴的同时，让宝宝靠坐在婴儿车里或妈妈怀里，父母和宝宝可以玩些适合室外的亲子游戏。父母家人可带领宝宝和他人展开社交互动，引导宝宝多观察户外的各种人和物，紧随宝宝视角配上简单的语言讲解。这样内容丰富的户外活动不仅能调动宝宝的探索欲望，还能提高宝宝的认知水平和语言能力。

活动场所要求同1~3月龄。

第四节
婴儿操

4~6月龄宝宝可根据情况选择做婴儿被动操和适合宝宝运动发展水平的主动操。

一、　做操前的准备工作

做操时间通常选择两餐间，宝宝精神状态良好时进行。可根据室内温度给宝宝穿着宽松舒适、不影响四肢活动的衣物。更换新的尿不湿后，将宝宝放置在宽敞的软硬适中的平面上，温柔地和宝宝说话："宝宝，咱们一起来做操，好不好？"宝宝如果给出积极的回应，向大人微笑，甚至高兴地舞动手脚，就可以开始做操了。

二、　切忌动作粗暴

爸爸妈妈可以一边轻轻唱着节拍一边帮宝宝做动作。注意动作一定要轻柔，如果感受到宝宝出现明显的抵抗，千万不要强行牵拉，可暂停下来抚摸宝宝，之后观察宝宝的反应再决定是否继续。

主动操一定要适合宝宝当时的运动发育水平，不能强行做宝宝根本做不来或者不适合做的动作，这样非但不能促进宝宝的运动发育，还可能带来损伤。比如，4~6月龄宝宝，有的头颈部力量非常好，妈妈给做平卧位双手牵拉抬头坐起动作时，宝宝头部能主动竖起，很好地配合完成，而有的宝宝则不然，他们在被妈妈牵拉双手坐起时头部始终是滞后的，不能主动竖起，说明宝宝能力不够不适合做此动作。此时不可强行继续，否则非但无益，甚至可能会给宝宝带来头颈损伤。

第五节
睡眠

一、　睡眠时间

4~6个月的宝宝在白天仍需要睡2~3次，每次大约2小时。4月龄的宝宝每天睡15~16小时，5~6月龄的宝宝每天睡眠时间在14~15小时之间。

随着月龄的增加，宝宝的胃容量也有所增加，喂奶量加大，喂奶次数会随之减少，因此白天清醒的时间会逐渐延长；夜间进食需求减少，因此夜间清醒次数减少，持续睡眠随之延长。

二、　夜间哭闹

宝宝夜间哭闹问题困扰着许多家庭，爸爸妈妈们为此着急又担心，害怕宝宝万一得了什么疾病，急于找到解决宝宝夜间哭闹的办法。碰上宝宝哭闹不止，更让爸爸妈妈不知所措，甚至深夜跑到医院就诊。

宝宝哭闹是多种意思的表达，有可能是生理需要，也有可能是疾病原因。爸爸妈妈要学会辨别宝宝的哭声。宝宝如在夜间哭闹，爸爸妈妈要先确定宝宝是不是有生理需求，如饿了、感觉冷或者热，或者是想让人抱一抱、哄一哄。简单判断一下，如系宝宝的生理需求，及时解除存在的不良刺激后，轻拍宝宝后背，一会儿宝宝就会安静入睡。此外，昼夜颠倒也会引起宝宝夜间哭闹，家长可参照昼夜颠倒的相关知识进行处理。

有的夜间哭闹与维生素D缺乏性佝偻病有关。佝偻病早期由于缺乏维生素D，导致钙的吸收下降，宝宝表现为头汗较多，出现枕秃、易激惹、烦躁、易惊和夜间哭闹。这时爸爸妈妈一定要先带宝宝到医院进行健康查体，确定是否有维生素D摄入不足和钙缺乏的情况，根据缺乏情况及时进行补充，同时日常多抱宝宝到室外晒晒太阳，还须做好辅食添加。维生素D和钙缺乏得到纠正后，夜间哭闹的现象就会好转。

如果哭闹长时间难以安抚，或者哭声激烈不同往常，需要考虑宝宝是不是生病不舒服，出现诸如消化不良引起的腹痛、疝气、肠绞痛或肠套叠等，及时去医院就诊。

三、　抱睡

关于抱着宝宝入睡的问题，各种说法都有，一直存在争议。

抱睡习惯的形成一般是由于宝宝夜醒频繁或有夜间哭闹的现象，醒后爸爸妈妈多次抱起哄睡。有的宝宝很难放下，一放到婴儿床上，温度和环境一变，宝宝就醒了或哭了，爸妈没有办法，只得再把宝宝抱起来。反反复复几次以后，爸爸妈妈累得筋疲力尽，抱着宝宝睡到自己的大床，这时宝宝好像有了安全感，感受着妈妈身上的温度和抚慰，于是安静地睡着了，妈妈累得不行，跟着一起睡了，久而久之就形成了抱着睡的习惯。这也让父母认为抱睡会给宝宝带来安全感，可以睡得更踏实。

其实，这个月龄的宝宝，还是建议自己睡在婴儿床。首先，父母抱睡时空间狭小，宝宝睡姿不舒展，周围空气不新鲜，二氧化碳浓度较高，再加上爸爸妈妈身上的病菌容易传染给宝宝，对宝宝的生长发育不利；其次，抱睡不是一个自然入睡的睡眠方式，不利于培养宝宝自主入睡的能力，容易对爸爸妈妈形成过分依恋；另外，抱着睡使妈妈的注意力全部转移到宝宝身上，会忽视夫妻之间的沟通、交流及相互关心。

当然，宝宝都喜欢让妈妈抱在怀里，他们会感到幸福和安全，但妈妈不能一味地迁就，应该主动掌握宝宝的睡眠规律和睡眠周期，了解小月龄宝宝深浅睡眠交替进行的规律，学习识别相关的表现，进行睡眠引导。这样不仅能逐渐培养宝宝独自入睡的能力，还能保证宝宝的睡眠质量。

四、　小动作

睡眠过程包括浅睡眠阶段和深睡眠阶段。睡着后的宝宝在整个睡眠过程中并不是一动不动的，会出现身体扭动、微笑、吸吮等小动作，这就表示宝宝的睡眠在经历不同的阶段和循环。

浅睡眠也称为快速眼动睡眠，这个阶段发生在刚开始入睡时，此刻大脑还有思维活动，宝宝会表现出眼皮慢慢下垂，开始打哈欠，眼睛闭上后看到眼球在眼皮下跳动，呼吸不均匀，小手和小脚会突然抖动一下，面部有微小的表情或微笑，有时嘴还会出现吸吮动作，会翻身，可能还会做梦。渐渐地，宝宝会进入深睡眠，也称为非快速眼动睡眠，这时宝宝的眼球不动了，笑容和小动作消失了，呼吸变得均匀且缓慢，肌肉全部放松，四肢自然下垂，逐渐安静，直到身体完全静止，表示进入了深睡眠阶段。经过 1~1.5 小时后，又进入浅睡眠，交替进行。

整个睡眠过程以深睡眠和浅睡眠交替的方式进行，直至清醒。

五、 睡眠时间短

随着月龄的不断增长，宝宝每天的睡眠时长会逐渐减少，白天清醒时间相应地逐渐延长。宝宝的睡眠方式和周期与成人不同，宝宝睡眠周期比成人短，浅睡频繁，易醒期多，而成人一夜有 5 小时左右的深睡眠，2 小时左右的浅睡眠。宝宝的浅睡眠时间长，是成人的 2 倍，夜间醒来的次数也多，所以睡眠时间较短。4~6 个月的宝宝一般夜间要醒来 2~3 次，这是因为宝宝需要经过 20~30 分钟左右的浅睡眠才能进入深睡眠状态，经过 1~1.5 小时后又回到浅睡眠，进入下一个易醒期。

宝宝睡眠时间短是正常现象。随着宝宝的长大，深睡眠时间越来越长，浅睡眠时间越来越短，逐渐形成睡眠规律。爸爸妈妈需要了解宝宝的睡眠周期和规律，在宝宝夜里浅睡眠的易醒期尽量保持环境安静、动作轻柔，使宝宝很快进入下一个睡眠周期，保证宝宝的睡眠时间和睡眠质量。

第六节 可能出现的"特别"问题

一、 耳道分泌物

宝宝的外耳道腺体分泌物与脱落的上皮、灰尘混合在一起，形成我们常说的"耳垢"。宝宝的耳垢大部分呈小薄片状，也有黄色黏稠状。如果宝宝耳垢不多，就没有必要去清理，耳垢会堆积、变干并移动到外耳，多随咀嚼、张口等运动自行排出。

看到宝宝有耳垢，很多家长会觉得脏，但家长不要轻易为宝宝挖耳朵。耳垢对耳道和鼓膜都有保护作用，能够吸附进入耳朵的脏东西、阻挡小虫子飞入。宝宝的外耳道很柔软，挖耳朵时宝宝的头部总是动来动去，一不小心很容易伤到耳道和鼓膜。家长可以采用其他的清洁方法来清洁耳朵。在为宝宝洗澡时，注意不要让水流进宝宝的耳朵里。洗澡后如果发现耳道口附近潮湿，可以用棉球轻微擦拭。如果不小心有水流进耳朵里，可以将宝宝的头偏向进水的一侧，同时用棉球迅速吸出水分。

如果耳垢在耳道内大量堆积，耳垢凝结成硬块堵塞耳道，或耳道分泌物有异味或呈黄色脓性分泌物，并伴有耳痛，这时家长需要带着宝宝去医院就诊，由专业的耳鼻喉科医生来处理。

二、 流口水

宝宝口腔内唾液腺分泌的唾液俗称"口水"。

引起宝宝流口水的因素较多，4~6 个月的宝宝较常见的是唾液分泌增加，但宝宝的吞咽功能还未健全，无法及时将分泌出来的口水全部吞咽下去，加上口腔比较浅，口水就顺着口角流出来。另外，宝宝在长牙阶段牙龈肿胀，流口水现象会较严重，这些属于正常的生理现象。

如果宝宝患口腔炎症或黏膜溃疡也可引起流口水。在感冒、鼻炎时，宝宝常常会用口呼吸，这也会引起口水增加。这时，要根据病因进行治疗，同时注意口腔卫生。

宝宝流口水虽然无碍，但口水常常会顺着嘴角流到脸、脖子和前胸，容易引起宝宝皮肤发红，甚至破溃发炎。因此，保持宝宝面部局部皮肤干燥非常重要，宝宝的口水流出来，妈妈要及时用清洁、干燥、柔软的手帕或毛巾擦拭。每天用温水清洗面部那些口水流到的地方，涂上宝宝润肤霜来保护宝宝稚嫩的皮肤。可给宝宝戴上柔软、吸水性强的围嘴，以免口水弄湿衣服。围嘴被口水浸湿后要及时更换，以防长时间潮湿而使颈部和下颌皮肤形成湿疹。

第七节
抱姿

一、 如何抱宝宝

随着 4~6 月龄宝宝的逐步发育，家长可以选择面部朝外的竖抱方式。家长用一只手扶住宝宝的前胸，另一只手托住宝宝的小屁股，用自己的身体贴紧并支撑宝宝的身体。这种抱姿使得宝宝的胳膊可以自由活动，满足宝宝对外界的探索欲望，视野开阔，可以更好地观察外界。竖抱宝宝时需要注意，横抱在宝宝前胸的手臂不要将宝宝勒得太紧，以免影响宝宝的呼吸。

很多家长喜欢让宝宝站在家长的腿上，扶着宝宝的腋下，宝宝在家长的腿上一蹬一蹦，这种做法是不提倡的。此月龄段的宝宝脊柱还没有发育成熟，腿部力量也不足以支撑身体的重量，如果家长频繁让宝宝采取这种站、蹦的姿势，会对宝宝的骨骼发育造成损害。

二、 背带和腰凳

父母带宝宝外出或做家务时，使用婴儿专用的背巾、背带或腰凳，这样可以不用费力地抱着孩子，大大减轻爸妈的负担，宝宝也会感到舒适和安全。家长不妨根据宝宝的月龄来选购适合的一款。

背巾：使用软布料制成，宝宝躺在背巾里仿佛是在妈妈的子宫里，使用背巾时，宝宝的背部能得到足够的支撑，不会伤害宝宝的脊椎。宝宝的头确保紧靠在妈妈的胸前，口鼻露在背巾的外面。4 个月以下的宝宝推荐使用背巾。

背带：背带与背巾相似，但能承受比背巾更大的重量。一般在宝宝出生 4 个月以后，可以很稳地控制住自己的头部时，就可以使用背带了。常使用前背式和后背式两种姿势，4~6 个月的宝宝最好采用前背式，让宝宝面向父母，便于家长观察宝宝的状态。

腰凳：类似小凳子的支撑物系在家长腰上，宝宝可以坐在上面。宝宝能够独坐时可以给宝宝使用腰凳，一般要待宝宝 6 个月时才能使用。

注意事项：

1. 使用背带和腰凳时，宝宝的腿要呈"M"形，即大腿和背部垂直，膝盖自然弯曲。这种姿势可避免婴儿髋关节过度受力。
2. 婴儿每次使用背带的时间不要过长，控制在 2 小时以内。
3. 使用背带时松紧适度，不要系得过紧，影响宝宝的活动和血液循环；也不要过松，以免宝宝发生坠落。

第三章

营养与喂养

第一节
母乳喂养

一、 营养需求和喂养要点

相较于前三个月，4~6月龄宝宝的生长速度开始变慢，营养需求也只是少量增长，甚至不增长。能量需求方面，每日仍需要 90kcal/kg 的能量，蛋白质、脂肪、碳水化合物需求基本等同于 1~3 月龄，所以奶量需求并不会明显增长。

母乳是婴儿成长最安全、最理想的天然食物，仍然可以满足 4~6 月龄宝宝的能量及营养素需求。部分宝宝看见食物会张嘴期待，有进食欲望，如宝宝生长发育良好、吞咽协调、挺舌反射消失，可以考虑此时期添加辅食。辅食添加时，注意从少量开始，由一种到多种，由细到粗，单独制作，按需喂养以及积极喂养。

二、 继续母乳喂养

4~6 月龄建议继续母乳喂养，母乳的好处此处不再赘述。此时期的母乳为成熟乳，部分哺乳期妈妈会发现乳汁的颜色比较白，看上去有些稀稀的、淡淡的，担心自己的奶水没有营养。其实，这种担心是多余的，这只是成熟的母乳蛋白质和脂肪的颗粒较小而已。建议妈妈喂奶的时候一定要让宝宝将一侧乳房吃空后再换另一侧，让宝宝把母乳中的营养全面摄入。

当母亲工作或外出（宝宝不在身边）时，仍建议坚持母乳，这时可以将母乳手挤或者用吸奶器吸出、合理储存后给宝宝饮用。如果妈妈已开始工作，也最好能坚持哺乳不少于每天 3 次，可以在外出或工作地点挤出母乳。外出前准备好：洗净的吸奶器、储奶瓶 1~2 个，以及储藏冰包。建议间隔 3~4 小时吸奶 1 次，每次 10~20 分钟。确保吸空两侧乳房，以保持母乳的分泌量。

吸奶前，妈妈彻底洗净双手，清水擦拭乳头及乳晕皮肤，可以尝试通过按摩、摇晃、牵拉乳头等方式来刺激乳头，同时可以观看孩子的照片及视频，促进乳汁分泌。挤出的母乳可存放至特殊的储奶袋或储奶瓶中，回家之后立刻放进冰箱，根据情况冷藏或冷冻。

不管何种方式，回家后妈妈一定要多与宝宝接触。在家的时候尽量直接母乳喂养，增进母子感情交流，促进乳汁分泌。

三、 乳汁的储存和运输

挤出的母乳需要储存在特殊的、洁净的储奶袋或储奶瓶中，然后立即放入单位的冰箱，或放在冷藏包中带回家再冰箱冷藏。储存母乳时，要详细记录取奶时间及奶量。最好小份存储，以宝宝每次常规进食量为宜，这样方便家人根据宝宝的食量喂食，且不会造成浪费。

24小时内可喝完的母乳，可以用玻璃奶瓶或者母乳专用储存瓶保存，最好在冰箱冷藏。储存时间较久时，建议选用母乳储存袋并冷冻。每次储存母乳时，储奶袋不要装得太满，以免冷冻后液体体积膨胀，导致袋子破裂。可以选择双层封闭的储奶袋，奶液与密封口留出3cm左右空隙，排净空气后密封。

不同温度下母乳存放时间可参考表4-2。

表4-2　吸出母乳的保存条件和时间

保存条件	温度	允许保存时间
室温保存	室温存放（20℃~30℃）	4h
冷藏	存储于便携式保温冰盒内（15℃以上）	24h
	储存于冰箱保鲜区（4℃左右）	48h
	储存于冰箱保鲜区，但经常开关冰箱门（4℃以上）	24h
冷冻	冷冻温度保持 -15℃~-5℃	3~6个月
	低温冷冻（-20℃以下）	6~12个月

资料来源：中国营养学会2016年发布《6月龄内婴儿母乳喂养指南》。

解冻、加热从冷冻室或冷藏室取出的母乳时务必要缓慢复温，可通过流动的水或放在冷藏室过夜来解冻，再把奶瓶放在装有温水（40℃左右）的容器里加热。不要用微波炉来解冻或加热母乳，不但容易破坏营养成分，还可能导致储存器具破裂。市售温奶器方便省力，可以准备一台。给孩子喂母乳前，务必要再次检查其温度，避免过凉或过烫。另外，解冻后的母乳一定要在 24 小时内吃完，不可再次冷冻或再次加热食用。

四、 怎样从母乳过渡到奶瓶

妈妈在家时，尽量亲自喂母乳。在妈妈快要上班前一段时间内（2 周左右），可以酌情开始练习使用奶瓶喂母乳，让宝宝熟悉和逐步接受瓶喂，但不要添加配方奶来代替母乳。

母乳喂养的宝宝接受奶嘴及奶瓶喂养是有一定难度的，这个月龄的宝宝容易将妈妈和母乳关联起来。初期可以让家中其他成员来操作，反复耐心尝试，宝宝慢慢就会接受奶瓶喂养。待习惯用奶瓶后，再由妈妈来喂养，同时还要给宝宝更多的拥抱和抚摸，鼓励和弥补不能亲喂的不足。

如果宝宝一时难以接受奶瓶，妈妈们也不要气馁，可试试以下方法：

1. 可以在宝宝饥饿的时候让其他人用奶瓶喂养，妈妈暂时回避。
2. 在宝宝不太饿的时候，把奶嘴当成一种有趣的东西递给他，让宝宝自己玩一会，自己去探索尝试。
3. 选择合适的奶嘴，或者尝试不同类型的奶嘴。
4. 用妈妈的衣物包住奶瓶。
5. 在新地点喂奶，或者让宝宝观看其他宝宝吃奶瓶等。

第二节

辅食添加

一、 添加辅食的意义

辅食指的是除母乳和配方奶以外的其他各种性质的食物，包括各种天然的固体、液体食物，以及商品化食物，也有国际组织把母乳以外任何含营养素的食物称为辅食。我国主要按照第一种定义来定义辅食。辅食添加是宝宝从液体类食物逐步转化 / 过渡到普通固体食物的一个特殊重要阶段，不仅提供营养，还与饮食习惯养成、心理行为发展密切相关。因此，辅食添加具有多方面的意义。

1. 满足婴幼儿对营养不断增长的需求

　　宝宝满4~6月龄后，纯母乳喂养可能已经无法再提供足够的能量以及铁、锌、维生素等关键营养素。因此，对于有需求的宝宝，可以在母乳喂养的基础上逐步添加各种营养丰富的食物。

2. 促进进食及消化能力的发育，培养良好饮食习惯

　　这一阶段是宝宝味觉、嗅觉的敏感期，此时进行合理的辅食添加，可以增加唾液及其他消化液的分泌量，增强消化酶的活性，促进牙齿的发育，训练咀嚼吞咽能力，还能促进味觉发育，同时对预防以后挑食、偏食等也都有重要意义。随着年龄的增长，适时添加多样化的食物，能帮助宝宝顺利实现从哺乳到正常饮食的过渡。

3. 促进心理行为发育

　　从被动的哺乳逐渐过渡到自主进食是宝宝心理和行为发育的重要过程。这一过程中，辅食添加发挥了基础作用。喂食及与家人同桌吃饭等过程也有利于亲子关系的建立，有利于宝宝情感、认知、语言和交流能力的发展。

二、 辅食添加的时机

　　一般建议母乳喂养满6月龄后添加辅食，但是部分健康的婴儿可能在此之前已经迫不及待了。一般来说，辅食添加需要满足以下大部分条件：

1. 宝宝能靠着坐稳，头颈部能够自如活动。
2. 挺舌反射消失（一般是4~5个月时），并且宝宝能够自己把玩具或手放入嘴里。
3. 对饭菜感兴趣，看到家人吃饭或者感兴趣的食物时会身体前倾，做张嘴的动作。
4. 用小勺触及口唇能张嘴、吸吮或者吞咽。
5. 唾液分泌显著增加，并频繁出现咬乳头现象。
6. 奶量充足，但是仍显饥饿，也说明到了可以考虑添加辅食的时段。

　　辅食添加之前，如果喂奶间隔大约4小时，对能形成规律的进餐习惯也是一个有利条件。

　　健康宝宝一般辅食添加年龄最早不能早于4个月，且不应晚于6个月。4月龄前，宝宝消化系统发育不成熟，消化酶较少，因此过早添加辅食可能会引发胃肠不适，进而导致腹泻、喂养困难或增加感染、过敏等风险。而且，过早添加辅食如果不顺利，还可能因为进食时不愉快的经历，影响长期的进食行为，表现为不愿进食、不愿尝试新食物等。过晚添加，错过味觉敏感期，可能导致以后喂养困难。另一方

面，宝宝没有摄入其所需要的额外食物的营养来满足生长发育，则可能会导致蛋白质、铁、锌、碘、维生素等缺乏，进而导致营养不良以及缺铁性贫血等各种营养性疾病。

三、　第一次添加辅食

因母乳中铁含量较低，4~6月龄时宝宝自身储备的铁也不再充足，所以最先添加的辅食应是强化铁的高能量食物。《中国居民膳食指南（2022）》建议首先添加强化铁的营养米粉、肝泥、肉泥、蛋黄等。为了便于操作和宝宝吸收，一般会首先选择强化铁的米粉。

第一次添加只须尝试1小勺，第1天可以尝试1次，用小勺舀起少量米糊放在婴儿一侧嘴角让其吮舔，切忌将小勺直接塞进宝宝嘴里，令其有窒息感，产生不良的进食体验。第2天根据情况增加进食量或进食次数，如吃2小勺。观察2~3天，看是否出现呕吐、腹泻、皮疹等不良反应，如果适应良好就可以再引入一种新的食物。

可以选择在两次哺乳中间添加辅食，饥饿时更容易接受。第一次进食，宝宝在慢慢探索，可能会比较慢，家长要避免催食。如果宝宝表现对辅食兴趣较大，也不要过度喂养，应该在后面几天内逐渐增加。此外，注意营造良好进食环境。

四、　辅食添加原则

4~6月龄是辅食添加的初始阶段，主要目的是尝试让婴儿感受辅食、接受辅食和练习咀嚼、吞咽等摄食技能。这个过程有较大个体差异，一般需1个月左右的时间完成。

辅食添加原则为每次添加一种新食物，由少到多、由稀到稠、由细到粗，循序渐进。

辅食添加初期，除了强化铁的米粉，后续可继续添加容易吞咽和消化、不易导致过敏的食物。蔬菜类如白萝卜、胡萝卜、南瓜、番茄、菠菜泥等均是常见的选择，水果类常见的有苹果、香蕉、梨子、木瓜泥等（表4-3）。

家长们不可过于激进或过于保守。有的家长过于激进，同时添加多种食物或食物质地过粗，可能导致宝宝消化不良。过于保守的家长只添加米粉、果泥，怕宝宝消化不了而延迟添加肉类、蛋类，导致营养供给不足，生长缓慢。辅食添加时，要为宝宝准备适合其年龄特点的新鲜食物，还要注意辅食制作的安全卫生，以免发生意外。同时，注意营造良好的进餐环境，杜绝电视、玩具、手机等的干扰。

考虑大部分宝宝在 6 月龄后开始添加辅食，辅食添加的具体内容请参考第五篇第三章。

表 4-3　　4~6 月龄辅食制作举例

食物名称	配料	制备方法及注意事项
米粉	米粉、温开水	按照 1 汤匙米粉加入 3~4 汤匙温开水的比例在容器中加入米粉和水，用筷子按照顺时针方向调成糊状即可。
土豆泥	土豆	将土豆去皮并切成小块，蒸熟后用勺压烂成泥，加少量水调匀即可。
南瓜汁	南瓜	南瓜去皮，切成小丁蒸熟，再将蒸熟的南瓜用勺压烂成泥。在南瓜泥中加适量温开水，稀释调匀后放在干净的细漏勺上过滤一下，取汁食用。南瓜一定要蒸烂，也可将南瓜泥加入米粉中。
蔬菜泥	绿色蔬菜、胡萝卜、豌豆等	将绿色蔬菜洗净切碎，加盖煮熟，也可将蔬菜泥加在蛋液或粥里煮熟。胡萝卜、豌豆等洗净后用少量的水煮熟，用汤匙刮取或切碎、压碎成泥即可。每次只给一种蔬菜泥，从 1 茶匙开始逐渐增加到 6~8 汤匙。
苹果泥	苹果、凉开水	将苹果洗净去皮，然后用刮刀或汤匙慢慢刮成泥状，即可喂食；或者将苹果洗净，去皮，切成黄豆大小的碎丁，加入适量凉开水，上笼蒸 20~30 分钟即可。

第三节

营养素添加

一、　维生素

4~6 月龄婴儿仍处于佝偻病高发期，因此仍须继续补充维生素 D。此时的宝宝已经开始由家长带领着频繁地进行户外活动了，可以避开正午等强光直射的时段，适当让宝宝接受阳光浴。户外活动时间一般较短，而且为了避免紫外线刺激，家长可能会给宝宝使用防晒霜或者穿戴保护性衣物，这些可能会影响皮肤经阳光照射合成维生素 D，所以仍建议每天补充 400IU 维生素 D。

此外，维生素 A 对骨骼及其他系统发育也很重要，建议有维生素 A 缺乏危险因素的宝宝，在专业医师的指导下补充维生素 A。

对于疾病状态的维生素补充，建议家长与儿科医师或儿科营养医师深入沟通后遵医嘱执行。

二、铁

铁是人体内合成血红蛋白的重要材料，铁缺乏及贫血可能导致宝宝乏力、食欲减退、呕吐腹泻、烦躁不安、智力下降、免疫功能低下等问题。

大部分健康足月婴儿出生时已经通过母体储存了足量的铁来防止贫血，原则上生后 4~6 个月不需要补铁。但是，随着宝宝的生长发育，宝宝对铁的需求逐渐增加，储存铁逐渐消耗完毕，而母乳中铁含量比较低，不能满足宝宝身体的生长需求，如果不额外从其他食物中获得铁，将对宝宝的生长发育造成影响。另外，如果妈妈孕期严重贫血或患有糖尿病，就没有足够的铁给宝宝储存；宝宝出生时的体重较轻、后期发育不良也提示宝宝可能存在铁缺乏；而体重增长过快也可能导致铁缺乏，需要家长与专业儿科医师沟通补充。如果是配方奶喂养的宝宝，选择高铁配方奶粉，奶量充足一般不会发生铁缺乏。

早产、双胎等由于追赶性生长的需要或自身储备铁不足，很多营养素缺失，建议在生后 2~4 周开始补充铁，每天补充铁 1~2mg/kg，直至矫正满 12 月龄。同时，对于早产、双胎、低出生体重儿，建议在 3~6 个月进行血红蛋白检测，健康足月儿童应在 6 月龄时监测血红蛋白，及时发现贫血或铁缺乏，进行合理的铁补充。

第四节
喂养问题

一、冻奶还有营养吗

长时间冷藏静置的母乳，脂水分离、分层属于正常现象；冷冻的母乳会部分分解，上面可能漂浮油脂，也属于正常现象。冷藏或者冷冻的母乳，仍然可以保留绝大部分营养成分。即使是冷冻后再次合理加热，大量免疫物质也仍然存在。如免疫球蛋白 A 活性成分保留较多，可以继续保护肠道，防御有害微生物侵袭；对脑部、眼部发育具有重要作用的 DHA，其合成前体 α–亚麻酸也久经冷冻的考验，可以帮助脑部和眼部发育。小样本研究证实，母乳短期（30 天）冷冻后仍然可以保留 100% 免疫活性成分，可以继续为宝宝发育提供全方位的支持。

二、 如何养成规律吃奶和进食的习惯

宝宝刚生下来唯一的食物来源就是母乳。很多家长认为宝宝"能吃是福"，所以在婴儿阶段总是担心宝宝吃不饱，往往一个劲儿地喂奶。其实，母乳在宝宝胃里停留大约 2 小时才会被完全消化或排空，所以间隔 2 小时吃一次奶比较合理。

宝宝的进食规律基本在 3~4 个月左右形成，在此之前遵循按需喂养的原则。这不仅有助于缓解母亲胀奶的情况，也有利于宝宝身长体重的快速增长。如果宝宝非常饿，吃奶量会特别多，距离下次吃奶的时间就会比较长；如果不是非常饿，宝宝就只是象征性地去吃一下奶，这样距离后续吃奶的间隔时间就会比较短。妈妈应仔细观察宝宝是不是真的饿了想吃奶，是否真正需要喂奶，可通过观察宝宝的小便次数和体重增长情况来判断宝宝是否吃饱了。

三、 母乳不够浓稠就没营养吗

乳汁成分并非恒定不变。产后 14 天后所分泌的乳汁称为成熟乳，实际上，乳汁成分要到 30 天左右才趋于稳定。这时候的乳汁外观呈白色，脂肪含量最高，能完全满足新生儿的生长发育需求。之后乳汁分泌量逐渐增加，每日分泌量可达 500~1 000ml。

每次哺乳时，母乳还细分为"前乳"和"后乳"。妈妈们平时看到略稀的奶水，可能指的是"前乳"。"前乳"含糖量和水分较高，脂肪含量低，能解渴（所以纯母乳喂养的宝宝不需要额外喝水）。哺乳时从分泌"前乳"开始，宝宝越吃母乳越浓，到后来会分泌像奶油一样的"后乳"，颜色奶白，含有较多的脂肪，可以给宝宝解饿。所以，母乳的营养科学而全面，建议喂奶的时候一定要将一侧乳房吃空后再换另一侧吃。

四、 如何选择和使用吸奶器

电动吸奶器压力及频率可根据妈妈自身情况调节，且吸力均匀、规律，效率

高，适合妈妈上班后使用。质量良好的手动吸奶器也可以较好地吸出乳汁，只是较为费时费力。质量较差的吸奶器不能达到预期的吸奶效果，而且可能对妈妈的乳房造成损伤，不建议购买和使用。

选择吸奶器时需要注意以下几点：

1. 确定所有与皮肤和母乳接触的部件都可以拆下来清洗和消毒。

2. 与乳房接触的罩杯需要紧贴乳房，不可过紧或过松，以免影响吸力。乳头在喇叭罩的管径内能够自由伸缩，没有摩擦感。

3. 如果挤奶时间比较紧张，双侧电动吸奶器可能更合适。

吸奶器须正确使用和清洁。泵奶前，须洗净双手，将吸奶器组件在拆卸、清洗、消毒后正确组装；以舒服的姿势坐好，身体前倾，将乳头对准罩杯中心位置，注意贴合紧密，然后以舒适的力度泵吸母乳。具体操作方式因产品不同存在一些差异，具体参照产品使用说明书。

五、　按照标准要求冲调奶粉

冲奶粉时，有些家长会特意将奶粉冲调得稠一些，认为这样可以让宝宝补充足够的营养，这种观点是错误的。宝宝的年纪还小，消化系统和肾功能发育还不是很完全，奶粉的浓度太大，增加胃肠道和肾脏的负担，时间久了还会造成便秘、腹泻、腹胀等胃肠疾病。

有的家长怕宝宝消化不了，多加水稀释奶粉，这样也是不对的，会造成宝宝营养素摄入不足。特殊情况的奶粉冲调需要医生或营养师的指导。

六、　宝宝不接受配方奶怎么办

1. 拒绝配方奶的原因

纯母乳喂养的宝宝由于各种原因需要改喂配方奶时，刚开始可能出现拒绝的情况，这是正常现象。由吸吮乳头转换为吸吮奶嘴、由母乳改为配方奶，无论吸吮方式还是味道均有较大变化，需要给宝宝充分适应的过程。

2. 更换配方奶的注意事项

在开始喂宝宝配方奶的一段时间里，建议由爸爸或其他家庭成员代替妈妈喂奶，妈妈不要待在孩子房间里。因为宝宝会将妈妈与母乳联系起来，意识中只要是妈妈喂奶，就要吃母乳，这样一来，如果妈妈喂配方奶，宝宝就更不愿意接受。

更换配方奶期间，妈妈要比平时更多地拥抱、抚摸宝宝，减少宝宝因换乳造成的焦虑不安。如果上述方法效果不好，可以尝试更换配方奶的种类。

七、 吃强化铁米粉就能纠正贫血吗

一般市售强化铁米粉含铁 3～5mg/100g。而根据《中国居民膳食营养素参考摄入量（2013 版）》，婴儿每天铁需求为 7～10mg。刚刚添加辅食的宝宝，每日米粉摄入量可能只有 5～10g，后期辅食摄入稳定后，可能会达到 20～50g。米粉加上母乳或配方奶中铁元素的摄入量，刚刚能满足每日基本需求。对于已经发生贫血的宝宝，铁储备已严重不足，还需要大量的铁剂来促进造血。我国《铁缺乏症和缺铁性贫血诊治和预防多学科专家共识》指出，如果发生贫血，应按元素铁计算补铁剂量，即每日补充元素铁 2～6mg/kg。药物中含铁量充足确切，所以如果已经发生贫血，要在医生指导下配合药物治疗，足量足疗程，早日纠正贫血，减少相关并发症。

药补同时，还要尽快添加含铁丰富的食物，主要包括瘦猪肉、牛肉、动物肝脏等。这些食物的铁含量高且含血红素铁较多，容易被宝宝吸收利用。蛋黄中也有较高的铁，但是是非血红素铁。表 4-4 列出了常见食物的铁含量，供爸爸妈妈们在添加辅食时参考。

表 4-4 常见食物的铁含量

食物名称	每 100g 食物中的铁含量 /mg	食物名称	每 100g 食物中的铁含量 /mg
猪肝	23.2	牛奶（全脂）	0.3
瘦牛肉（里脊）	4.4	大米	1.1
瘦猪肉（里脊）	1.5	糙米	1.8
猪肉松（福建式）	7.7	油菜（小）	3.9
牡蛎	7.1	葡萄	0.4
黄豆	8.2	葡萄干	9.1
鸡蛋	1.6	橘子	0.2
蛋黄	6.5	香蕉	0.2

资料来源：2018 年《中国食物营养成分表（第 6 版）》。

第四章

安　全

　　4~6月龄的小婴儿已经可以抓玩一些简单、有声响、可摇晃的小玩具，并喜欢用嘴感受玩具的性状，还经常将玩具放进嘴里啃咬。父母在为他们挑选玩具时，需要注意选择适宜年龄的玩具。比如可以用手握住的摇铃、拨浪鼓，可以啃咬的牙胶类玩具，以及可以捏出声音的玩具。

　　挑选玩具还需要注意几个细节：

1. 一定要给小宝宝选择无毒、无漆、无涂料涂层的玩具，并经常清洗，保持干净。如牙胶等可以选优质安全的塑料材质，不要选木质的拨浪鼓，因为容易被啃咬。

2. 玩具大小不能小于4cm，且不要有小的零件，以防吞进嘴里。小宝宝可能因经常啃咬或者吸吮毛绒玩具的眼睛鼻子、衣服扣子，以及发声玩具的小哨子等容易脱落的物件而导致窒息。家长要注意把玩具上的所有丝带、线头都去掉，以免缠住小宝宝手脚或脖子而发生意外事故；还应经常检查这些玩具，以防婴儿吞入。家里如有大宝宝的玩具，不要放在小宝宝够得到的地方，应妥善管理，玩后及时收好，避免小宝宝拿到。

3. 玩具的外形很重要，给小宝宝的玩具要注意边缘光滑，无锐角，以免割伤或刮伤小宝宝。

4. 不要让孩子玩噪声很大的玩具，超过100分贝的声音会损害小宝宝的听力。

5. 避免带有刺眼灯光的玩具，以免损害小宝宝的视力。

6. 所有的玩具都要注意材料结实、耐摔，即使掉在地上也不会损坏。

　　4~6月龄的小宝宝已经可以翻身，有些甚至可以扶坐或独坐。因此，父母要注意防止小宝宝从高处跌落，尤其是坠床。可能发生坠床的情况有：婴儿单独在无围栏的床上玩耍时无人照看或疏于照看；婴儿床的安全性和稳定性不佳；

婴儿床上的玩具不够安全。

预防宝宝坠床要格外注意几个细节：

1. 不要将小宝宝单独放在无围栏的床上，须确保栏杆高于床垫 20cm 以上。

2. 如果宝宝不会坐，应调低床垫位置，确保小宝宝靠向床边或者翻身时，不会从床上掉下来。

3. 最常见的坠床是小宝宝试图从婴儿床爬出来造成的。因此，小宝宝学会站立之前，要将床垫的高度调到最低处。

4. 只要宝宝在床上，不管是玩还是睡觉，都要抬起床栏杆，并上锁，确保不会被宝宝打开。

5. 婴儿床的四个角，不要放置高的柱子或杆子，以免挂住宝宝所穿的宽松衣服。

6. 定期检查婴儿床，尤其是在重新安装后。应认真检查各个部件，包括所有的螺丝、螺栓及其他零部件是否有松动或缺失的部分。定期检查床板的牢固性，一旦发现问题应及时修补或替换，以免宝宝在床上活动时发生坍塌。

7. 定期检查婴儿床上的金属件，确保没有粗糙的边角或尖锐的部分，确保木头没有毛刺和裂缝。

8. 婴儿床上方悬挂的可旋转玩具要固定在床栏上，且位置要保证足够高，不要让小宝宝够到并将其拽下来。在孩子可以坐起来或者 5 个月大的时候，一定要将挂在婴儿床上的悬挂玩具拿掉。

9. 有的父母为了练习孩子抓握能力，会给孩子准备健身架等玩具。一旦孩子学会爬行，就不要将爬行架留在婴儿床上。

10. 婴儿床要定期清洗和整理，且不宜放置太多物品，以防宝宝爬上床上物品，导致坠床。

第五章

早期促进与亲子游戏

　　4~6个月的宝宝已经和母亲建立了比较好的情感联系，这一阶段的早期促进和亲子游戏主要以诱发宝宝的主动活动、满足宝宝社交需求、丰富多感官刺激为主。所以这一阶段既要确保安全，又要提供环境和情感支持。另外，宝宝的睡眠时间较上一阶段有所减少，清醒时间越来越多，活动的频次和时长也要有所增加，增加户外活动时间，为宝宝日后主动探索提供良好的基础。

第一节
视觉的促进

　　随着视觉能力的提高，4~6月龄宝宝看东西的范围也更大了。他们的头和眼睛可以一起灵活地去追踪物体；宝宝的双眼视力也日渐发育得更好，在看东西的时候能更好地判断物体和自己之间的距离。

　　这个时候，我们就可以抱着宝宝到处去看一看了。无论是在家里，看一看熟悉的卡片、常见的物品，还是去户外玩的时候，看路上的行人、跑过去的小狗、行驶的汽车，都会让宝宝非常感兴趣。

第二节
动作的培养

　　这个阶段的宝宝运动能力进一步增强，好奇的他们不仅想尝试自己翻过身去拓展更大的活动空间，而且想用手把自己撑得更高，去发现更多新鲜的事物。家长们可以通过游戏或者互动，促进宝宝运动能力的发展，例如辅助宝宝翻身、趴着用手支撑身体、练习坐立，以及更多的精细活动。

一、　俯卧游戏

宝宝现在喜欢用前臂支撑起上半身趴在垫子上玩，有时候会想用手把自己撑得更高，但是并不是每次都能成功，或者持续时间很短。在一旁的家长可以将毛巾卷成卷，垫在宝宝胸下方，这样给宝宝一些用手支撑的动作体验。如果宝宝可以独立完成手支撑动作，可以将宝宝感兴趣的玩具拿高，增加支撑的时间。良好的上肢支撑能力是孩子日后动作发展的基础，对于独坐、爬行、精细动作都很重要。

二、　趴在球上玩

如果家里有大一点的瑜伽球，也可以让宝宝趴在球上玩。和垫子相比，在球上练习俯卧，宝宝能够获得更多视觉、本体感觉（深感觉）和前庭的感觉刺激，这些丰富的刺激会促进宝宝运动感知的发育。

让宝宝趴在瑜伽球上，家长在孩子后方，扶着孩子的骨盆稳定好姿势。等孩子适应并支撑起自己的身体后，就可以缓慢地向前、后、左、右摇摆，让宝宝逐渐学会调整自己的姿势。摆动幅度和速度一开始要小，然后慢慢增加，始终匀速。这种游戏方式有一定的难度和危险性，需要家长控制住自己的身体平衡，同时掌握好宝宝的平衡以及球的稳定。

三、　翻身活动

如果宝宝已经可以翻身，家长可以通过将玩具拿到宝宝身体一侧来增加宝宝翻身的意愿和频次。如果还不能独立完成翻身，家长可以在宝宝骨盆一侧给予助力，给宝宝增加翻身的动作经验。记得左右两侧都要进行练习，少量多次，家长逐渐减少助力，直到宝宝独立完成翻身。

四、　平衡游戏

1.　在成人的大腿上锻炼平衡感

家长坐姿，抱着孩子骑坐在大人一侧大腿上，用手扶住宝宝骨盆两侧辅助他维持平衡。如果宝宝可以自如地坐稳并且腰背挺直，家长就可以小幅度地左右摆动大腿，逐渐地让宝宝尝试自己调整姿势以维持平衡。

2. 模拟飞机游戏

　　和宝宝玩模拟飞机游戏能够一定程度促进宝宝前庭的功能和视觉的发育，同时又是很好的互动机会，但是游戏有一定的难度和危险性，需要家长有较好的上肢力量，同时注意避免周围环境磕碰到宝宝。

　　宝宝俯卧，家长用双手分别托住宝宝胸腹部和大腿前侧将其托起。如果宝宝能很好地维持伸展姿势，再缓慢地水平摆动孩子，就像小飞机起飞一样。等宝宝适应之后，适当增加幅度和速度，但是不要过快，始终保持匀速。游戏的过程中注意孩子的反应，如果宝宝感到惊恐或者厌倦，就应该适时停止游戏或者减小幅度。那一次玩多久呢？看孩子反应，最好在他意犹未尽或者感到比较满意的时候停止，让他对下次游戏的开始充满期待。

3. "坐位"游戏

　　扶坐练习：随着宝宝腰背力量的增强，他开始喜欢坐起来玩。虽然一不小心就可能因坐不稳而脸朝下栽倒在床上，但即便这样，我们的小宝贝依旧会想尽办法再支撑着坐起来。家长们可以准备一个方形的小抱枕（高度大约与宝宝腋下平齐），放在宝宝前方辅助宝宝坐稳。不要让宝宝上半身完全趴在抱枕上，稍微离开一点，尽量自己控制姿势，必要时家长可以在后方辅助宝宝坐稳。每次坐的时间不要过长，少量多次地训练，然后逐渐增加时间。

　　靠坐练习：家长双腿自然分开坐好，把宝宝放在两腿中间坐稳。家长不要掐着孩子腋下，而是必要时用手稳定宝宝骨盆以助其坐稳。可以准备宝宝喜欢的玩具，例如玩敲鼓的游戏，引导宝宝在"坐位"进行游戏。

　　碰一碰悬挂的玩具：对于刚刚会坐的宝宝，我们可以利用婴儿常见的健身架，把玩具悬吊到宝宝视线平齐的位置，目的是引导宝宝坐直。

　　"坐位"转身找玩具：如果宝宝能独立坐稳，就可以增加游戏的难度。平时我们总是把玩具放在宝宝前方，现在可以把玩具放在宝宝身体一侧，引导宝宝转身够取玩具。一开始把玩具放得离宝宝身体近一点，慢慢增加挑战难度。

第三节
精细动作的促进

一、　抓握游戏

　　宝宝的小手一刻也闲不下来，随手拿起玩具就想往嘴里放或在手里摆弄。父母需要为宝宝准备一些不同形状、材质并且干净、安全的玩具。

　　如果宝宝抓东西还不够准确或者一不小心就砸到头，说明这个时候宝宝手的控制能力还不够好。父母可以用玩具轻轻碰触宝宝的手或者在宝宝面前摇动，引导他用手准确地去抓取玩具。然后，可以进一步引导宝宝换手、轻轻摇、使劲摇，体会不同力道下的不同感觉。另外，给宝宝机会去抓握和感知不同形状、质地的玩具，比如柱状的摇铃、颗粒状的球、柔软的毛巾等。

二、　和宝宝拉围巾比赛

　　我们可以和宝宝玩一个有趣的游戏，用围巾或者丝巾，来一场"拔河比赛"。让宝宝在床上坐好，把围巾放在宝宝和大人之间，和宝宝双手一起抓住围巾，稍微用一点力来一场"拉锯战"。这个游戏不仅能锻炼宝宝双手抓握的准确和力量，在拔河的过程中，宝宝还要同时保持"坐位"的稳定和平衡，可谓一举两得。

第四节
语言和认知能力的促进

　　4~6月龄的宝宝开始发现，听到声音或者发出声音是很有意思的一件事，他们也开始学习用声音或身体的语言来和大人们交流了。父母需要及时回应，并带领宝宝通过游戏互动来促进语言和认知能力的发展。

一、　发展对音乐的认知

　　选一本童谣或儿歌，不必让小宝宝一定能听懂里面的内容，只要这些童谣或儿歌听起来柔和优美就可以，轻轻地念儿歌给宝宝听，可以同时抱着宝宝，轻轻地拍拍他，或拉着他的手一起拍拍手。

二、　和宝宝一起"咿咿呀呀"

当宝宝开始"咿咿呀呀"地发音时，我们要注意他声音的变化，尝试模仿他的声音，鼓励宝宝多发音。我们也可以和宝宝发出一点不一样的声音，音量或大或小，节奏或快或慢，音调或高或低。观察宝宝，看看他对这些变化有什么反应。

三、　叫宝宝的名字

家中要给宝宝起一个统一的名字。在日常的养育活动中，我们应该经常看着宝宝，呼唤他的名字。需要注意的是，不要反复试探宝宝对名字的反应，要在真正需要的时候再叫宝宝的名字。

四、　带宝宝一起照镜子

4月龄的宝宝开始能识别镜子中的自己了，家长们可以抱着宝宝去照镜子，让宝宝用小手去摸一摸，同时对宝宝说："你看，镜子里面也有个宝宝，还有个妈妈，你可以和他握握手。"也可以带着宝宝冲着镜子做做鬼脸，与镜子中的人说说话。

五、　和宝宝一起"躲猫猫"

和图片"躲猫猫"：给宝宝看一张大的、他喜欢的物品的图片。当他在看图时，用布把图片遮起来，可以问问宝宝，图片去哪了，然后再把布拿走。同时，要观察宝宝的反应，看宝宝是不是也想要把布拿走。

和人"躲猫猫"：父母可以呼唤宝宝，当宝宝注意到后，用手或一块布挡住自己的脸，和宝宝说话、唱歌。不断重复，让宝宝看着大人的脸藏起来又出现。

第五节
创造探索游戏

一、　在不同的天气散步

晴天，家长带着宝宝去户外走走一定是不错的选择。雨后，家长也可以带着宝宝去转转，让他们闻一闻雨后空气清新的味道，也可以让宝宝摸一摸小草或花朵上的水珠。微风的天气，在保证安全和保暖的情况下，可以引导宝宝去看摇动的树叶，体验风吹在脸上的感觉。同时，父母要把宝宝感受到的事物边看边讲给他听。

二、　触摸大树和小草

天气好的时候，家长可以多带宝宝接触自然，让宝宝摸一摸旁边的小草，或抱着宝宝去摸一摸大树。家长可以轻轻地拍一拍小草或大树，让宝宝去模仿，同时引导宝宝去闻一闻小草或树叶的味道。

这些游戏都有助于培养小宝宝的探索能力，帮助他们打开观察外界自然环境的心灵之窗。

第六章

情感培养和习惯的建立

第一节
安全依恋的建立

儿童的依恋关系不仅是孩子社会性发展的开端，也是个体社会化的基础。依恋行为最初由婴儿与抚养者（通常是母亲）之间的情感关系发展而来，是婴儿试图寻求与母亲保持亲密联系的行为倾向，是母婴之间一种积极和深厚的情感联结。安全依恋是孩子建立信任的前提，也是孩子社会交往的第一步。

一、 影响孩子依恋风格形成因素

1. 儿童生理成熟程度

婴幼儿的生理逐渐成熟，为心理的发展提供了可能性和方向，同样也决定着选择性依恋发生的时间。由于依恋的特性之一是指向性，所以只有当幼儿能分辨出主要抚养者时，稳定的安全依恋才有形成的可能。从出生到3个月时，婴儿的依恋表现为对人不分化的反应，具体来说，就是对人的反应是不加区分和无差别的。渐渐地，婴儿到七八个月大时，就能够敏锐地辨别熟人和生人了。这样，婴儿真正的依恋行为便产生了。

2. 儿童气质特点

儿童及父母的气质不同可交互影响儿童的心理活动和行为。有些孩子情绪好，见人就笑，喜欢被人抱，就更容易赢得大人欢心，而不愿意被抚慰的孩子就容易被大人冷落。久而久之，不喜欢被成人抚慰的儿童因为情绪没有得到足够重视，便促成了不安全依恋。

3. 养育者及养育环境因素

◇ 母亲对子女照护的敏感度

在孩子看来，建立依恋的关键是母亲对自己的各种需要能够给予及时和恰当的反应。母亲越是经常关注孩子，能够正确地领会孩子的意图，及时、准确、一致地做出反应，也越能以接受、关爱和鼓励的态度与孩子进行面对面的交流。而在离开时，母亲越是让孩子充分了解自己的去向，孩子的安全依恋倾向就越高。比如，婴儿期孩子的哭就是一种需要，母亲或主要照顾者如能及时地关注和捕捉到信号，了解孩子是饿了、冷了、尿布湿了还是有其他需求，就是一种准确及时的回应。反过来，如果母亲对孩子需求的反应不敏感，容易导致母子之间建立不安全依恋。因为在等待需要被满足的过程中，孩子的心理活动常常是极其复杂的，如果长时间不能满足，孩子往往会觉得周围的人是不能信任和依靠的，进而产生消极影响。

◇　母亲的依恋风格

有研究发现，母亲与婴儿的依恋风格具有较高的一致性，可分为以下几种：安全型的母亲能够根据其依恋经验，把自己的内心体验与现实整合成为一致的心理表征，对孩子的需求表现得更加敏感，积极地与他们交往，鼓励、支持他们学习新的技能，并随时提供适当的帮助，其子女依恋安全感较强；回避型母亲对子女缺乏耐心，经常表现出冷淡、拒绝的消极情感；焦虑型母亲表面看来愿意与孩子亲密接触，却总是错误地理解孩子，或过度干涉，或忽视不理，使子女感到无所适从。

4.　母亲的就业情形

有研究表明，母亲在子女婴幼儿阶段外出工作会导致不安全依恋风格的形成，但母亲就业对不同个性的子女产生的影响不同。外向孩子更喜欢长时间与母亲在一起，而内向的孩子在婴幼儿期能够更好地适应与母亲的分离。

5.　父亲的影响

虽然母亲对孩子依恋风格的影响无法替代，但绝对不可以忽视父亲的作用。因为从孩子建立依恋关系时起，就并非只对母亲，而是对双亲都会形成依恋，有的孩子甚至对父亲显示出更多的接纳行为，表现出更多的反应。研究表明，如果父母双方都是不安全依恋者，其子女形成不安全依恋风格的可能性更大。

6.　父母婚姻质量

父母婚姻质量对子女依恋安全感具有直接和间接的影响。

其一，婚姻质量通过影响母亲的依恋工作模型来间接影响母亲对孩子照护的敏感程度；其二，婚姻质量直接关系到父母双方的心理状态和应激水平，进而影响父母和子女的互动过程；其三，不同水平的婚姻关系产生不同的家庭氛围，由此也影响到子女依恋安全感的建立。父母婚姻质量越高，相互支持度越高，越是以积极的心态善待孩子，其子女依恋安全感越高。破裂的家庭，即父亲或母亲死亡、离婚、分居，或子女被父母抛弃，常会对子女产生重大的影响。

7. 家庭氛围

家庭氛围由每位家庭成员共同创造。温暖、和睦、互助或冷漠、疏远、拒绝，都对孩子的成长具有潜移默化的影响。父母对子女细致温暖地照顾，并以合理的方式养育，其子女多形成安全型依恋风格；而父母如果存在抑郁、药物滥用或反社会人格障碍等行为问题，往往难以形成和谐温暖的家庭氛围，从而使子女感到在需要时无法获得关爱，并因此认为人际关系是不可靠的，造成疏离感增强，产生回避型依恋风格。

二、 建立安全依恋的好处

1. 安全型依恋的孩子有较好的情绪控制能力，行为问题比较少，很少出现逃学、打架等叛逆行为。
2. 孩子能在不同的环境中探索、学习，可更好地促进孩子的心理、智力发育。
3. 安全型依恋使一个人在成人后具有对他人信赖和自我信任的能力，并能成功地依恋自己的同伴和后代。
4. 孩子有了被爱的经历，长大后才会爱别人、爱社会，友好地与他人相处。这种良好的与他人交往的能力是情商的重要组成部分，也可以说是孩子未来事业能否成功的关键和基础。

三、 如何建立安全依恋

1. 早期皮肤接触

婴儿出生6～12小时让母亲与婴儿进行一些皮肤接触，促进母亲体内激素分泌，有助于母亲去关心自己的孩子，促使早期依恋形成。

2. 提供充满爱心的、敏感细心的照顾

在孩子小的时候，养育者敏感细心的照顾是小婴儿获取安全感最重要的途径。当孩子渐渐长大，难免会遇到不如意、挫折和失败，所以家长的抚慰显得格外重要，需要无条件地积极关注。

3. 保证有比较固定的依恋对象

依恋关系的产生会经历一个过程，而一个或几个特定的成年人持续地照顾是宝宝获得安全感的途径。也就是说，妈妈总会因为一些原因而需要离开，一个家庭里最好要有至少两个人能同时担当起照顾者的角色，在确实需要突然替换时，宝宝能有心理上的顺利过渡。

4.　给孩子足够的父爱

　　　父亲会和孩子玩更多刺激性的游戏，带给孩子更多的新鲜感，让孩子能感受到不同形式的爱，也学着和不同的人相处。

5.　多陪伴孩子

　　　提高与婴儿情感交流的积极性与生动性，自然、直接、专一地与孩子想到一起、做到一起、玩到一起，真心诚意地与孩子接触，参与到孩子的游戏中去。这种交流的习惯与气氛会使孩子受到健康情感的影响，从而建立对父母的信任与亲近感，促进亲子关系的良性互动，形成对父母的安全型依恋。

6.　家庭教养意见统一

　　　家庭教养意见的统一与养育方式的改善，最能促进轻松和谐家庭育儿环境的形成，也最能帮助婴儿建立安全型依恋关系。

第二节
给宝宝独自玩的时间

　　很多家长可能认为，4个月的宝宝还小，不宜让宝宝独立玩耍。其实不然。爸爸妈妈应该有意识地让宝宝学会自己玩耍，让他有更多的空间和机会去接触、观察、研究外部世界。正如我们看到的宝宝会"咿咿呀呀"地自言自语，其实这是宝宝在自己玩耍的表现，家长这时不要急着去打断宝宝，试着让宝宝自己玩，给宝宝规定一段"独处时间"。

　　宝宝独自玩耍有一定的好处。当宝宝沉浸在某一玩具或游戏中，说明宝宝对此有兴趣，有助于提升专注力；独自玩耍还能增强宝宝的独立性，宝宝在独自玩和不断尝试的过程中，学会了独立探索和解决问题，增加了成就感和自信心。宝宝的天性就是好奇，放手让他们自己探索，对宝宝的智力和创造力的发育都有帮助。

那么，培养宝宝自己玩耍的正确方法有哪些呢？

一、　选择最佳时机

　　　引导宝宝独自玩耍也要看宝宝当时的心情和状态。宝宝一般在午饭后，或者洗了一个舒服的温水澡后，心情会比较愉悦，容易进入自娱自乐的状态。相反，当宝宝在饥饿、困乏或生病的时候，则更需要大人的关怀，不愿意自己玩。

此外，父母要避免在疲惫不堪或情绪差的时候让宝宝自己玩，大人的异常情绪会影响到宝宝的心情，更不能强制性地命令宝宝独自玩。宝宝独自玩耍能力的强弱和本身的性格也有着一定的联系。

二、　循序渐进，切莫操之过急

宝宝的注意力一般不会持续很久，更何况是要他们自己玩，所以一开始家长的要求不要太高。时间从短到长，循序渐进，可以从 2~3 分钟开始，慢慢延长到 15 分钟。

从选择一个宝宝最喜欢玩的游戏开始，可以坐在离宝宝稍微远一点的地方，看着宝宝玩。这时一定要控制自己想要去指导和夸奖的欲望，更要控制上手帮忙的冲动，正确的做法就是和宝宝保持一定距离，静静地看着宝宝玩。

一开始，这样的状态不会持续很久，很多宝宝自己摸几下手中的玩具，马上就会要求父母帮忙了。没有关系，可以回应。但只要我们有意识地时不时提供这样的机会，宝宝就会越来越习惯父母"缓慢退出"的过程。当发现宝宝可以独自玩玩具一段时间后，就可以尝试不那么"亲密"地静心陪伴着宝宝。

在这个过程中，父母要确保自己的"心"一直都在，让宝宝体会到，即使物理上父母不在身边，父母的心还是和他们在一起的。

三、　从兴趣游戏入手，切莫强迫

选择从宝宝感兴趣的游戏入手。玩法多样的玩具可玩性很高，更适合宝宝一个人耐心"瞎琢磨"，而不容易厌烦。不要小看这样的"瞎琢磨"，这个过程恰恰就是锻炼宝宝创造力和内在驱动力的过程。

四、　让宝宝主导

当陪宝宝一起玩耍的时候，让宝宝自己来选择要玩什么、怎么玩。

例如，同宝宝一起散步的时候，不管是看到什么，例如小水坑、树叶、昆虫等，都要给他们机会去触摸和探索。有时对大人来说，宝宝的兴趣相当奇怪，或者父母根本不希望孩子有这样的兴趣，但也要接受，不要过多干涉。暂且把自己的期望放在一边，让宝宝们以自己的方式去活动，去探索这个全新的世界，这才是帮助宝宝们建立创造性和独立性最好的方式。

五、　关掉电视、电脑

与户外活动和互动游戏相反，看电视、电脑不会帮助4~6月龄的宝宝发展任何独立玩耍的技能，这是另一种被动的玩耍方式，不会提高宝宝的创造力，只提供了少量的智力刺激，还会干扰宝宝独立玩耍技能的形成，导致宝宝依赖外在的东西娱乐自己。父母在家要尽量避免宝宝这方面的娱乐活动。

六、　暗中照看和保护

让宝宝独自游戏绝不是对宝宝不闻不问、放任不管。爸爸妈妈必须确保宝宝的安全，要注意宝宝的一举一动，以免发生意外。

七、　事后爸妈要表扬宝宝

宝宝独自玩得好，爸爸妈妈千万不要吝啬对宝宝的表扬，只有让宝宝不断得到鼓励，宝宝今后才会做得更好。

第三节
产假后上班如何
与宝宝说"拜拜"

在宝宝差不多四五个月时，很多妈妈将面临休完产假、回归工作岗位的情形。这时，宝宝对妈妈有种特别的依赖，认定和自己最亲近的人就是妈妈，一旦和妈妈分开就会产生焦虑、哭闹、缺乏安全感。

那么，什么是分离焦虑呢？

婴儿自出生后就具有了人类的一些基本情绪，如愉快、兴奋、紧张、痛苦、失望、焦虑、恐惧等。6个月后，在心理上，宝宝开始经历两种与社会化有着重要联系的感情反应，即"分离焦虑"和"认生阶段"。

分离焦虑在宝宝刚出生时就开始了，因为它是每个宝宝的生存本能，是宝宝失去保护后的正常反应，尤其是在宝宝身体患病、处在陌生环境、天黑后等情况下，表现得更明显。其实，孩子的内心世界和成人是不一样的。宝宝从出生那一刻起，就已经和妈妈建立了一种最亲密的依恋关系。当妈妈在身边时，宝宝会感到安全、轻松，他最不能接受的事情就是"和妈妈分开"。在他心中，妈妈此时离开了就是再也不回来了，那是真的伤心难过啊！于是，宝宝就会用不停哭闹来表达这种发自内心的不安感受。

对待处于"分离焦虑"期的婴儿，请父母一定要理解他们的情感需要。如果试图忽视他们的情感，不理睬他们的哭声，生硬地扳开他们搂着父母的手，甚至把他们围在栏杆里不让他们跟着父母，孩子的焦虑就会更为强烈。有的父母想趁着他们玩的时候偷偷溜走，但这样做只能成功一次，下次他们就会牢牢地盯紧父母，不让其离去，并对父母产生强烈的不信任感。要想消除宝宝的焦虑情绪，就要尽可能地减少离开孩子的次数。如果确实需要离开，要用婴儿能懂的语言告诉他，"妈妈要离开他一会，但很快就会回来的"，让孩子有心理准备。当妈妈出门前，要营造出宽松、愉快的气氛，用玩具逗逗孩子或搂抱一下宝宝，使他得到一定的情感上的补偿，可以缓解他对妈妈离开的紧张情绪。

有意思的是，有时候往往并不都是宝宝忍受不了与妈妈分离，而是妈妈忍受不了与宝宝分离。妈妈总担心宝宝在家吃不好、睡不好而无法放手，这会让宝宝和照看宝宝的人无法顺利建立依恋关系。而妈妈在分开时，常会无意识地表现出因不能全天照看宝宝而出现的不良情绪，也会被宝宝直接感知，这些都会加重宝宝的焦虑感受。除了与父母分离之外，频繁地更换抚养人、经常改变生活环境、家庭气氛紧张、父母吵架、生病住院等许多负面情况均会引起婴幼儿不同程度的焦虑情绪。如果这种情绪持续存在，必然会给孩子造成许多不良影响。孩子会表现为食欲下降、睡眠不安、情绪不稳、好发脾气等，严重影响其身心发育。

那么，作为父母该怎样正确处理呢？

首先，简短的告别未尝不可。妈妈在结束产假进入工作状态前，不仅要为宝宝安排看护人，还可以提前创造一些让宝宝和自己短暂分开的机会。例如，请其他家人单独带宝宝到小区里和其他小朋友交流或者为午睡的宝宝讲个睡前故事等，由此慢慢地延长宝宝和自己分开的时间。这样既锻炼了宝宝接纳其他看护人，又为自己快要上班的分离做好准备。

其次，愉快告别，信守承诺。妈妈的情绪和行为都会给宝宝暗示，因此，妈妈上班时应轻松愉快地与宝宝道别，让宝宝觉得妈妈去上班是一件再自然不过的事情。宝宝放心让妈妈去上班其实是一种信任关系，因为他相信妈妈说"下班就回来"。因此，妈妈也要信守承诺，下班后按时回家，让宝宝体验到"妈妈和自己分开只是短暂的，她下班就会回来抱我"。由此，可以放心地接受妈妈去上班这件事。

最后，父母情绪要稳定。父母的情绪会影响孩子，孩子也会模仿父母的行为。宝宝不想和妈妈分离是正常的，能否顺利度过这个时期，取决于父母尤其是妈妈的态度。面对宝宝因为分离而哭泣，如果妈妈心软转身回到宝宝身边，表现得非常难舍，会让宝宝意识到用哭闹的方式可以让妈妈回来，进而再次使用哭闹的方法，继而愈演愈烈。妈妈在陪伴孩子成长过程中一定要保持稳定的情绪。在和宝宝道别时，出门前身体要放松，给宝宝一个大大的微笑，愉快地和宝宝说再见，并快速离开，要用自己轻松愉快的心情感染宝宝，让他安心。

宝宝对妈妈的依赖通常非常强烈，面对宝宝的这些分离焦虑症状，妈妈们要及时做好引导和思想工作，才能有效缓解宝宝的分离焦虑。

第四节
睡眠规律的培养

睡眠对婴幼儿的生长发育有特别重要的作用。很多与婴幼儿生长发育有关的激素都是在每个睡眠周期里分泌的，如促进婴幼儿长高的生长激素就是在睡眠周期里以脉冲形式分泌的。因此，健康的婴幼儿睡眠质量越好，生长激素分泌得越多，其身体发育得也就越好。睡眠能够促进脑的发育，有明显的益智作用；睡眠还具有很好的储能作用，可以帮助婴幼儿更好地玩和学习，促进智力发展。所以，睡眠是相当重要的。

人的正常睡眠有两种状态，第一种是快速眼球运动睡眠（快速眼动睡眠），其生理特点是全身肌肉放松，心率和呼吸加快，躯体活动较多，醒后可有梦的回忆。新生儿的快速眼动睡眠时间较长，每日为8~9小时，并随年龄增长而减少。第二种是非快速眼球运动睡眠（非快速眼动睡眠），它的特点是心率和呼吸慢且规则，身体活动较少，为安静睡眠期。非快速眼动睡眠共分为4期，第1期为极浅睡期，第2期为浅睡期，第3期为中睡期，第4期为深睡期。

一般来说，婴儿从6个月开始的睡眠是从觉醒状态到非快速眼动睡眠，再到快速眼动睡眠，两大时期循环交替进行，构成整个夜间睡眠。新生儿无明显昼夜节律，随着年龄增长，连续睡眠时间延长，但每日总睡眠时间减少。

一、　婴幼儿睡眠的特点

随着婴幼儿的月龄增加，总睡眠时间减少，逐渐形成较规律的睡眠-觉醒时相（表4-5）。一般来说，3~6个月形成睡眠模式的昼夜规律，6个月以上的婴儿可持续睡7小时左右，1岁时有较好的昼夜节律。从快速眼动睡眠开始，每一个睡眠循环周期是45~60分钟，其中大约50%为活跃睡眠。

表 4-5　婴儿睡眠-觉醒节律

月龄	睡眠合计时间 /h	清醒 / 玩耍时间 /h	睡眠时间 /h	平均睡眠次数
0~1	>16	≈1	1.5~3	5~7次/24h
1~3	15.5	1~1.5	1.5~2.5	4~5次/24h
3~5	15	1.5~2.5	1.5~2.5	白天3次
5~6	>14	2~2.5	1.5~2	白天2~3次

不良睡眠对婴幼儿健康的危害不容忽视，其影响如下：

1. 智力：注意力不集中，创造力受损。
2. 行为：有攻击倾向、好动。
3. 情绪：易怒、低落。
4. 生长发育：生长激素分泌减少。
5. 免疫力：内分泌失调，免疫功能低下。
6. 家庭关系：父母情绪紧张。

二、　如何培养良好的睡眠规律

有些妈妈在孕期就有睡眠不良的体验，产后发现，宝宝总是在自己想要睡觉的时候保持清醒。这种状况在产后最初的几天里，貌似也没有什么好的办法。等宝宝2周大时，父母可以开始教小宝宝认识白天和夜晚，培养良好的睡眠规律。

宝宝白天醒着的时候，要尽量多和他一起玩耍，让他的房间有充足的光线，不要特意减少日常的生活噪声，比如电话铃声、正常聊天的声音等。晚上，宝宝醒来吃奶时，将屋里的光线调暗一点，不要跟他玩，保持四周安静，不要跟他多说话，这样他就慢慢地意识到是晚上睡觉的时间了。

等宝宝长到 6~8 周时，在他困倦但还清醒的时候，就建议爸妈把他放到床上培养入睡习惯；不建议为了哄睡而摇晃婴儿，或让婴儿边吃奶边入睡（表 4-6）。在宝宝似睡非睡的时候把放他在床上，他可能会警觉地立刻睁眼，这种情况下，多数家长会马上将婴儿抱起，甚至摇睡之后再把他放在床上。殊不知，这种做法会对宝宝的睡眠习惯产生不良影响。不妨试试在婴儿有困意但还清醒的时候把他放在床上，婴儿自己入睡的能力可能会使大人们都惊讶。否则，假如在最初的 6~8 周每晚都是摇晃着哄睡，渐渐养成习惯，婴儿会自然而然地要用同样的方式才能入睡。这就意味着，从今以后哄宝宝睡觉将会成为父母家人每天要执行的一项"艰巨"的任务。

对于 3~4 月龄婴儿来说，每天要睡 14~15 小时，其中晚上要睡 9~10 小时，剩下的时间分散在白天小睡几次。这个阶段可能仍然要在晚上起来给婴儿喂奶，但 3~6 个月龄婴儿已不再需要父母晚上每隔 2~3 小时就起来一次。目前研究证明，6 个月前婴儿频繁夜醒主要是为了获得增加喂养的机会。当婴儿长到 6 个月大时，就已经能够整夜睡觉了，6 个月后频繁夜间哺喂，则会造成婴儿睡眠障碍。

事实上，婴儿到底能不能睡上一整夜，取决于他有没有养成良好的睡眠习惯和睡眠规律。婴儿上床睡觉的时间，最好是在晚上 9 点之前，如果太晚睡觉，婴儿很可能会因为过度疲倦而难以入睡。白天的小睡也是同样道理，最好定时定点，保持一定的规律，如果拖延过久才让婴儿小睡，他就很难进入梦乡了。

表 4-6　优质睡眠"三要"和"三不要"

要	要在宝宝犯困时将其放在床上，培养其独自入睡能力
	要让宝宝与父母同屋不同床，有助于夜晚连续睡眠
	要用纸尿裤等养育行为方式提高宝宝夜晚睡眠效率
不要	不要依赖拍抱或摇晃等安抚方式让宝宝入睡
	不要让宝宝只有在喂奶后才能入睡
	不要过度干扰宝宝夜晚睡眠

资料来源：中国疾病预防控制中心妇幼保健中心 2013 年发布《中国婴幼儿睡眠健康指南》。

三、 睡眠仪式的建立

通常说来，1岁之前建立睡眠仪式有助于建立良好的亲子关系，可帮助宝宝形成睡眠习惯。1~2岁固定睡眠仪式可帮助宝宝建立昼夜节律。如果1岁之前没有这样做，那么现在也是开始建立一套睡前仪式的好时机。

睡前仪式可以包括：睡前1小时喂奶、给婴儿洗个温水澡、换舒适的贴身衣物和干爽的尿不湿、给婴儿唱一支摇篮曲、亲吻婴儿道晚安等。

规律有序的生活有利于婴儿健康成长。任何适合自己家庭情况的睡前仪式都可以，只要坚持每天在同一时间、以同样顺序完成，即有助于建立良好的睡眠习惯。

第五节

引导宝宝规律吃奶、进食

宝宝的出生为每个家庭带来了无限的欢乐，但如何科学养育宝宝，包括哄宝宝睡觉、喂宝宝吃奶等现实问题成为摆在家长面前的一道道难题。

一、 养成规律吃奶和进食的习惯

婴儿生长发育迅速，新陈代谢旺盛，必须供给充分的营养素。但是，婴儿胃容量小，胃壁肌肉发育还不健全，消化能力较弱。因此，哺喂要根据婴儿月龄增长，由按需喂养逐步过渡到定时定量。若不注意掌握喂奶时间，总是婴儿一哭就喂奶，很容易导致宝宝吃太多，胃容量过载会造成消化不良，长此以往会影响身体健康。

喂哺时，母亲应让婴儿安静地吃奶，周围环境光线可以暗一点，减少嘈杂声音的干扰。不要让婴儿养成边吃边玩的习惯。偶尔会遇到婴儿在吃奶中途停顿一会儿，多是因吸吮奶水很费力，可休息片刻再继续吃奶。同时，注意喂奶姿势的调整（多体位喂养模式），避免固定姿势造成单一条件反射（只有这一姿势宝宝才吃奶）。

二、 添加辅食的困惑

随着宝宝月龄增加，家人也有了新的困惑——究竟在几个月时适合添加辅食呢？

一般来说，宝宝不早于4月龄、不晚于6月龄可以添加辅食。当每天给宝宝哺喂 8~10 次母乳或每天配方奶总量达 800~1 000ml 时，如果宝宝看上去仍未吃饱，或体重增长缓慢，则提示家长应开始添加辅食。宝宝的身体发育也要满足一些条件，如当宝宝被竖抱时头能够立稳，可用手支撑着坐一会儿，喂食物时宝宝会张嘴，可以将食物从舌前移到后面吞咽，会通过嘴上下运动"咀嚼"时，就可以尝试添加辅食。

辅食类型应由细到粗，从开始的泥糊状食物逐渐过渡到 7~9 月龄时的碎末状，再逐渐转换为 10~12 月龄时的碎块状，1 岁以后可添加小块食物。首选的辅食是富含铁的食物，从强化铁的米粉开始，每次只添加一种新食物，逐步达到多样化食物。只有当宝宝适应了多种食物后，才可将这几种食物混在一起喂给宝宝。

宝宝的味蕾数量约是大人的两倍，味觉的敏感性要比大人强得多。给宝宝引入一种新的食物或改变同一种食物的烹饪方法，哪怕变化很微小，带给他们味蕾的感受和影响也要比大人明显得多。家长注意不要过于心急，不要逼迫宝宝尝试新食物，要循序渐进、有策略地引入，如孩子一时不接受，可以后续多次少量地尝试。

添加辅食的同时不要停止喂母乳或配方奶，乳类仍是 1 岁以内宝宝主要的能量和营养来源。辅食中可加适量食用油，1 岁以内不应额外加盐、糖及其他调味品，1 岁以后食物也要清淡。坚持用勺喂辅食，不要用奶瓶。在添加新食物后的 1 周内，要密切观察宝宝的身体反应，一旦宝宝出现呕吐、腹泻、便秘、皮疹等食物不耐受或食物过敏的表现，应立即暂停添加并及时就医。

第七章

4~6月龄常见的医学问题

第一节

疫苗接种

同1~3月龄的婴儿一样，这个阶段的宝宝也需要接种规定的免疫规划疫苗。具体接种要求如表4-7所示。

表4-7　4~6月龄宝宝的免疫规划疫苗接种表

月龄	疫苗	剂次	可预防的传染病
4月龄	脊髓灰质炎减毒活疫苗	第三剂	脊髓灰质炎
	百白破疫苗	第二剂	百日咳、白喉、破伤风
5月龄	百白破疫苗	第三剂	百日咳、白喉、破伤风
6月龄	乙肝疫苗	第三剂	乙型病毒性肝炎
	A群流脑多糖疫苗	第一剂	流行性脑脊髓膜炎

资料来源：《国家免疫规划疫苗儿童免疫程序及说明（2021年版）》。

第二节

健康检查

宝宝满6月龄时，医生会对宝宝进行详细的健康检查，主要包括以下项目：

询问一般情况：喂养情况、有无患病、户外活动等。

体格测量及评价：体重、身长、头围及相应的评价。

查体：精神状态、面色面容、皮肤、囟门、眼睛耳朵外观、心肺、腹部、肛门及外生殖器、脊柱、四肢肌张力、髋关节等。

检查有无佝偻病症状和体征：询问家长有无夜惊、多汗、烦躁等可怀疑佝偻病的表现，检查宝宝有无方颅、肋骨串珠、肋软骨沟、鸡胸或漏斗胸等体征。

血常规检查：记录血红蛋白值，评价宝宝有无贫血，进行喂养指导或药物治疗。

心理行为筛查：依据具体情况选择儿童生长发育监测图的运动发育指标、儿童心理行为发育问题预警征象、丹佛发育筛查测验（评估个人 – 社交、精细动作 – 适应性、语言和大运动 4 个方面）或 0~6 岁儿童神经心理发育量表等工具进行筛查，给予指导意见或转诊。

听力筛查：应用便携式听觉评估仪或耳声发射筛查仪进行听力筛查，对未通过检查的患儿进行转诊。

指导喂养及辅食添加的方法，指导疾病及伤害预防。

填写体检记录，预约下一次健康检查时间。

第三节
幼儿急疹

一、 什么是幼儿急疹

也许很多父母都遇到过一次这样的经历：小宝宝一般状况特别好，没有什么特殊原因突然就发热了，体温一下子升到 39~40℃或更高，除食欲有点下降以外，宝宝精神好，没有出现流涕、咳嗽等其他不适表现。发热 3~5 天后，体温突然降至正常，然后开始出疹子，为玫瑰红色，直径约 1~5mm，主要集中在脸上、脖子和躯干处，四肢相对较少。1~2 天后皮疹开始消退，没有脱屑，皮肤也没有颜色改变。生病期间宝宝可能有点腹泻，或有点轻度烦躁。那么此时，小宝宝很有可能是患了幼儿急疹。

幼儿急疹，又称婴儿玫瑰疹，是婴幼儿常见的急性良性发热性发疹。幼儿急疹没有季节性，一年四季都可发病，好发于 2 岁以内的宝宝，生后 6~7 个月为发病高峰。表现为在高热 3~5 天后，体温突然下降，同时出现玫瑰红色的疹子，就是我们平时所说的"热退疹出"。其发病的原因可能是病毒由呼吸道侵入人体而引起的免疫反应。

二、 如何应对幼儿急疹

幼儿急疹大部分情况下预后良好，是一个自限性疾病，处理原则以对症为主。

1. 让宝宝多休息，多饮水，吃清淡和易消化的食物。
2. 对症退热，高热时及时服用退热药（例如对乙酰氨基酚、布洛芬）和物理降温。
3. 可口服清热解毒的中药（例如健儿清解液、小儿热速清）。

4.　　一般不需要抗病毒治疗。

特别需要注意的是，患幼儿急疹的宝宝少数可能会出现高热惊厥，如有这种情况，要及时将宝宝送到就近医院对症治疗。

家长要注意与其他常见的发热发疹性疾病相鉴别，若宝宝表现不典型，一定要及时到医院就诊，让医生来鉴别。如果宝宝出现高热持续不退，或者同时出现严重的感染症状，如严重腹泻、呕吐或频繁咳嗽等，建议尽快到医院诊治。

第四节
咳嗽

咳嗽是一种常见的呼吸道症状。当咽喉、气管的神经受到刺激时，人体就会出现咳嗽，迫使肺内的气体或异物通过气道咳出，这是一种正常的保护性反射动作。那么，小宝宝的咳嗽会有哪些不同情况呢？家长该如何处理呢？

一、　呛咳

呛咳是宝宝发生危险的高危因素。如果小宝宝在喝奶或吃辅食的过程中突然连续地强烈咳嗽，甚至小脸都憋红了，这很有可能是被食物呛到了，食物误入了气管，宝宝拼命地咳嗽就是为了把食物赶出气管。这时需要及时停止喂食，帮助宝宝拍拍背，协助食物排出。如果发现宝宝呼吸费力、脸色改变、较长时间不恢复如初，应赶紧到医院就诊。

二、　咳嗽伴发热

宝宝咳嗽时伴有发热是非常常见的。有时可能是宝宝咳嗽了几天后出现发热，有时可能是先出现发热，之后几天才出现咳嗽，无论哪种情况，都提示宝宝很可能是被感染了。这时需要及时到医院检查血常规以及其他基础检查，医生会初步判断是细菌、病毒还是其他病原体感染，进而进行下一步治疗。

家长除了遵医嘱用药外，给宝宝做好护理非常重要。退热是关键，可进行物理降温，如果出现高热，应及时按照医嘱服用医生开具的退热药。

三、 咳嗽伴鼻塞和流涕

如果宝宝感冒了，咳嗽的同时可能伴有流涕，小鼻子不停地流着清水，鼻子被擦得红红的；还可能出现鼻塞，小鼻子呼吸时"呼哧呼哧"的，甚至张着小嘴呼吸，就连吃奶都受影响了。看着宝宝这样难受，家长都感到很心疼。

感冒多数是由病毒感染导致的，没有什么特效药，需要一个自愈的过程，自然病程在 3~7 天左右。这时大人需要做的就是做好护理，让宝宝减轻症状，加快康复。要保证居住环境通风换气良好，环境干净整洁，空气保持一定湿度，干燥的季节可以选用加湿器。如果宝宝鼻塞严重，可以用生理盐水的滴剂或喷雾剂，改善鼻腔黏膜干燥的情况，通常在清理鼻涕后使用。

给宝宝勤洗手，摸完口鼻不要再摸玩具。患病期间应多居家休息，避免去公共场所。

四、 咳嗽伴痰

有时宝宝咳嗽可能伴有痰，因为这个年龄段的宝宝很小，不会自主咳痰，但能听到宝宝嗓子里"呼噜呼噜"的声音，有时候摸着宝宝胸背部或耳朵贴近时都能感觉到轻微的振动。这时，父母可以帮助宝宝拍背排痰，使用空心手掌，要有一定力度，不能太轻，一下一下来，不要太心急。切忌刚吃完奶就拍背，可能会引起宝宝吐奶。如果痰量较多或黏稠，应该及时到医院进行雾化治疗，或者请医生、护士帮忙吸痰。

五、 咳嗽伴喘鸣

有时除咳嗽以外，还会听到宝宝有喘鸣。喘鸣是吸气时发出的一种平时没有的高调鸣音，主要是因为上呼吸道有部分阻塞。喘鸣可以发生于支气管炎、肺炎、哮喘等疾病。喘鸣有时是能够直接听到的，但有时只有医生通过听诊器才能够听到，所以当听到宝宝喘鸣时一定要及时到医院诊治，医生会给宝宝进行止咳平喘治疗。

六、 咳嗽伴呕吐

宝宝咳嗽较为严重时，可能伴有呕吐，一般吐出物为胃里的食物残渣、水，还有一些黏液。出现这种情况时，家长不要惊慌，只须确保吐出的食物不会阻塞宝宝的气道，避免食物流入鼻腔，将口鼻周围的呕吐物清理干净即可。

第五节

腹泻

腹泻是大多数宝宝都会出现的症状。4~6 月龄的小宝宝如出现腹泻，家长要注意哪些情况呢？

对于有些 4~6 月龄的宝宝，家长已经开始试着添加辅食了。在开始添加辅食的阶段，一定要格外小心，尤其是过敏体质的宝宝，如果在添加一种新食物后出现腹泻，说明宝宝可能对这种食物过敏或不耐受。有一些宝宝由母乳改为配方奶时，可能也会有腹泻，甚至大便中带有血丝，或者伴有严重哭闹、吐奶等不适，这可能是牛奶蛋白过敏导致的。总之，对于这些饮食导致的腹泻，可以减少或者去除可疑的食物，逐渐让宝宝恢复到之前的饮食状态，几天后可能宝宝的大便就恢复正常了。

这个月龄的宝宝手部动作逐渐灵活，可以抓着一些小玩具玩耍，同时也特别喜欢"吃手"，所以如果不注意经常清洗、消毒玩具，就会"病从口入"。制作辅食的过程中如食物被污染，宝宝食入病原体后也会出现腹泻。这些是感染了细菌、病毒或是其他病原体所致的感染性腹泻。

如果宝宝腹泻很严重，或出现发热，甚至出现尿量减少、眼窝凹陷、囟门凹陷等，一定要及时到医院就诊，避免宝宝出现严重脱水，可能会造成生命危险。家长平时一定要注意加强宝宝的卫生护理，如给宝宝勤洗手和经常清洗宝宝玩具。

第六节

肛裂

什么情况提示宝宝有可能发生了肛裂呢？

肛裂可以发生在任何年龄，是肛管处皮肤纵向裂口。宝宝肛裂多为大便干燥、排便用力使干硬大便擦伤或撑裂肛管处皮肤形成，主要表现为在排便时因肛门疼痛而哭闹不止，可能还会有少量便血。宝宝可能因为害怕疼痛而拒绝排便。

如果宝宝在排便时格外用力，而后伴有严重哭闹，不易安抚，尤其是排出的大便十分干燥，这时家长一定要仔细观察一下大便，有可能还会在大便的表面看到有少量鲜红的血丝，或者也可能在给宝宝擦屁屁的纸上看到血丝，这时就要警惕宝宝是不是患了肛裂。

宝宝肛裂时，应该怎么处理呢？

如果遇到上述情况，一定要及时带宝宝到医院外科就诊，医生会根据肛裂的严重程度选择治疗方法。家长在回家后也要给宝宝用温水或药水坐浴，以促进伤口愈合。之后的关键就是日常护理，保持宝宝排便通畅，避免大便干燥。给宝宝适量饮水，添加益生菌，查找有无导致大便干燥的其他原因，进行针对性治疗。

第七节
双腿皮纹或双侧臀纹不对称

父母在给宝宝洗完澡后，可能会偶然间发现，宝宝的双下肢皮纹不完全一样。可能发生在大腿上，也可能是在屁股上，一边比另一边多了一条或更多的横纹，就是所谓的双腿皮纹或双侧臀纹不对称（图4-1）。

发生这种情况时，首先要警惕宝宝是否患了"髋关节发育不良"，或许有家长听说过其中的一种类型，叫"髋关节脱位"。这种疾病虽然发病率不高，但是一旦出现，若不及时治疗，后果可能会很严重，因为会影响将来宝宝学习走路，导致宝宝可能出现跛行，或者走路像小鸭子一样摇摆。

这种疾病的确切病因不明，但发病的诱因有内在和外在两类。内在诱因包括关节韧带松弛、女孩（研究表明，女孩的发病率是男孩的5~9倍）、基因缺陷（家族性）、先天性髋关节发育不良等；外在诱因包括臀位分娩、第一胎、羊水过少等。针对婴幼儿，尤其是新生儿进行的绑腿或强迫并腿伸直的襁褓方式也与本病有关。

其实，大部分宝宝的皮纹不对称是非疾病状态的，也就是自然生理现象，对后续的走路也不会产生任何影响，但是一定要首先排除上述疾病。

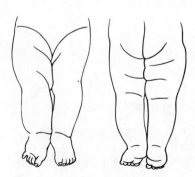
图4-1　婴儿下肢皮纹不对称

如果发现双腿皮纹或双侧臀纹不对称，父母家人该如何处理呢？

　　髋关节发育不良的治疗原则是早发现、早治疗。治疗越早，治疗的方法越简单，效果也越好。无论何时，一旦发现宝宝出现双腿皮纹或双侧臀纹不对称，都要及时到医院就诊，让医生做鉴别。医生除了对宝宝进行体格检查外，可能还需要进行髋关节的超声检查或者髋关节正位片检查以明确诊断。如果排除了疾病因素，家长就无须再担心。

第八节

关节弹响

　　有些小宝宝在活动时会听到关节处有"咯噔"的响声，常常出现在膝关节、髋关节和肩关节，声音可能低沉，也可能清脆。但是宝宝似乎没有任何疼痛感，不哭不闹，就像什么也没有发生一样。这到底是不是病呢？

　　一般来说，关节弹响多数是生理性的，不是疾病的表现。关节的基本构造包括关节面、关节软骨、关节囊和关节腔，有的关节还有韧带、关节盘、半月板等辅助结构。关节面是构成关节的各相邻骨的接触面，关节面上通常覆盖着关节软骨。为了防止关节松脱，其周围常有关节囊和韧带加固，周围还有肌肉附着。在关节活动的时候，构成关节的上述各种结构间发生着相互碰撞、相互摩擦，这种由关节活动引起的响声为生理性的。大部分人身上这种声音不明显，几乎听不到，而有些人有些时候听起来就比较明显。小宝宝可能因关节窝浅、关节周围韧带较松弛、关节软骨等还未发育完善，一些关节活动可能会发出响声。随着宝宝年龄变大，这种响声会逐渐消失。

　　注意警惕关节弹响是否是关节病变所致，表现为反复的固定位置的响声。如髋关节弹响，这时一定要注意是否是髋关节脱位导致的。家长可以仔细看看宝宝是否有双侧臀纹、双腿皮纹不一样或两条腿不等长等异常表现，及时到医院就诊和排除。

第九节

体重不增

一、　如何知道宝宝长得好不好

　　进入 4~6 月龄，爸妈总觉得宝宝的体重增长似乎变慢了，或是连续一段时间体重都没有增加，因此会比较困惑，

宝宝的体重到底长得够不够呢？

要知道宝宝体重长得如何，推荐家长使用"生长曲线图"来进行评估，这是一种能直观、快速地了解宝宝生长状况的工具。爸爸妈妈可以选择 WHO 标准或我国标准的儿童生长曲线图进行评估。生长曲线分为男孩版和女孩版，不仅有不同年龄段的体重曲线，还包括身长／高、头围曲线（≤3 岁）等。WHO 儿童生长曲线（2006 版）如图 4-2 所示。

有了这个评估工具，父母就可以给宝宝"画"生长曲线了。

首先，要定期给宝宝测量体重。一般 6 个月以内的宝宝，要每个月测量一次体重。测量体重前，要让宝宝脱去衣物和纸尿裤，以减少测量的误差。然后，将每次测量的数据标记在生长曲线图上，把多个标记点连接起来，就构成了宝宝的生长曲线。在 WHO 标准的儿童生长曲线上，有 5 条百分位线，分别是 P_3、P_{15}、P_{50}、P_{85}、P_{97}。一般认为，体重在 P_3 和 P_{97} 之间是正常的，较理想范围是 P_{15}~P_{85}。宝宝的体重在 P_{15}~P_{85} 之间，沿着自己的生长轨迹平稳生长，是比较理想的状态。如果宝宝的体重一直低于 P_3 百分位，或是生长曲线偏离原来稳定、正常的生长轨迹，往往提示宝宝可能出现了潜在的体重异常，需要找医生就诊，查找原因。

以上生长曲线仅适用于正常足月出生的宝宝。如果是早产儿或是低出生体重儿，那么在出生后需要追赶性生长，其生长轨迹不同于正常足月宝宝。这种情况需要找医生去做专业评价，以评估宝宝的体重增长情况。

二、 体重增长不足的原因和对策

1. 喂养不当

如体重增长不理想，首要考虑母乳不足的可能性。以母乳喂养的宝宝，如果妈妈的乳房很少有饱胀的感觉；喂哺时很少听到宝宝的吞咽声，且每次喂哺的时间不足 10 分钟；喂完奶后宝宝没有满足的感觉，而是咬着奶头不放或哭闹；或是喂奶后不足 2 小时又出现哭闹想吃奶的表现，往往就提示奶量不足。面对这种情况，首先要想办法让妈妈增加泌乳量。如果用了一切办法，妈妈的奶量还是不能满足宝宝，就需要在母乳喂养的同时添加配方奶。

其次，考虑宝宝可能没有得到高脂肪、高热量的"后乳"。在哺乳的不同时期，母乳的营养成分是不同的。宝宝先吸吮到的母乳称为"前乳"，含有丰富的矿物质、免疫球蛋白以及大量的水，但其提供的热量低；之后吸吮到的奶称为"后

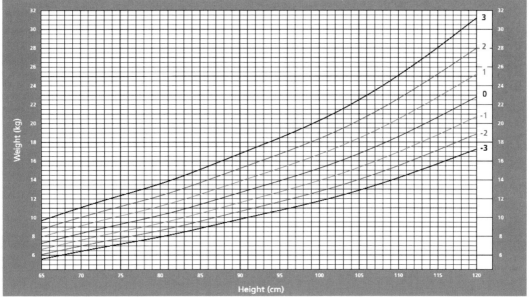

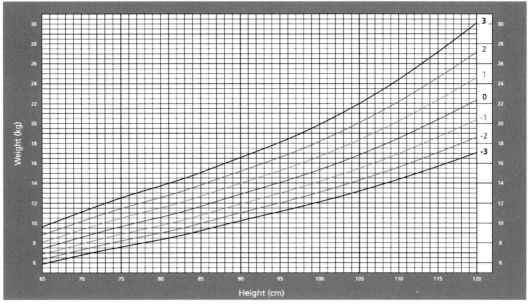

图 4-2　WHO 儿童生长曲线（2006 版）

乳"，含有丰富的脂肪和乳糖，所提供的热量高。如果妈妈在喂奶过程中，一侧乳房还没有吸空就让宝宝吸另一侧乳房，宝宝就只能吃到热量较低的前乳，而吃不到热量较高的后乳，长期下去会导致宝宝能量摄入不足，出现体重增长慢甚至不增的情况。因此，妈妈在哺乳时，一定要让宝宝将一侧乳房吸空之后再喂另一侧乳房。

除此之外，"稀释"的配方奶也可能是因素之一。照顾宝宝的家人有些会认为配方奶"不好消化""容易上火"，所以在调配配方奶粉的时候，违背配方奶所要求的配比多加入了一部分水。长期如此，会导致宝宝实际摄入的热量不够，引起体重增长不足。因此，在冲调配方奶的时候，一定要按照配方奶所要求的比例来进行冲调，除非有医生的医嘱，切不可擅自改变。

最后，过早添加低热量的辅食也有可能造成体重不增。有的家庭让宝宝过早摄入了面汤或稀粥，而这些汤粥类所提供的热量非常低，摄入量大时会影响宝宝正常奶量的摄入，引起体重不增，甚至下降。

2. 疾病

在宝宝患有慢性疾病，比如胃食管反流病、肺炎、先天性心脏病等时，也会体重不增。一般来说，提示存在器质性疾病的征象有宝宝反复呕吐、咳嗽、发绀、便血等，如果宝宝体重不增的同时伴有这些症状，要及时找医生诊治。

3. 其他

早产儿、低出生体重儿出生后的生长模式与正常足月儿不完全相同，需要定期监测，找医生进行评估，以明确宝宝的体重增长是否合适。

第十节
脐疝

在观察4~6月龄宝宝的时候会发现，大部分宝宝的肚脐是稍低于皮肤平面，或者与皮肤表面平行的，但也有一些宝宝的肚脐向外突出一个"小包"。仔细检查还会发现，这些小包大多是半球形，直径在1~2cm左右，很少超过4cm，摸上去质地是柔软的，用手轻压时，小包可以缩回到腹腔里，还常常能听到"咕噜咕噜"的声音，但移开手指后，又立刻恢复原状。而且，这个"小包"是可以变化的，当宝宝安静时，小包会缩小或缩回腹腔，当宝宝哭闹时就突出来，哭闹越厉害，小包突出得越大，还会把表皮撑得紧紧的、薄薄的。这个小包，就是我们常说的"脐疝"。

脐疝是怎么形成的呢?

在宝宝未出生的时候,胎儿腹部存在一个叫"脐环"的筋膜开口。这个开口像是一个秘密通道,脐血管正是通过这个秘密通道从母体进入胎儿体内,实现胎儿与母体的营养交换的。出生后脐带被剪断、结扎,留下残端,随着脐带残端的自然脱落,形成肚脐。在这个过程中,宝宝两侧的腹肌会互相朝着对侧继续生长,脐环也就逐渐自发闭合了。不过,一部分宝宝的两侧腹肌发育不完善,在脐带脱落后,脐环还没有闭合,当哭闹、排便动作等使腹腔内压力增高时,腹腔内的脏器(主要是肠管)就会由脐环处向外凸出,这就形成了"脐疝"。

绝大多数宝宝的脐疝是可以自发闭合的。一般来说,直径 1~2cm 左右的脐疝,随着宝宝腹壁肌肉逐渐发育完善,筋膜逐渐闭合,大多数到 2 岁左右也就自然消退了。但如果宝宝脐疝的直径在 2cm 以上,经过一年的保守治疗仍无任何缩小的迹象,并且宝宝年龄在 2 岁以上,这种情况就需要带宝宝到医院就诊,评估是否需要外科处理。

一般来说,在脐疝的自然病程中,宝宝是没有症状的,也不会感到不适。但在少数情况下,疝出的肠管会被卡在脐环处,通过手法也不能够复位,这时脐疝部位会变硬,皮肤颜色加深变紫,宝宝会因疼痛而哭闹不止,常常伴有呕吐的表现,这种情况就是脐疝嵌顿(脐部的疝内容物不能还纳到腹腔当中)。一旦出现脐疝嵌顿,需要马上带宝宝到医院诊治,如果不及时治疗,被卡住的肠管有可能进一步发生绞窄性坏死。

如果发现宝宝有脐疝,家庭护理时应注意哪些事项呢?

有人可能会推荐用硬币或绷带、胶带来束缚住脐疝部位,目的是让脐疝能够回到腹腔,早点愈合。但这种方法对脐疝的恢复是否有帮助,目前并没有明确的结论,反而可能会因为硬币或绷带与皮肤长时间摩擦而发生接触性皮炎,或引起皮肤损伤、感染。因此,如采用这种方法,一定要注意束缚带不要过硬或过紧,同时要注意保持局部的干燥和清洁,以免发生摩擦损伤或感染。

平时在生活中要尽量减少会让宝宝腹腔内压力增高的因素,比如要注意避免让宝宝长时间哭闹,宝宝咳嗽时要及时治疗,尽量避免腹胀或便秘等。一旦发生脐疝嵌顿,就要尽快就医。

第十一节
何时使用枕头

宝宝刚刚出生时是不是不需要使用枕头？到底什么时候开始使用枕头比较合适？不同月龄的宝宝是否对于枕头有不同的需求呢？

有些人习惯认为睡觉就要用枕头，否则脖子会非常累。于是，就给刚出生的小宝宝也枕了一个枕头。实际上，这是完全没有必要的，而且还可能因此影响到宝宝的呼吸，是错误的做法。宝宝刚出生时脊柱是直的，后脑勺和背部在一个平面上，颈部及背部的肌肉处于较为松弛的舒适状态，而且宝宝此时头比较大，几乎与肩同宽，即使侧躺也会很自然，所以1月龄内的宝宝是不需要枕头的。如果给宝宝垫枕头且枕头过高，使宝宝颈部弯曲过大，窝着脖子，还会影响到宝宝的呼吸和吞咽，严重的可能发生窒息。

那宝宝何时开始使用枕头比较合适呢？

当宝宝逐渐学会了抬头，3个月龄左右时，颈部开始向前弯曲，这时宝宝平躺时后脑勺和背部不在一个平面，颈部和背部的肌肉就会紧绷。此时，给宝宝枕个小枕头可以缓解肌肉的紧张，令宝宝感到很舒适，从而可以有个安稳的睡眠。

不同月龄宝宝对于枕头的高度需求不同。新生儿时期如果为了防止喝奶时吐奶、呛奶，可以将宝宝上半身用毛巾等垫高1cm左右，防止奶反流，从而减少吐奶的发生。宝宝3~4个月大时就可以枕1cm高的枕头了。宝宝长到7~8个月时，由于他开始学会坐，胸部脊柱开始向后弯曲，肩部也变宽，这时可以给宝宝选2~3cm高的枕头。枕头过高或过低都不舒服，且不利于宝宝身体的生长发育。

第十二节
睡不好怎么办

一、 4~6月龄宝宝的睡眠模式

不论成人还是小婴儿，在夜间都会经历许多不同的睡眠阶段和循环。不同的是，婴儿需要经过较长的浅睡期才能睡着，这解释了为什么有的宝宝"一被放下就醒"。另外，婴儿的睡眠周期比成人更短，而且浅睡眠的时间更长，所以宝宝更容易频繁地夜醒，而且醒后更难睡着。4~6月龄的宝宝，已经部分形成了一定的睡眠规律，白天清醒的时间也更长了，但是相对来说还是会出现夜间频繁醒来的情况，父母不必过分焦虑。

　　宝宝夜间频繁醒来也可能是有一些需求要向父母表达，可能是宝宝饿了、冷了、鼻子堵了等，他通过醒来告诉父母，希望得到帮助，这也是宝宝保护自己的方式。

　　总的来说，宝宝的睡眠习惯多数也是由其独有的"个性"所决定的，而并非仅仅取决于父母的照顾。如果宝宝睡觉不好，家长千万不要过分自责或感到沮丧，这不是大人的错。父母需要做的就是给宝宝创造一个安全舒适的环境，帮助宝宝养成良好的睡眠习惯，而不是强迫宝宝睡觉，频繁地哄睡是解决不了问题的。

二、　宝宝睡觉不好应怎么改善

1.　白天做好充足准备

　　为了让宝宝夜间睡得好，其实在白天要做很多准备。白天，父母家人要尽量增加跟宝宝的接触，多抱、多抚摸，学会识别宝宝饿了、热了等诸多信号，让宝宝的需求可以适时得到满足，让宝宝能感到安全和父母的关爱，这样才会让宝宝变得安静和镇定。如果宝宝白天能保持良好的情绪，夜间也会安静些。另外，要适当增加宝宝清醒时的活动时间，避免宝宝白天睡眠过多，造成"黑白颠倒"。

2.　创造条件帮助入睡

　　可以为宝宝定制适合的睡前仪式，比如洗个香香的澡、抱着摇一摇、睡前按摩等。这些方法也许开始看上去对宝宝入睡没有太明显的效果，或者今天管用，明天就不管用了，但是不要灰心，可以不断尝试，以巩固效果。

　　另外，宝宝的睡眠环境一定要安静，光线不要太亮。如果宝宝喜欢，可以放一些轻柔的音乐或是妈妈浅浅地低吟，这些都是帮助宝宝入睡的方法。

3.　减少夜醒

　　首先，爸爸妈妈要通过观察宝宝，了解哪些因素让宝宝容易在夜间醒来。大部分原因是可以预防和提前解决的。比如：

　　身体因素：出牙不适、尿裤湿了、睡衣不舒服、饿了、冷了或热了等。

　　环境因素：温度或湿度不合适、空气中的刺激物（烟、香水、灰尘等）、冰冷的床等。

　　一些疾病因素，如食物过敏、发热、中耳炎、胃食管反流、湿疹、寄生虫病等也会导致宝宝容易夜间醒来。爸爸妈妈要耐心细心地排查原因，改善在家中可以解决的小问题，排除疾病隐患。

　　剩下的睡眠困扰就交给时间吧。放松一些，让新手爸妈和宝宝一同成长。

第十三节
总摇头是怎么回事

许多宝宝在这个月龄会喜欢摇头，让很多父母感到困惑。宝宝摇头是什么原因呢？只要经过细心的观察，就有机会发现原因，从而解除相关不良刺激。

一、 感觉太热

睡觉的时候，如果室内温度太高、帽子或者枕头被子太厚，宝宝都会觉得热，就可能不停地摇头。所以，一定要注意给宝宝尽量轻便着装，不要盖得太厚，环境温度也要适宜。

二、 头皮瘙痒

如果宝宝头部有湿疹，他会觉得瘙痒，但自己不会用手抓，就会通过摇头来摩擦头部，以达到缓解瘙痒的目的。只要父母及时发现并积极就医，接受正规的治疗，就可缓解宝宝的不适。

还有的宝宝虽然没有湿疹，但是因使用沐浴露或香皂洗浴过于频繁，造成头皮干燥或过敏而引起瘙痒，也会在睡觉时摩擦头部。提醒父母对于小婴儿要控制使用沐浴液或香皂的频率，同时积极认真做好润肤步骤。

三、 触觉过敏

宝宝的触觉十分敏感，如感觉到枕头或者帽子非常粗糙而不舒服，就会在接触枕头或者帽子时出现摇头的情况。要尽量给宝宝使用纯棉的枕头和衣物，日常还要对宝宝多进行抚触，给予宝宝丰富的触觉体验。

四、 表达情感

宝宝虽小，也有自己的喜怒哀乐，这些丰富的情感都可能通过摇头来表达。家长学会观察宝宝的动机和情绪，了解情绪符号，就不会过分担心。

五、　锻炼前庭功能

当宝宝在妈妈子宫羊膜腔内的羊水里的时候，妈妈的一举一动和日常运动也会让宝宝感觉到各种摇晃，此时前庭会得到合适的刺激。出生以后没有了这种刺激，宝宝反而会感到不安，于是就尝试自己摇晃脑袋去感觉空间和速度的变化。这是宝宝在进行前庭功能的锻炼，我们只需要提供安全的环境让宝宝去练习就好了。

六、　疾病因素

如果宝宝经常摇头，且伴有哭闹、烦躁、抓耳朵、拍打头部，甚至发热等，家长需要警惕是不是中耳炎、外耳道湿疹等疾病所引起的，这时应及时检查宝宝的外耳道有无红肿或异常分泌物，及时带宝宝去医院诊治。

第十四节
体检时的关注事项

体检时，小宝宝的父母应重点关注哪些结果？如何分析和采取措施呢？

4~6月的宝宝生长较为迅速，衡量宝宝营养状况的主要指标是宝宝的身长、体重。体检测量后，需要医生评估这两个指标分别处于什么水平。父母也可以自己在生长曲线上做标记，记录下宝宝体格生长的趋势图，有利于观察宝宝各个时期的营养状况。

此外，体检的时候医生还会评估一下宝宝囟门的大小及头围的大小。这个月龄，有些出牙早的宝宝已经开始萌出第1~2个牙齿了。平时父母可以在宝宝张嘴的时候仔细观察一下。不过即使没有出牙，也不用担心，属于正常现象。

除了体格生长评估，专业医生还需要对宝宝的神经心理发育进行全面的评估。医生会对宝宝进行一个全面测试，从运动、语言及社交等多个方面进行系统评估。父母日常也需要多和宝宝进行互动，多玩亲子游戏（如第七章所述）以促进宝宝的全面发展。

另外，4~6月龄的宝宝正处于食物转换阶段，宝宝生长又较为迅速，此时期很有可能出现部分营养不足，如铁缺乏，严重者可出现缺铁性贫血。一定要在体检时给宝宝完善血常规检查，以及早发现缺铁性贫血，并尽快治疗。

第十五节
肋外翻和佝偻病

时常有家长发现自己的宝宝一侧或双侧胸部肋骨边缘不平整，稍稍翘起，凸出胸廓表面，就是所谓的"肋外翻"。家长担心宝宝可能患了佝偻病，或者觉得宝宝缺钙了，因此急于补钙，在原有的钙量的基础上又增加了剂量。那么，出现"肋外翻"就是患佝偻病了吗？

其实不然。肋外翻并不是佝偻病的表现之一，它是宝宝由趴逐渐过渡到坐、站、走的过程中的一个正常生理现象，很多都会随着宝宝年龄增长、骨骼逐渐发育而慢慢恢复正常。

佝偻病的主要表现有哪些？

这个月龄的孩子患佝偻病的主要表现有神经兴奋性增高，如易激惹、夜惊；多汗，且与室温无关，尤其是头部易出汗，摇头擦枕而出现枕秃；还可能有"乒乓头"，即颅骨软化表现。再大一些月龄，如6个月以上的宝宝，可能表现为方颅，即从头顶上往下看宝宝的头型呈"方盒状"，或者有"鸡胸"（胸廓前部向前隆起）、"手足镯"（手腕、脚踝可摸到钝圆形环状隆起）等。宝宝1岁左右会站或走的时候，可能出现下肢畸形，如O形腿或X形腿。当出现上述特殊表现时，需要及时带宝宝到医院就诊，进一步做相关检查明确诊断。

第十六节
分清湿疹与痱子

有些宝宝的皮肤常会出现红色的疹子，有些人说是湿疹，有些人说是痱子，那么到底如何区别湿疹和痱子呢？

一、　湿疹

湿疹是多种内外因素引起的一种有明显渗出倾向的皮肤炎症反应。皮疹多种多样，有些皮肤发红，有些疹子略高出皮肤表面，有些出现小水疱，还有些部位的皮肤又干又厚且伴有脱屑。小宝宝湿疹首先主要出现在面颊部、额头和头皮，然后逐渐发展到四肢。湿疹具有一个显著的特点，就是瘙痒剧烈，导致小宝宝频繁用手去抓，而这又会使湿疹加重。湿疹容易反复出现，感觉总不能彻底痊愈，令人十分焦躁。

有很多湿疹宝宝的父母往往是过敏体质，宝宝也较容易患哮喘、过敏性鼻炎等。

二、 痱子

夏天，有些宝宝会在皮肤褶皱处或排汗不畅部位（比如脖子、脸部）出现红色的小疹子，有的还有小水疱，但没有皮肤干燥、脱屑的情况，伴有明显瘙痒，宝宝会忍不住去抓。这很有可能就是长痱子了。

痱子，也称汗疹，是由于环境高温闷热，汗液蒸发不畅，导致汗管堵塞，内压增高后破裂，引起汗腺周围发炎——就是捂出来的。看到宝宝长痱子，父母可用炉甘石洗剂止痒，同时控制好环境温度。降温和洗澡后，如果宝宝的疹子很快消失，也可以说明宝宝身上起的就是痱子。

第八章

常见育儿问题

第一节
没别人家宝宝长得快，是不是有问题

对于宝宝的生长发育，父母们往往存在两个误解：将别人家的宝宝作为参照；担心宝宝输在人生的起跑线上。一旦发现自己的宝宝比别人家的宝宝长得慢，父母就会心急如焚，似乎有一种挫败感，好像自己的宝宝输在了起跑线上。

实际上，小婴儿体格生长发育评价不是单纯地跟身边几个同龄的宝宝相比就可以得出结论的。一般来说，宝宝的身高、体重都有参考值，与参考值对比时，不仅要与同年龄同性别的参考值对照，也要考虑每个孩子生长发育的个体差异，更要关注宝宝自身的生长速度。

科学监测孩子的生长是否正常，简单的方法就是给孩子画生长曲线，定期将孩子的身长和体重在图表上描绘出来（详见第七章第九节）。通过曲线，能看到孩子身体的变化趋势，长得快还是慢，哪段时间有异常。

衡量孩子的体格发育，不能简单与其他孩子比较。孩子个体间差异较大，父母要学会全面和动态地观察，了解孩子自身的生长趋势，否则不仅自己容易产生焦虑，也会给孩子带来成长的压力。

第二节
抱着睡更安稳吗

躺在父母的怀中会让宝宝感到温暖、安定，这是宝宝的正常心理需求，有利于建立良好的亲子关系，爸爸妈妈应尽量满足。但如果父母认为抱着睡宝宝会睡得更加安稳，总是"爱不释手"，只要宝宝一哭就抱在怀里哄，尤其是晚上常常抱到孩子睡熟后才把他放在床上，时间长了宝宝就会有过分依赖的心理，最后变成只有抱着才肯睡觉的坏习惯。

一、 抱睡的坏处

◇ 不利于独立个性的培养。

◇ 不利于养成良好的睡眠习惯。

◇ 长期抱睡不利于宝宝脊柱的正常发育。

◇ 如果以长期固定的时间及模式边抱边晃宝宝，很容易使宝宝产生睡眠条件反射（只有此条件下才能安睡）。

◇ 不利于母亲的休息。

婴儿期良好的睡眠对早期体格发育、中枢神经系统成熟，以及后期运动、认知、社会情绪发育都有长期而深远的影响。一些研究和调查显示，宝宝存在的睡眠问题多集中在夜醒频繁、入睡困难等，奶睡和抱睡都会显著增加婴幼儿夜间觉醒的次数。

二、 如何纠正抱睡的坏习惯

1. 睡前抚触

每次睡觉前，把宝宝放到婴儿床上，从头到脚抚触一下，帮助放松全身肌肉。

2. 少抱多哄

父母不要过于敏感，当宝宝惊醒或哭闹时，不要急于去抱，可以坐在床边，轻轻地拍拍他，让他重新进入甜蜜的梦乡。

3. 适度陪伴

对于养成抱睡习惯的婴儿来说，当宝宝突然惊醒，试着在宝宝身边躺一会，等他好好睡着再离开。

研究表明，婴儿白天睡眠主要由年龄决定，而夜间睡眠则主要受睡眠习惯的影响。如果睡眠过程中父母过多地干预，宝宝弱化的自我安抚技能可能会干扰其夜间睡眠的稳固性，导致出现诸多的睡眠问题。因此，应及时纠正奶睡、抱睡等不良习惯。

第三节

枕秃一定是

缺钙吗

宝宝枕后出现头发稀少或没有头发的现象，称之为枕秃。那么什么原因会导致枕秃？枕秃就是缺钙的表现吗？

物理摩擦造成的枕秃，多半是因为宝宝新陈代谢快，容易出汗，汗液粘在宝宝的头发上，让宝宝有瘙痒感，所以宝宝会通过磨蹭枕头来解痒，后脑勺不断地与枕头摩擦，就逐渐形成了枕秃。如果宝宝的枕头较硬，更容易导致枕秃。如果宝宝经常一侧睡觉，容易发生单侧枕秃。

父母需要了解，宝宝缺钙的表现之一是枕秃，但枕秃的宝宝未必都是缺钙的。

骨钙： 人体内 99% 的钙都贮存在骨骼和牙齿中，血液中的钙还不到全身总量的 1%。有些宝宝检查血钙正常，爸妈就以为不缺钙，这是不正确的，因为不能判断骨钙的情况。

佝偻病： 佝偻病宝宝有枕秃，但枕秃不一定是佝偻病。佝偻病初期表现除枕秃外，还有烦躁不安、睡眠易醒、夜啼、多汗、颅骨软化、囟门闭合过晚、出牙迟等症状。

如果发现宝宝有枕秃的表现，体检时应告诉医生宝宝的吃奶量，让医生帮助算出钙剂用量，同时科学地补充维生素 D。单凭枕秃等表面现象，不经过检查，就随意为宝宝补钙的做法，是不科学和不可取的，反而可能对宝宝的身体造成一定危害。

出现枕秃该怎么办?

1. 加强护理。给宝宝选择透气、柔软度适中的枕头，随时关注宝宝的枕部，发现潮湿时及时更换枕头，以保证宝宝头部的干爽。
2. 调整温度。注意保持适当的室温，温度太高引起出汗，会让宝宝感到很不舒服。
3. 母亲妊娠期应遵医嘱补充维生素及钙剂。
4. 在给宝宝补充维生素 D 的同时，也要注意多去户外晒太阳；具体情况咨询医生，而不是盲目给宝宝补钙。

枕秃大多与缺钙无关。只要父母给宝宝规律补充维生素 D，保证每日摄入足够奶量，宝宝一般不会缺钙。随着宝宝年龄增长，新生头发长出，而且宝宝会独坐后日常躺着的时间减少，头皮摩擦减少，枕秃就会慢慢消失。

第四节

有过敏史就不能接种疫苗吗

我们都知道，处于生长发育阶段的孩子，机体免疫力较差，容易患各种传染性疾病。接种疫苗是预防、控制传染病最经济、有效的措施，也是保护孩子健康的最好手段。

那么是不是有过敏史的儿童就不宜接种疫苗了呢?

首先，要了解宝宝的过敏是否与疫苗相关。出现非特异性过敏反应（非疫苗接种相关性），例如猫狗毛过敏、药物过敏或过敏原检测中显示食物过敏的儿童，常被误认为有预防接种禁忌证。事实上，只有对疫苗成分过敏才是预防接种禁忌证。

一般来说，有过敏史的儿童接种疫苗后，发生不良反应的风险会相对较高。父母在为宝宝接种疫苗前，应将详细情况告知预防接种人员，对过敏情况进行评估后，再决定是否进行接种。若已证实对疫苗的某种成分过敏，则不应接种该疫苗。

有过敏史的儿童在急性发作期不应接种疫苗，应等到其缓解期或恢复期再进行接种。而且，预防接种后不能马上离开医院，应耐心观察至少半小时，如出现皮疹、呼吸困难、血压下降等疑似过敏性休克症状时应及时就医。

儿童发育行为自测

您的宝宝学会这些新技能了吗?

4 月龄

☐ 28 扶腋可站片刻

☐ 29 俯卧抬头 90°

☐ 30 摇动并注视花铃棒

☐ 31 试图抓物

☐ 32 目光对视

☐ 33 高声叫

☐ 34 咿语作声

☐ 35 找到声源

☐ 36 注视镜中人像

☐ 37 认亲人

5 月龄

☐ 38 轻拉腕部即坐起

☐ 39 独坐头身前倾

☐ 40 抓住近处玩具

☐ 41 玩手

☐ 42 注意小丸。桌面上放一小丸，家长使小丸动来动去，以引起婴儿注意，婴儿明确地注意到小丸

☐ 43 拿住一积木注视另一积木

☐ 44 对人及物发声

☐ 45 对镜有游戏反应

☐ 46 见食物兴奋

6 月龄

☐ 47 仰卧翻身

☐ 48 会拍桌子

- [ ] 49 会撕揉纸张
- [ ] 50 婴儿伸出手触碰到桌上的积木并抓握
- [ ] 51 两手拿住积木
- [ ] 52 寻找失踪的玩具
- [ ] 53 叫名字转头
- [ ] 54 理解手势
- [ ] 55 自喂食物
- [ ] 56 会躲猫猫

注：本自测内容适用于家长了解 0~1 岁儿童各月龄发育行为，儿童发育行为存在个体差异，某些发育行为可能会提前或滞后。发育行为滞后时间过长，请及时到医院请医生进行综合评估。

了解 0~1 岁儿童发育行为

第五篇

7~12月龄宝宝：见证快速的发育期

第一章

生长发育要点

第一节

体格生长特点

7~12 月龄的婴儿平均每月体重增加 300~500g，平均每月身长增加 1.5cm。12 月龄时，宝宝体重约为出生时的 3 倍，身长平均为 75cm。7~12 月龄头围增加 3cm，出生至 12 月龄平均增加 12cm，12 月龄时头围约达 46cm（表 5-1）。12 月龄时，宝宝的腹部仍较突出，腿和胳膊短而软，脸圆圆的。

此外，宝宝头顶部的前囟门大约在 12~18 月龄闭合。12 月龄会行走时，宝宝的腰椎向前凸，此时形成脊柱的自然弯曲，即颈椎前凸、胸椎后凸，以及腰椎前凸。

表 5-1　7~12 月龄宝宝身长、体重、头围、BMI 参考标准

年龄	男婴				女婴			
	身长 /cm	体重 /kg	头围 /cm	BMI / $(kg \cdot m^{-2})$	身长 /cm	体重 / kg	头围 /cm	BMI / $(kg \cdot m^{-2})$
7 月龄	70.3	8.8	44.0	17.8	68.7	8.1	42.9	17.3
8 月龄	71.7	9.1	44.6	17.7	70.1	8.4	43.5	17.2
9 月龄	73.1	9.4	45.1	17.6	71.5	8.7	44.0	17.1
10 月龄	74.3	9.6	45.5	17.5	72.8	9.0	44.4	17.0
11 月龄	75.5	9.8	45.8	17.3	74.0	9.2	44.8	16.8
12 月龄	76.7	10.1	46.1	17.1	75.2	9.4	45.1	16.7

第二节

神经、心理行为发育特点

7~12 月龄宝宝的感知觉、语言、认知、情绪和社会行为快速发展。

一、　语言发育

此月龄的儿童语言发育有较大的个体差异和一定的性别差异。

7~8 月龄，宝宝喜欢发"ga""de"等音节，出现了音调和韵律，并尝试模仿成人发音。9~10 月龄，已形成"词—动作"的条件反射，如大人可以对宝宝一边说"再见"，一边摆手，经过多次练习后，只要大人说"再见"，宝宝就会摆手；10~11 月龄，能听懂一些词；11~12 月龄，能用目光或手指向成人询问的物品，会有意识地叫妈妈，能听懂自己的名字。

二、　认知发育

7~8 月龄时，宝宝会找到当面藏在纸或布下面的玩具，会观察成人的行动。9~10 月龄时，宝宝知道怎样得到他们够不着的玩具。10~11 月龄，宝宝能认出镜中的自己，对自己的身体部位感兴趣，会有意识地把玩具放进抽屉、箱子等容器里后再取出。12 月龄，会找到藏起来的物品，会试用新方法玩玩具。

三、　情绪和社会行为

7~8 月龄，宝宝开始表现出对人或物的喜好，见到父母或熟人会要求抱，到陌生的地方或见到陌生人时会害怕或焦虑；能辨别成人的态度、脸色和声音，并做出不同反应。9~10 月龄，宝宝对亲人分离有恐惧的面部表情，理解笑表示认可、发怒表示责备。宝宝可以自己握住奶瓶吃奶，自己吃饼干；在成人帮助下会用杯子喝水，用勺吃饭。11~12 月龄时，宝宝开始想得到父母的表扬，讨父母喜欢，怕黑和打雷声等巨响。这时候还会配合穿脱衣服，并且开始会自己用杯子喝水。

第二章

基本护理

一、 户外活动

通过户外活动，宝宝可以获得一定量的日光照射，有利于宝宝骨骼生长，可预防佝偻病的发生。紫外线还有杀菌消毒的作用，可以提高皮肤的防御能力。在日光中红外线照射下，皮肤血管先收缩后扩张，这可以促进人体血液循环，增强新陈代谢。宝宝在户外活动中可以呼吸到新鲜空气，有利于增强宝宝呼吸道抵抗疾病的能力。

1. 户外活动前准备

夏季阳光强烈时可戴遮阳帽，防止阳光直射双眼。给宝宝准备适量温开水随身携带，在活动中和活动后随时补充饮用。

2. 活动时间

没有户外活动过的宝宝，一开始时在户外活动的时间不宜太长，每次 5~10 分钟较为适合；待宝宝对外界环境慢慢适应后，再逐渐延长，可每隔 3~5 天延长 5 分钟。7~12 月龄的宝宝，每天每次可以活动 1 小时或更长时间，还可以增加频次，由每天 1 次增加到 2 次及以上。

夏秋季不宜直晒，以防阳光灼伤宝宝皮肤。在通风阴凉处，如树荫下即可，树荫下折射及散射的紫外线为直射时的 40%，足以满足婴儿的需要。冬春季最好在向阳的背风处，尽量多暴露皮肤，如双手、头后部等，但也须兼顾保暖，防止受凉。

3. 活动项目

家长可以让宝宝坐在婴儿车中，也可以在草地上铺上垫子，让宝宝坐在上面玩耍。会爬的宝宝可以在垫子上爬着玩，会扶着站立的宝宝，可以让其扶着公园的椅子或其他安全、固定的物品练习站立，也可以扶着宝宝或牵着宝宝的手练习走路。

气候光线适宜时，可以抱着宝宝看看花草。气候温暖时，也可以给宝宝做婴儿操。

二、　婴儿操

1.　为什么要做婴儿操

妈妈爸爸定期给婴儿做全身运动，不仅能使婴儿的骨骼和肌肉得到锻炼，促进婴儿动作的灵活、协调发展，还可加强婴儿循环系统和呼吸系统功能，增加食欲和机体免疫力。边做操边对婴儿说话、唱儿歌或播放音乐，也可增进亲子间的交流，使婴儿感到放松和愉快，有利于婴儿语言和认知的发育。

2.　做婴儿操的基本要求

哺乳前半小时或哺乳后1小时进行，从每次5分钟，逐渐延长到15~20分钟，每日1~2次。

做操最好选在稍硬的平面上，如硬板床或桌子上，铺好褥子或毯子。可播放轻柔而有节奏的音乐，营造愉快的氛围。动作要轻柔，不要生拉硬拽，要使宝宝感到舒适、轻松、愉快。当宝宝表现出紧张、烦躁时应暂停做操，生病时也应暂停做操。

3.　婴儿操的操作方法

第一节　准备活动按摩全身

婴儿仰卧位。

握住婴儿双手腕，从手腕向上轻柔地挤捏至肩部。握住婴儿双足踝，从足踝向上挤捏至大腿根部。自胸部至腹部进行按摩，手法呈环形。

第二节　伸屈肘关节及两臂上举运动

两手握住婴儿双手腕部，两臂侧平举，将两肘关节弯曲，双手置于胸前，再将两臂上举伸直，然后将两臂放回原位。

第三节　两臂胸前交叉及肩关节运动

两手握住婴儿双手腕部，两臂侧平举，然后两臂在胸前交叉。

将左臂弯曲贴近身体，由内向上、向外，再回到身体左侧做回旋动作。同上，将右臂做回旋动作。

第四节　伸屈踝关节

一手握婴儿踝部，一手握足前掌，以左足踝关节为轴，向外旋转四次；以左足踝关节为轴，向内旋转四次；以右足踝关节为轴，向外旋转四次；以右足踝关节为轴，向内旋转四次。

第五节　两腿伸屈及回旋运动

双手握住婴儿踝关节上部，伸屈婴儿左膝、髋关节；伸屈婴儿右膝、髋关节。

将婴儿左膝弯曲，左腿靠近体侧由内向外做回旋动作；将婴儿右膝弯曲，右腿靠近体侧由内向外做回旋动作。

第六节　屈体动作

将婴儿双下肢伸直平放，握两膝关节处，将两腿上举与身体成直角，然后回到原位。

第七节　爬行运动

婴儿俯卧，两臂前伸，两腿弯曲，准备爬行。

在婴儿头部前方约60cm处放置一个他喜欢的玩具，诱导婴儿向前爬拿玩具。

成人按节奏用双手轻推婴儿双脚，辅助爬行。

第八节　跳跃运动

婴儿面对成人站立，成人两手扶婴儿腋下，有节奏地将婴儿轻轻举起跳动，反复多次。

第九节　站立和行走运动

仰卧位时让婴儿两手握住成人拇指，成人两手握住婴儿手腕，把婴儿拉成"坐位"，再把婴儿拉成站立，再拉着婴儿手向前走。

第十节　拾取运动

让婴儿背靠成人站立，成人左手抱婴儿两膝，右手抱婴儿腰腹部，在婴儿脚前30cm左右放一个玩具，婴儿俯身准备去拾玩具。婴儿俯身拾起玩具，起立，回原位。

第十一节　蹲起运动

婴儿背对成人，左手托婴儿臀部，右手抱婴儿腰腹部，蹲下，站起，反复几次。

第二节

创造良好的睡眠环境

宝宝睡眠质量的好坏，与环境因素息息相关。噪声、阴暗、潮湿、干燥、寒冷、高温都会使宝宝难以入睡，或即使睡着了也易被惊醒。因此，良好的睡眠环境对预防和治疗睡眠障碍非常重要。我们可以从以下五方面入手，为宝宝创造良好的睡眠环境。

一、 声音

生活在比较嘈杂的环境中的宝宝出现睡眠障碍的比例要高一些。长期暴露在噪声环境中会引起宝宝体内儿茶酚胺分泌增加，神经系统的敏感性和兴奋性增加，导致宝宝难以入睡。所以，维持安静的睡眠环境是宝宝入睡的必要条件，要尽量避免突然的大声干扰。

如果无法有效改善噪声干扰，可为宝宝戴耳塞或塞棉花团，帮助入睡。单调的声音和慢节拍的声音，如雨水声、催眠曲等常有助于入睡。可以在宝宝入睡前听一听舒缓的音乐或摇篮曲，具体在睡前听哪种音乐帮助睡眠，需要根据宝宝的个体喜好而定。

二、 温度

适宜的睡眠环境温度是很重要的。虽然，睡眠环境温度在不同的地区、不同的年龄、不同的湿度、不同的季节是有差异的，但是一般来说，理想的卧室温度一般是 20~26℃。被窝里的温度也不应忽视，理想的身体周围温度应保持在 29℃左右。

睡眠时应备有被子等物品，以便在入睡后使用。因为入睡后宝宝的体温会快速下降（体温波动多在 0.5℃，最大温差可达 1℃；凌晨 4：00—5：00 是体温的最低点）。而过低的体温会促使睡着的人醒来，这也是许多人在后半夜或清晨因为冷刺激而早醒的缘故。

为了保温，家长往往给婴儿"里三层外三层"地包裹或盖被子，但婴儿容易出汗，这样会令身体各部位不舒适，不利于身体的血液循环和发育，因此不宜让宝宝穿裹太多。同时，对于大一点的孩子，睡觉时建议穿宽松的睡衣或睡袍，不宜给宝宝穿太紧的衣服，松紧度以家长两指可伸进并碰到宝宝皮肤、宝宝可以灵活运动为准。

此外，睡觉时不宜蒙住宝宝的头，这样被子里的二氧化碳浓度逐渐升高，氧气浓度不断下降，不利于宝宝大脑发育。

三、 湿度

保证睡眠环境适宜的湿度也很重要。

一般卧室湿度为 50%~60%。空气湿度太大或过于干燥，均不利于宝宝的睡眠和健康。宝宝的睡衣要注意兼顾舒适性和吸汗性，避免宝宝因睡得满头大汗而醒来。

四、　亮度

根据不同宝宝的习惯选择合适的卧室亮度很重要。

夜间一般光线较暗的环境比较利于宝宝入睡和连续睡眠。爸爸妈妈要避免宝宝在明亮的环境下睡眠，以免长时间在强人工光源照射下产生"光压力"。如果宝宝恐惧黑暗或产生不安全感，可以在卧室开盏小灯（颜色可根据宝宝的爱好和需要而定），但也应在睡着后把灯熄灭。如果早晨由于日光导致早醒，可加挂遮光窗帘。

五、　卧室布置

卧室的功能是使人更好地睡眠。因此，卧室颜色、家具摆放都应有助于睡眠，不要放置导致宝宝兴奋和恐惧不安的物品和杂物，以免干扰睡眠。室内空气要保持流通，确保晚上睡觉时有足够的氧气。另外，睡眠环境必须安全，使宝宝能安心入睡。不稳定的床具会影响睡眠，突然的振动也会干扰睡眠。宝宝睡眠质量的好坏与多种因素有关，家长注意以上几点，将有利于宝宝获得优质的睡眠质量。

第三节
日常护理

一、　清洗

1.　为什么要给宝宝清洗

婴儿皮脂腺分泌较活跃，皮肤排汗及油脂分泌比较多，且颈部、腋窝、腹股沟、臀部等处皮肤皱褶较多，给微生物繁殖提供了条件。婴儿免疫系统还不够成熟，易发生感染。因此，及时给宝宝清洗尤为重要。

2.　怎样给宝宝清洗

◇　面部

每天早晚各一次。宜用柔软的毛巾轻柔擦洗。一般用清水即可，水的温度适中。先清洗眼角内侧及外侧，再依次清洗口鼻、前额、两颊、耳后及颈部。清洗后可根据季节涂抹婴儿霜或婴儿露等护肤品。

◇　皱褶处

每晚入睡前除洗脸外，重点清洗颈部、腋下、腹股沟等皱褶处，并涂抹适量婴儿爽身粉或护肤油，以保持皮肤皱褶处干爽和清洁。

◇　臀部

每次大小便后及时给婴儿清洗臀部和外阴。建议使用柔软的毛巾擦洗。使用清水，温度要适中。外出不便时可使用湿纸巾，最好选用无酒精和香料的纸巾，以防刺激皮肤。给男宝宝清洗臀部时，注意腹股沟、阴茎与阴囊相邻处及阴囊与会阴相邻处皮肤易藏污纳垢，要重点冲洗。女宝宝尿道相对较短，易被肛门周围的粪便污染，应从前向后洗，最后洗肛门，以防来自肛门的粪便污染阴道和尿道。

◇　全身皮肤

每周给婴儿洗澡 2~3 次，出汗多或外出玩耍后可适当增加洗澡次数。水温以 39~41℃为宜，可根据环境温度确定水温。注意先放凉水，后放热水，避免烫伤宝宝。洗后涂抹婴儿护肤品。每次洗澡持续时间以 5~10 分钟左右为宜，气温较高时可以适当延长时间。

二、　长牙

1.　长牙的时间和顺序

宝宝乳牙的钙化过程早在胎儿 5 个月时就已经开始。一般规律为 4~10 个月开始出牙。首先长出的是乳中切牙，下切牙较上切牙先出，第一乳磨牙较乳尖牙先出；1 岁时出 6~8 颗牙；2~3 岁时出齐共 20 颗乳牙，但乳牙萌出的时间个体差异很大（表 5-2）。

表 5-2　乳牙萌出的时间和顺序

萌出顺序	牙齿的名称及数量 / 个	萌出时间 / 月龄	
		上牙	下牙
1	乳中切牙（4）	6~8	5~7
2	乳侧切牙（4）	8~11	7~10
3	第一乳磨牙（4）	10~16	10~16
4	乳尖牙（4）	16~20	16~20
5	第二乳磨牙（4）	20~30	20~30

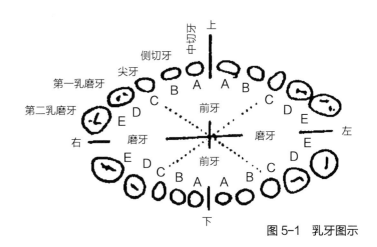

图 5-1　乳牙图示

2. 长牙问题及应对方法

◇　牙龈肿痛

出牙过程中乳牙会刺破牙周神经和组织，引起牙龈肿胀甚至疼痛。一些孩子喜欢通过咬手或玩具缓解疼痛。此时，家长可以给孩子提供一些卫生有保障、材质无毒害的牙胶让孩子咬，以缓解牙龈疼痛。

对于 7 个月以上的婴儿，还可以让他们吃烤馒头片、饼干、胡萝卜条等食物，既补充了营养，又起到了按摩牙龈、减轻疼痛的作用。

◇　口水较多

出牙期间，由于乳牙的萌出对牙龈神经的刺激，宝宝可能会有较多的口水，但此时宝宝的口腔又相对较浅，吞咽功能没有发育完善，闭唇和吞咽的动作不协调，所以容易出现 "生理性流涎"。随着牙齿的出齐，口腔深度的增加，以及吞咽功能的完善，流口水的现象会逐渐消失。这段时间应经常清洗粘有口水的下巴、颈部和胸部，并涂抹护肤品，让常被口水刺激的皮肤尽可能保持干爽和清洁，防止红疹、糜烂、感染的发生。

此外，吞食过多的口水会影响孩子的食欲，因此可以给宝宝提供平时比较喜欢的食物，改善宝宝的食欲。

三、　乳牙保护

1. 什么是乳牙

人类一生中要长出两副牙齿，第一副是从生后 6 个月到 3 岁左右长出的，被称为乳牙。

2. 为什么要保护乳牙

　　保护乳牙，避免龋齿、外伤等情况的发生，不仅关系到乳牙本身的健康，而且涉及以后恒牙的萌出及质量。7~12 月龄段正处于宝宝语言发育时期，乳牙发育问题还可能会影响宝宝的发音。

3. 龋齿对宝宝健康的影响

　　龋齿是婴儿期乳牙常见的问题。乳牙龋齿可能会影响宝宝日常的咀嚼和进食，使食物的消化和吸收受到影响，甚至可能阻碍宝宝的生长发育。有研究显示，严重的乳牙龋齿还可能会影响宝宝的颌骨发育，妨碍以后恒牙的发育，增加恒牙龋齿的风险。此外，侵蚀牙齿的细菌还有可能进入血液循环，使心脏、肾脏等器官受到损伤。

4. 如何保护乳牙

◇　定期正确刷牙

　　从宝宝长第一颗牙开始就应该给宝宝刷牙。每晚入睡前，大人一只手固定孩子，同时用另一只手拿柔软的婴儿牙刷或指套牙刷给婴儿刷牙，或用缠着湿润纱布的手指，轻轻用圆弧法擦洗婴儿牙齿，每次 1~2 分钟。牙刷应为软毛，刷毛长度以不超过 4 个前牙的宽度为宜。在宝宝能含住水、自主控制住不咽后方可使用牙膏，避免宝宝误吞牙膏。

◇　养成好的口腔卫生习惯

　　母乳喂养有益于牙齿健康和下颌骨塑形，因此鼓励母乳喂养。尽量少给宝宝含糖的食物，尤其是黏性的甜食。进食含糖食物后要及时刷牙，因为糖类食物在口腔内发酵产生的酸性物质会对牙齿产生腐蚀作用。不要让宝宝养成含奶嘴或乳头入睡的习惯，因为含着奶嘴入睡，残留在口腔内的乳汁容易被细菌分解产生酸性物质从而侵蚀牙齿，睡眠时唾液分泌减少，自洁作用减弱，更容易形成龋齿。

◇　定期到口腔门诊检查

　　乳牙保护要做到早期发现异常，及时治疗。建议每半年带宝宝去做口腔检查。

◇　及时添加辅食，锻炼咀嚼能力，促进乳牙萌出

　　父母应给宝宝加强相关营养，有利于牙齿萌出及形态的形成，也有利于预防牙齿疾病。比如，生后数天开始补充维生素 D 至少到 2 岁。补充维生素的同时，注意钙、磷的摄入。肉、蛋、奶、鱼等食物不但含有优质的蛋白质，还含有丰富的钙、磷，利于宝宝牙齿的发育和钙化。新鲜蔬菜和水果含有丰富的维生素 C 等营养素及纤维素，有利于乳牙周围组织的健康，使得牙齿更稳固。

◇　正确喂奶姿势

喂奶时要让奶瓶与宝宝口唇呈 90°，避免奶嘴压迫上、下唇，也不要给宝宝长期吸吮空奶嘴，以免影响宝宝上颚或下颌骨的发育，进而影响牙齿的萌出和咀嚼功能。

四、　挖耳朵

1.　耵聍（耳垢）是如何产生的

耵聍是由外耳道内的耵聍腺分泌的，干燥时为小片状，量不多，一般会自行脱落，从外耳道排出。

2.　是否需要经常清理

耵聍对宝宝外耳道有一定保护作用，一般不必常规给宝宝挖耳朵，更不要用棉签、发卡或火柴棍等挖耳内耵聍，这样可能对宝宝耳部造成损伤，一旦用力不当，会伤及外耳道，引起感染，还有可能伤到鼓膜，造成鼓膜穿孔。

3.　保持外耳道清洁

每当给宝宝洗脸、洗头或洗澡后，外耳道可能会留有少许水，这时可用干纱布、软纸巾或小毛巾轻轻擦拭外耳道及外耳，以避免水流进耳道内，引起耵聍聚集成块。

4.　小块状耵聍的应对方法

如果宝宝总是抓耳朵，要检查外耳道。如果发现宝宝外耳道分泌物增多，聚成棕色小团块，难以自行排出，或发现有团块状的分泌物堵在宝宝外耳道内，建议到正规医院耳鼻喉科由专业医生进行处理。

第四节
排便指导

7~12 月龄宝宝一般每天大便 2 次左右，添加辅食后，大便逐渐成形。大便一般为棕黄色，因所进食物种类不同略有改变。粪便形状为条状或稠糊状。如果进食量大或蔬菜多，大便量也随之增多。小便颜色呈淡黄色，不染尿布，每天大概要排十几次。

第三章

营养与喂养

母乳仍可以为 7~12 月龄的宝宝提供适宜的部分碳水化合物、优质蛋白、钙等重要营养素，以及各种免疫保护因子等。7~9 月龄期间母乳应占宝宝每日能量供给的 2/3，每日母乳量建议不少于 600ml。10~12 月龄，每日母乳量建议约 600ml，占每日能量的 1/2 左右。鼓励坚持母乳喂养至宝宝 2 岁。

这个阶段是辅食添加的关键阶段，除母乳之外，爸爸妈妈要为宝宝选择富含营养的固体食物作为辅食。随着辅食种类和喂养量的增加，辅食成为这一阶段宝宝必需的营养来源。在添加辅食时须注意技巧和方式，顺应喂养，促进宝宝对辅食的接受和喜爱，并为儿童期健康良好的饮食习惯打好基础。

第一节
母乳喂养

一、 继续母乳喂养的必要性

7 月龄后，宝宝仍然可以继续从母乳中获得适宜的能量以及营养素，还有抗体、人乳寡糖等各种免疫保护因子。继续母乳喂养可以显著减少婴幼儿腹泻、中耳炎、肺炎等感染性疾病的发生；还可以减少食物过敏、特应性皮炎等过敏性疾病的发生；此外，母乳喂养的宝宝，成人期肥胖、糖尿病及各种慢性代谢性疾病发病率降低。母乳喂养还可以增进母子感情，促进婴幼儿神经心理发育，让哺乳期妈妈保持心情愉悦。

二、 "辅食—奶"的一日安排

为了保证能量及蛋白质、钙等重要营养素的供给，7~9 月龄的宝宝，建议每日奶量不低于 600ml（600~800ml），每天应保证喂奶不少于 4 次。辅食量逐渐增加，包含每日 1 个蛋黄或整鸡蛋，肉、禽、鱼 25g，适量强化铁的米粉、稠粥、烂面条等粮谷类食物。蔬菜、水果以尝试为主。每天辅食 1~2 次，白天的进餐时间逐渐与家人一致（表 5-3）。

表 5-3   7~9 月龄宝宝的进餐时间及食物安排建议

餐次	进餐时间	进餐食物
早	7：00	母乳和 / 或配方奶
	10：00	母乳和 / 或配方奶
午	12：00	各种泥糊状的辅食，比如婴儿米粉、蔬菜泥、水果泥、蛋黄，以及稠厚的肉末粥
	15：00	母乳和 / 或配方奶
晚	18：00	各种泥糊状的辅食，与中午 12 点类似，最好吃不同种类的水果泥、蔬菜泥、肉泥
	21：00	母乳和 / 或配方奶（根据需要，夜间可再补充喂养 1 次）

10~12 月龄每天奶量约 600ml，喂奶 3~4 次。建议减少"夜奶"频次或停止"夜奶"，为以后宝宝形成良好的饮食、睡眠习惯打下基础。对于母乳不足或不能坚持继续母乳喂养的婴幼儿，可选择配方奶作为母乳的替代补充。

辅食建议每日鸡蛋 1 个，肉、禽、鱼 50g，适量强化铁的婴儿米粉、稠粥、馒头等谷物，继续尝试不同种类的蔬菜、水果，并根据婴儿需要增加进食量。可以尝试让宝宝自己啃咬香蕉、煮熟的马铃薯和胡萝卜等。每天添加辅食 2~3 次，一日三餐时间与家人大致相同，并在上午、下午和临睡前各安排一次加餐（表 5-4）。

表 5-4   10~12 月龄宝宝的进餐时间及食物安排建议

餐次	进餐时间	进餐食物
早	7：00	母乳和 / 或配方奶，加婴儿米粉或其他谷类辅食（喂奶为主）
	10：00	母乳和 / 或配方奶
午	12：00	各种厚糊状或小颗粒状辅食，可以尝试软饭、肉末、碎菜等
	15：00	母乳和 / 或配方奶，加水果泥或其他辅食（喂奶为主）
晚	18：00	各种厚糊状或小颗粒状辅食，与中午 12 点类似，最好种类不同
	21：00	母乳和 / 或配方奶

以上建议仅供参考，不用机械性照搬，妈妈可以根据宝宝作息以及饮食习惯酌情调整。

第二节
辅食添加

一、　辅食添加推荐

1.　重视动物性食物添加

如宝宝满 6 月龄（即 7 月龄）刚开始添加辅食，可参考第四篇第三章第二节。如果在 4~6 月龄已添加辅食，在 7 月龄继续添加辅食就有了一定基础。此月龄段，应在米粉的基础上逐渐增加谷薯类食物和动物性食物。

畜禽肉、蛋、鱼虾、肝脏等动物性食物富含能量、蛋白质、脂类、矿物质、维生素 A 等。我国 7~12 月龄婴儿铁的推荐摄入量为 10mg/d，其中 97% 来自辅食。含铁丰富的食物主要有瘦猪肉、牛肉、动物肝脏、动物血等。这些食物不仅含铁量高，而且所含铁吸收率高，是人体铁的主要来源。蛋黄含铁量也较高，但是吸收率不如肉类。根据辅食种类搭配或烹制，如果需要可添加少许油脂，以富含 α–亚麻酸的植物油为佳，如核桃油、亚麻籽油，数量应在 10g 以内。

2.　及时引入多样化食物

开始添加辅食时，要一种一种地添加，当宝宝适应一种食物后再开始添加另一种。这样有助于观察婴儿对新食物的接受程度及其反应，特别是对食物的消化情况和过敏反应。一种食物一般要适应 3~5 天后再考虑添加另一种新的食物。如果在添加过程中宝宝出现不良反应，可暂停添加。如果出现严重不良反应如严重呕吐、腹泻或全身皮疹等，应及时就诊。在宝宝适应多种食物后可以混合喂养，如米粉伴蛋黄、肉泥蛋羹等。

辅食添加没有特定的顺序，可以按照家庭或当地的饮食习惯、文化传统等循序渐进地引入。不同种类的食物可以提供不同的营养素，保证食物多样性才能满足宝宝的营养需求并达到膳食平衡。食物多样化也有助于减少食物过敏及其他过敏性疾病的发生。

2020 年 5 月发布的 WS/T 678—2020《婴幼儿辅食添加营养指南》建议，宝宝每天摄入的食物种类要满足以下婴幼儿辅食添加常见的 7 类食物中的 4 类及以上。

谷物、根茎类和薯类： 面粉、大米、小米、红薯、马铃薯等。

肉类：畜肉、禽类、鱼类及动物内脏等。

奶类：牛奶、酸奶、奶酪等。

蛋类：鸡蛋、鸭蛋、鹌鹑蛋等。

维生素 A 丰富的蔬果（不包括果汁）：胡萝卜、羽衣甘蓝、南瓜、小白菜、芒果、蜜橘等。

其他蔬果（不包括果汁）：小油菜、娃娃菜、花椰菜、西蓝花、苹果、梨等。

豆类及其制品 / 坚果类：黄豆、豆腐等 / 粉状花生仁、核桃仁、腰果等。

3. **食物质地由细到粗**

    食物质地要与婴幼儿的咀嚼、吞咽能力相适应。辅食如蔬菜、水果可从泥状逐渐转换到碎末状，适当增加食物的粗糙度。可给 8 个月大的婴儿提供一定的手抓食物，如手指面包、蒸熟的蔬菜棒（块），锻炼宝宝的咀嚼和手眼协调能力。

    10~12 月龄的宝宝可添加各种谷类食物如软米饭、手抓面包、磨牙饼干，豆类食物如豆腐，动物性食物如蛋黄、畜禽肉、鱼类，以及常见蔬菜和水果等。此时，宝宝已经长出了较多的乳牙，能处理更多粗加工食物。但是，应避免宝宝遇到大块食物而导致哽噎和意外发生，同时禁止食用整粒的花生、腰果等坚果。

    爸爸妈妈们不可过于激进或过于保守。过于激进，同时添加多种食物或食物质地过粗，可能导致宝宝消化不良，诱发疾病或影响生长发育。过于保守的爸爸妈妈可能在宝宝 10 个月后仍以粥、米粉为主，肉类、蛋类添加延迟，营养供给不足，导致宝宝生长受限。

4. **婴儿辅食须单独制作，不加盐、糖，保持食物原味**

    除了家庭不方便制作的含铁米粉、含铁营养包外，辅食可挑选优质食材在家中单独制作。不添加糖、盐等调味品，保持食物天然味道，以减少宝宝挑食、偏食风险。另外，注意现做现吃，最好不要喂剩饭菜。

5. **回应性喂养，鼓励但不强迫进食**

    爸爸妈妈要关注宝宝的饥饿和饱足反应，依据孩子的需要做出恰当的回应，尊重孩子对食物的选择，耐心鼓励和协助宝宝进食，不强喂、不逼喂。比如，当宝宝看到食物时表现出兴奋、小勺靠近时张嘴等，表示饥饿；当宝宝紧闭嘴巴、扭头或吐出食物时，表示已吃饱。对于宝宝"不喜欢"的食物，父母可以反复提供并鼓励其尝试，但不能强迫，最好对食物保持中立态度，不要以食物和进食作为惩罚或奖励。

    建议按照宝宝的生活习惯决定辅食喂养的适宜时间，喂养过程中应与宝宝保持面对面交流，及时了解需求。同时，注意营造良好的进餐环境，保持安静、愉悦，杜绝电视、玩具、手机等干扰。

二、 食材选择

由于宝宝胃容量小，自身发育尚不完善，又处于快速生长发育期，给宝宝的辅食应该富含能量以及蛋白质、铁、锌、钙、维生素 A 等各种营养素。要选择适合宝宝年龄及进餐能力的食物，也就是要考虑口味、软硬、粗细等，还要尽量保证宝宝喜欢，才能让宝宝愿意尝试进食。

宝宝的食物必须新鲜，保证安全。表 5-5 是各种营养素的主要来源食物，供爸爸妈妈们参考选择。

表 5-5　营养素的主要膳食来源

营养素	膳食来源
蛋白质	肉类（畜、禽）、鱼、蛋、动物肝、乳类、大豆、坚果、谷类、薯类
脂肪	动物油、植物油、奶油、蛋黄、肉类、鱼类
碳水化合物	米面、乳类、谷类、豆类、水果、蔬菜
维生素 A	动物肝、乳类、绿色及黄色蔬菜、黄色水果
维生素 D	海鱼、动物肝、蛋黄、奶油
维生素 C	新鲜蔬菜、水果
维生素 B_1	动物内脏、肉类、豆类、花生
钙	乳及乳制品、海产品、豆类
铁	动物肝、动物全血、肉类、蛋
锌	牡蛎、动物肝、肉类、蛋

三、 食品卫生及进食安全

辅食食品卫生及安全是重中之重。制作辅食前须洗净双手，制作辅食的案板、锅铲、碗勺等炊具均应清洗干净，场所要保持清洁。食材要仔细选择和清洗干净。辅食制作过程中要煮熟、煮透，高温烧煮可杀灭绝大多数病原微生物。但是，熟食也有被再次污染的可能，所以准备好的食物要尽快食用，或及时妥善地保存，尽量不要吃冰箱储存的剩饭剩菜。生吃的水果和蔬菜必须用清洁水彻底洗净，给予婴幼儿食用的水果和蔬菜应去掉外皮、内核和籽，以保证食用时的安全。

宝宝进餐前也要洗净双手，并且保持进餐环境的清洁、安全。宝宝进餐时，要固定位置，还要有成年人看护，以免发生进食意外。可能会发生的意外有筷子、汤匙等餐具插进咽喉、眼眶等；咽喉及身体其他部位被烫伤；整粒花生、坚果、果冻等食物不适合婴幼儿食用；还需防止误食农药、化学品等。这些进食相关的意外事件与宝宝进食时随意走动、喂养者看护不严有密切关系。

四、 辅食的烹饪方法

辅食烹饪最重要的是要将食物煮熟、煮透，同时尽量保持食物中的营养成分和原有口味，关键要考虑食物加工后的质地要能适合宝宝有限的进食和消化能力。在辅食烹饪中，应多采用蒸、煮，尽量不用煎、炸等方式（表5-6）。

宝宝的味觉、嗅觉还在形成过程中，父母及喂养者不要以自己的口味来评判食物好吃与否。在制作辅食时，可以通过不同食物的搭配来增进口味，如番茄肉末、牛奶土豆泥等，其中天然的奶味和甜味是婴幼儿最熟悉和喜爱的口味。

表5-6 7~12月龄辅食制作举例

食物名称	配料	制作方法及注意事项
蛋黄泥	鸡蛋	鸡蛋煮熟后取出蛋黄，用汤匙压碎，加温开水、米汤或者奶调成糊状。从1/4个开始添加，逐渐增加
豆腐泥	豆腐	将豆腐放入锅内，添加适量鸡汤、肉汤或鱼汤，边煮边用勺研碎，煮好后放入碗内。喂食时再用小勺将豆腐颗粒研碎
鸡蛋羹	鸡蛋	将鸡蛋打入碗中，加入适量水（约为鸡蛋的2倍）调匀，放入锅中蒸成凝固状即可
肝肉泥	猪肝、瘦猪肉	将猪肝和瘦猪肉洗净，去筋，放在砧板上，用不锈钢汤匙按同一方向以均衡的力量刮，制成肝泥、肉泥。然后将肝泥和肉泥放入碗内，加入少许冷水搅匀，上笼蒸熟即可食用
鱼肉泥	鲜鱼	将鲜鱼洗净、去鳞、去除内脏后放在锅里蒸熟，然后去皮、去刺，将鱼肉挑出放在碗里，用汤匙挤压成泥状即可；也可将鱼肉泥加入粥或面条中喂给宝宝
豆类、坚果和种子	豆类、坚果和种子	烹调前将豆子放在水中浸泡，剥去种皮，或将豆子煮熟后去皮；将豆子加入汤或炖菜中；捣碎煮好的豆子；烘烤坚果和种子后磨成酱

五、 辅食添加过程中，宝宝出现不适反应的应对

在添加辅食的过程中，宝宝难免会有恶心、哽噎、干呕等反应，严重的甚至出现拒食现象。爸爸妈妈们不要焦虑气馁，更不要因此长期只给宝宝稀糊状的辅食，甚至放弃添加辅食。因为辅食味道与母乳不同，并且进食颗粒状、半固体、固体的辅食需要咀嚼、吞咽，而不仅仅是吸吮，这些都需要宝宝慢慢熟悉和练习。因此，在添加辅食过程中爸爸妈妈或喂养者要保持耐心，可以积极鼓励宝宝进食，并反复尝试食物。研究显示，有时可能需要尝试十几次才能成功添加新的食物。

父母也要掌握一些喂养技巧：喂养辅食的勺子大小、质地要合适；每次喂养时先让宝宝尝试新的食物；尝试将新的食物与宝宝已经熟悉的食物混合喂养，如用母乳冲调米粉、在熟悉的米粉中加蛋黄或肉类等；保持辅食温度适宜，不要太烫或太凉。

部分宝宝可能因为疾病问题，或者因为发育迟缓、心理因素等出现喂养困难，建议前往医院，在专业医生指导下逐步干预和改进。

六、 特殊情况下的辅食添加

1. 食物过敏

婴幼儿阶段是食物过敏的高发时期，可导致过敏的食物有数百种，但90%以上婴幼儿过敏与牛奶、鸡蛋、花生、鱼虾、坚果、大豆、小麦等有关。

对于存在家族过敏史的宝宝，由于其基因易感性难以改变，辅食添加应从低过敏原食物开始，如铁强化米粉、根茎类蔬菜、水果等；对高敏食物，可通过充分烹饪加工使蛋白质彻底变性，避免吃进生的食物。

对于牛奶蛋白过敏的宝宝，除建议继续母乳喂养或选择不同水解程度的水解蛋白配方奶粉外，不建议以其他动物奶来源的奶粉或部分水解蛋白粉配方作为代用品。不建议以大豆基质配方作为6个月以下牛奶蛋白过敏患儿的替代食品。

其他食物过敏，如鸡蛋、大豆、花生、坚果及海产品等单一过敏者，因其并非宝宝营养素的主要来源，营养成分可由其他食物提供。

对于多种食物过敏的宝宝，可选用低过敏原饮食配方，同时应密切观察进食后的反应，以减少意外发生。

2. 乳糖不耐受

乳糖不耐受是因儿童肠道缺乏乳糖酶，乳类食物中的乳糖在小肠中不能被分解

为葡萄糖和半乳糖，过多的乳糖在大肠被细菌分解，产酸、产气、肠液过多，导致腹胀、腹痛、腹泻等临床症状。

乳糖不耐受分先天性和继发性两类。先天性乳糖不耐受的情况比较罕见，患儿须长期使用无乳糖配方奶粉，继发性乳糖不耐受者经较短时间的干预后可治愈。

若腹泻次数多、体重增加缓慢，则需要饮食调整，主要应限制含乳糖的食物。母乳喂养宝宝可以通过添加乳糖酶继续母乳喂养，配方奶喂养宝宝可以选择无乳糖或低乳糖配方奶。使用无乳糖婴儿配方奶粉有利于减轻宝宝腹泻症状，待腹泻停止后酌情逐渐增加母乳喂哺次数，最终转回母乳或普通配方奶。

3. 早产儿辅食添加

一般在矫正月龄4~6个月添加，胎龄小的早产儿发育成熟水平较差，辅食添加时间可能会相对较晚。

与足月儿相同，早产儿的辅食添加初始阶段首选强化铁的米粉，后续逐渐引入蔬菜泥、水果泥等；矫正月龄7个月后可以提供肉、禽、鱼及蛋黄类辅食。为了保证主要营养素和能量密度，需要继续保持母乳喂养，保证足够奶量。

七、 每日辅食摄入建议

参考《婴幼儿喂养与营养指南》《中国居民膳食指南（2022）》，建议每日饮食量安排如表5-7。辅食添加是一个由少到多的渐进过程，推荐量只是达到稳定状

表5-7　7~9月龄和10~12月龄辅食添加量的比较

月龄		7~9月龄	10~12月龄
食物质地		泥状、碎末状	碎块状、手指状
辅食餐次		每天2次，每次2/3碗	每天2~3次，每次3/4碗
	乳类	4~6次，不少于600ml（600~800ml）	3~4次，约600ml
	谷薯类	含铁米粉、粥、烂面条、米饭等3~8勺	面条、米饭、小馒头、面包等1/2~3/4碗
食物种类及数量	蔬菜类	蔬菜泥/细碎蔬菜1/3碗	碎菜1/2碗
	水果类	水果泥/碎末水果1/3碗	小水果块/条1/2碗
	动物性食物、豆类	蛋黄、肉、禽、鱼、豆腐等，3~4勺	蛋黄、肉、禽、鱼、豆腐等，4~6勺
	油、盐	植物油0~10g，不加盐	植物油0~10g，不加盐

注：1勺=10ml；1碗=250ml（小饭碗的标准大小：口径10cm，高5cm）。

态的平均量。婴儿生长发育迅速，个体差异较大，实际喂养中应视婴儿个体情况按需喂养。通过定期测量婴儿体重、身长等进行生长发育评价，可衡量喂养是否满足了婴儿的营养需要。

第三节
喂养策略及行为培养

一、 培养良好饮食习惯

良好的饮食习惯对宝宝的营养摄入有很大的促进作用，所以从添加辅食开始，爸爸妈妈就要注意为宝宝培养良好的饮食习惯。父母的进食行为和态度是宝宝模仿的对象，父母不但要根据宝宝的年龄准备好合适的辅食，还要尊重宝宝对食物的选择，耐心鼓励和协助宝宝进食，不要强迫进食。

父母需要按照宝宝的生活习惯决定辅食喂养的合适时间，帮助孩子养成良好的饮食习惯。从开始添加辅食起，应该为宝宝安排固定的座位和餐具，营造安静、轻松的进餐环境，避免外界因素干扰宝宝的注意力。鼓励宝宝尝试自己进食，学习使用餐具，以增加宝宝对食物和进食的兴趣。因宝宝注意力持续时间较短，应控制每餐时间不超过20分钟。进餐时看电视、玩玩具等会分散宝宝对进食和食物的注意力，必须加以禁止。

宝宝学会自主进食是成长过程中的重要一步，需要反复尝试和练习。父母应有意识地锻炼宝宝感知觉，促进认知、行为和运动能力的发展，逐步训练和培养宝宝的自主进食能力。

父母要注意从培养婴幼儿良好的作息习惯入手，兼顾与家庭生活步调一致化，从开始就应将辅食喂养时间安排在家人进餐的时间附近。宝宝的进餐时间应逐渐与家人一日三餐的进餐时间趋于一致，并在两餐之间，即早餐和午餐、午餐和晚餐之间以及睡前，额外增加1次加餐。宝宝满6月龄后应尽量减少夜间喂养。

坚持培养正确行为习惯，才能形成良好饮食习惯，爸爸妈妈们要学会温柔以待和耐心坚持。

二、 喂养技巧

1. 顺应喂养

顺应喂养是父母与宝宝之间双向互动的一种喂养模式。父母应及时回应宝宝发出的饥饿或饱足信号，激发宝宝对食物的注意力和兴趣，及时提供或终止喂养；并且要允许宝宝在准备好的食物中挑选自己喜爱的食物，不能以某种食物或进食作为惩罚或奖励。

根据宝宝发育情况，适时准备合适的手抓食物，允许并鼓励宝宝尝试自己手抓或使用小勺，鼓励宝宝在良好的互动过程中学习自我服务，增强其对食物和进食的注意与兴趣，促进宝宝逐步学会独立进食。

2. 反复尝试辅食

在辅食添加过程中，爸爸妈妈常遇到这样的问题：宝宝常常表现出对熟悉食物（如乳类）的偏爱，对新口味、新口感的食物恐惧、拒绝，甚至进食后部分宝宝会出现恶心、干呕，甚至呕吐。对某一新食物拒绝2~3次后，爸爸妈妈误认为宝宝"不爱吃""不能吃""不会吃"，从而停止辅食添加。然而，如果过早放弃，就剥夺了宝宝吃这种辅食的权利，宝宝也失去了学习进食新食物的机会。

研究显示，90%的婴儿能很快接受新的食物，而另外10%的婴儿经过舔、勉强接受、吐出，再经反复多次喂养，最终能接受一种新食物。通常情况下，一种新食物可能需要反复添加8~10次，甚至20~30次。爸爸妈妈要正确对待宝宝对新食物的反应，耐心尝试多次喂养，逐步改变宝宝恐惧新食物的心理。

3. 规律进餐

固定的进餐时间、地点及适宜环境，有利于宝宝养成规律吃饭的好习惯。

◇ 相对固定的进餐时间

对宝宝来说，固定的进餐时间是养成规律的关键，不要轻易打乱。无论家庭的用餐时间有什么变化，宝宝仍应到点就吃饭。

◇ 固定进餐地点

每次吃饭的时候，将宝宝放在固定的位置上，利于宝宝形成条件反射，即每当坐在餐桌椅上就意味着要吃饭了，进而逐渐养成定时、定点进餐的好习惯，这能刺激宝宝自主的饮食注意力和兴趣。

◇ 控制持续进餐时间

建议每餐控制在20分钟以内，最长不超过30分钟。如果宝宝拒绝继续进餐，或开始把玩食物或餐具，就提示他不想吃了，这时即使可能没有吃饱也要结束进餐，控制适宜的进餐时间。

◇ 保持安静轻松的进餐环境及氛围

进餐过程中不建议开着电视、广播和电子屏幕，不要让宝宝边玩边吃。要让宝宝自己控制每餐的进食量，如果偶尔某一餐进食量少些，可能下一餐会相应吃得多些，不要强迫也不要责备。

4. 榜样作用

父母的进食行为和态度是宝宝模仿的对象。父母应注意保持自身良好的进食行为和习惯，以身作则，不偏食、挑食，尤其避免在宝宝面前透露对某种食物的喜爱或厌恶，以免造成宝宝挑食、偏食或者拒绝新食物的不良习惯。

家长与宝宝应积极沟通和互动，才能共同建立健康的个人及家庭饮食行为习惯。

三、 从奶瓶过渡到杯子

在 6 月龄后乳牙萌出后，过多的奶瓶喂养尤其是夜奶可能会导致龋齿的发生。当宝宝学会独坐且可以拇指 – 手掌抓物时，说明给宝宝尝试使用水杯的时机已成熟，宝宝可能会积极回应，乐于接受。

刚开始可以选择购买学饮杯，两侧有抓握手柄，杯盖可以扣紧，并且有类似于鸭嘴的出水口。将杯子放到宝宝可以接触到的地方，爸爸妈妈先示范水杯的用法，如拿起水杯，放到嘴边，倾斜喝水，反复示范，鼓励宝宝尝试。最开始宝宝不能熟练应用，可能会用力过猛，导致水流出过多，也可能因此呛水咳嗽，爸爸妈妈要继续鼓励。有时，宝宝需要数月才能完全掌握使用水杯而不至于呛咳，这个时候就可以尝试在杯子中放奶类液体了。

爸爸妈妈也可以尝试让宝宝练习使用吸管杯，8~10 月龄宝宝差不多就可以掌握吸管杯的使用。有趣的是，爸爸妈妈会发现，宝宝使用吸管杯有一种与生俱来的天赋，好像第一次使用就会了，再多练习几次就可以熟练掌握。此阶段可以使用吸管杯喂哺，但是学会使用与愿意使用还不一样，等宝宝完全愿意用杯子喝奶，需要到 1 岁或以后。

坚持让宝宝使用杯子，能作为日常喝水补充就好，其余只须耐心等待他完全接受用杯子喝奶的那一天。

第四节

营养补充

6 月龄以后，宝宝对矿物质的需求日渐增多，特别是要保证高钙、铁、锌的食物摄入，在必要时可能需要在膳食外额外补充。前两者前面章节已经讲过，本节主要指导锌元素的补充。

一、 锌的需要量及补充

锌是人体必需的元素，广泛分布于人体不同的组织器官，几乎参与人体所有的代谢过程，在儿童营养与生长发育中发挥重要作用。儿童锌缺乏可出现生长迟缓、反复感染、轻微皮疹、食欲下降等表现。《中国居民膳食营养素参考摄入量（2013版）》建议，7~12月龄婴儿，每日锌推荐摄入量为 3.5mg。

如何判断锌缺乏呢？目前，锌缺乏尚无统一的定义和诊断标准，但是可依据孩子的表现和化验检查综合判断：

1. 长期摄入肉食不足是缺锌的高危因素。比如身处贫困地区或食欲差、挑食、偏食的宝宝。
2. 2 岁以下婴幼儿生长快速，对锌需要量相对较高，是锌缺乏的高危人群。如日常饮食尤其是动物性食物摄入不佳，就可能存在缺锌的情况。
3. 母亲妊娠期间缺锌、早产儿、低出生体重儿、多胞胎等，可因胎儿期储备不足，且生后追赶性生长需要的锌增加，造成婴儿早期出现锌缺乏。
4. 慢性消化道疾病导致锌吸收不良或排泄增多。
5. 血清锌偏低。因缺乏敏感性，需要医生综合判断。

二、 锌缺乏应如何预防及治疗

饮食预防和补充锌元素需要从食物来源入手。首先，提倡母乳喂养，母乳不足时可选择适龄全营养配方奶粉。婴儿满 6 月龄，应及时添加辅食。锌的主要食物来源是贝壳类海产品、瘦肉、动物内脏。因此，须注意选择强化锌的婴儿食物，以及肉类、肝脏等动物性食物。通常，植物性食物较动物性食物的锌含量低，但是谷类胚芽也富含锌。

第五节
喂养问题

一、 宝宝乳牙萌出少，只能吃泥糊吗

出牙早晚具有明显的个体差异，不需要等待乳牙萌出后再添加辅食或转换食物质地，这一阶段的宝宝主要使用下颌和舌头咬碎各种食物，他们的牙槽骨可以磨碎很多食物。食物质地的转换应该更多根据宝宝的实际月龄、发育水平来给

予。一般 6~8 月龄就应该逐渐从泥糊状食物过渡到颗粒状食物；8 月龄左右，大部分宝宝可以自己用手指抓起固体食物送入口中；10~12 月龄就可以吃碎块状食物，如小碎块的蔬菜、水果，以及肉末、肝末等。

二、　可以喝果汁吗

国内外的膳食指南均建议 1 岁以下的婴儿不要喝果汁，建议优先选择新鲜水果。主要原因包括：

1. 营养贬值

和新鲜水果相比，果汁制作过程中损失了膳食纤维和部分营养素，尤其是维生素 C。对于 1 岁以下的婴儿，果汁的营养价值并不充分。

2. 含糖量高

相关指南强烈建议限制儿童游离糖的摄入。果汁含糖量高，且多为游离糖，进入宝宝体内后会跟葡萄糖一样迅速消化吸收。而且，因为去除掉了固体果肉，果汁饱腹感差，很容易喝多，这样会大大增加糖分摄入。

3. 肠胃不适

果汁不适合用来治疗脱水以及改善腹泻，过多的果汁摄入还可能造成营养过剩或营养不足，与宝宝腹泻、胃肠胀气、蛀牙等也有关。

4. 安全隐患

果汁并不是无菌的，保存不便、未经消毒的自制果汁可能含有引起疾病的病原体。

因此，为了宝宝的健康，建议爸爸妈妈优先选用新鲜水果。6 月龄以上的宝宝可以吃果泥，9 月龄左右就可以尝试吃切成手指状或块状的水果了。

三、　骨头汤和肉汤营养高吗

骨头汤、肉汤 99% 都是水。肉中的蛋白质很难溶解释放进入汤内，相反，脂肪却比较容易分解和析出。一般来说，肉类蛋白质含量为 15%~20%，而肉汤内的蛋白质含量仅为 1%~2%。猪骨、牛骨中的钙人体难以吸收，在普通熬制后，钙无法析出溶解到骨头汤中。研究显示，即使熬的时间足够长，每 100ml 骨头汤中含钙量约为 1.6mg，而每 100ml 牛奶中含钙量约为 100mg。所以，汤的营养并不高，不建议宝宝饮用。不过，肉汤脂肪含量高、味道鲜美，可以给宝宝煮面、烩面、炖菜等，但是注意不要放调料。

四、 宝宝可以吃糖、盐吗

辅食应该保持原味，不要加盐、糖以及刺激性调味品。辅食保持清淡口味，有利于提高宝宝将来对不同天然食物口味的接受度，减少发生偏食、挑食的风险。

食盐的主要成分是氯化钠。对于健康的婴幼儿，如果进食充足，天然食物中的钠含量已可以满足宝宝的需求，不需要额外添加。母乳钠含量可以满足6月龄内婴儿的需要，配方奶的钠含量高于母乳，所以奶量充足也不会缺钠。7~12月龄婴儿可以从天然食物，主要是动物性食物中获得钠，如1个鸡蛋含钠约71mg，100g新鲜瘦猪肉含钠约70mg，加上从母乳中获得的钠，完全可以满足7~12月龄婴儿350mg/d的适宜摄入量。

五、 不吃盐会缺碘吗

食盐强化碘是世界上许多国家应对碘缺乏的重要措施。减少盐的摄入可能会相应减少碘的摄入，有引起碘缺乏的潜在风险。但是，当母亲碘摄入充足时，母乳碘含量可达到100~150μg/L，已能满足0~12月龄婴儿的需要。0~6月龄婴儿碘的适宜摄入量为85μg/d，7~12月龄婴儿为115μg/d。所以，只要母乳充足，完全可以满足宝宝的碘需求。此外，7~12月龄婴儿可以从辅食中获得部分碘，所以这一阶段碘的摄取不依赖碘盐的补充。

第四章

安　全

　　由于正处于快速生长发育期且抵抗力仍较低，7~12 月龄的婴儿易受到各类有害物质的影响和伤害。同时，婴儿的运动能力尚处于发育早期，活动能力弱，躲避伤害的能力也弱。因此，基于国际和国内的婴幼儿服饰相关标准，家长在给 7~12 月龄阶段的小宝宝选择服饰时，要重视服饰的安全性，避免风险。

一、　服饰存在的安全隐患

1. 衣服上的小物件，如纽扣、绒球或其他镶嵌装饰物等可被吞食，引起窒息。
2. 衣服上的绳带可缠绕婴儿脖子、腿脚、指 / 趾端等，引起窒息、跌倒、局部缺血坏死等。
3. 衣服选料不当，或在加工过程中添加过多化学物质，可以通过皮肤接触引起急慢性过敏等疾病。

二、　注意事项

1. 家长购买衣服时，不要选择带纽扣、绒球或其他镶嵌装饰物的衣服，应经常检查衣服上的拉链扣等部位，以防被儿童误吞，引起窒息。
2. 经常检查衣服拉链和其他金属配件有无毛刺、锐利边缘、可触及的锐利尖端及其他瑕疵。
3. 确保宝宝的上衣、帽子、领口均不能有绳带，以防缠绕脖子引起窒息。
4. 注意检查衣服上的袖口和裤子口处，不应有松线或长度超过 1cm 的未修剪线头。
5. 套头衫的领圈展开不小于 52cm。

6.　婴儿的衣服尽量选择正规品牌，避免劣质服装在加工过程中残留重金属或其他有害
化学物质。

7.　为婴儿选择纯天然材质的衣服，尤其是贴身内衣，避免过度加工、染色及装饰。一
些塑料印花等中可能含有聚氯乙烯增塑剂。

8.　不要给婴儿佩戴项链以及其他挂在脖子上的饰物。

9.　衣物有松紧带的地方一定要注意松紧适度，不要太紧。比如裤腰处、袜子口处，太
紧会给婴儿带来压迫感，甚至会影响局部血液循环。

10.　衣物大小应该合身，不要太小太短，影响婴儿自由活动；也不要太大太长，给活动
带来不必要的牵绊。

第二节
食品安全

随着小宝宝逐渐长大，纯乳类食物已经不能满足他们的
营养需求，需要添加其他固体食物，并逐渐过渡到成人食
物。固体食物的选择除了要保证营养，还要注意安全，避免
给宝宝带来意外伤害。

一、　容易噎住婴儿的食物

1.　小的、圆的、比较光滑的食物，如豆子和煮熟的胡萝卜丁、块等。
2.　容易不小心被吸入的食物，如瓜子、花生、葡萄干、小块硬糖、果冻等。
3.　黏的、不易嚼碎的食物，如花生酱、水果皮、小块奶酪、软糖。
4.　可能卡嗓子、不容易咽下的食物，如小香肠、整块香蕉、鸡骨头、整块水果和硬面
包圈。
5.　比较硬、干的食物，如椒盐卷饼和薯条。

二、　如何选择婴儿固体食物

首先，我们一定要保证食物选材的新鲜，避免有腐烂变质的情况出现。买回来
的食材一定要充分清洗，以去除可能的农药残留和虫害污染。家长应尽量按照婴儿
日常进食量准备食物，避免大量剩余。每顿尽量以新鲜制作的食物为优，确实有剩
余食物一定要妥善密封并在冰箱冷藏环境下保存，避免微生物污染。

家长要检查和确保给小婴儿吃的所有食物都要细碎、软烂。9 个月以下小宝宝的食物要煮熟，做成泥状或尽量打碎，如水果泥、蔬菜泥、肉泥等。可以将香蕉、桃子、芒果等水果去皮捣碎、切成小块；青豆或豌豆、南瓜煮熟并捣碎；肉类剁成泥。

给大一点的宝宝准备食物的时候，应将其切成薄片，比起圆形或者块状的食物，切片食物不太容易噎住孩子。将水果去皮、去籽、去核后，切成小片；白薯、红薯、南瓜等去皮切成小块，西蓝花等蔬菜切成小块；肉切成一口可以吃进去的薄片。

不给宝宝喂食又小又圆、比较黏、易误吸的食物，如整颗的葡萄、小番茄、坚果或者成块的花生酱、奶酪、年糕等。不给宝宝吃容易卡住喉咙的食物，如带小块骨头的肉、块状糖果、小香肠等。

宝宝正在哭、笑、说话时，不要喂食。嘴里含着食物的时候，不能让宝宝到处乱爬或者走动，一定要确保吃完最后一口饭，确定咽下后，再让宝宝离开餐桌。

第三节
玩具安全

这个年龄段的宝宝喜欢玩各种会发出声音的玩具、积木、玩偶，对可敲击的乐器（鼓、木琴、钢琴）、小车也很感兴趣，也很喜欢家中的日常用品如碗、勺子等，并喜欢抓握玩具、扔玩具听声音等。因此，任何可能引起意外的物品都要放好。

一、 玩具引起的常见安全问题

1. 窒息

含有各种小零件的玩具、气球类的玩具或者有薄塑料膜的玩具，可因为误吞或黏附在宝宝嘴上或鼻子上引起窒息。

2. 跌落伤

家中的台阶、带有细绳的玩具，可能引起跌落伤。

3. 消化道梗阻

磁铁类的玩具，一旦误吞多块，可能引起肠梗阻、肠坏死。吸水后容易体积膨胀的玩具，可在肠道内继续吸收水分，不断膨胀，引起消化道梗阻。

4. 切割伤

含有玻璃或硬性塑料的玩具，或家中碗碟等摔破容易扎伤宝宝。

二、　选择玩具的注意事项

1. 不要给宝宝玩纽扣、小球、珠子、黄豆粒等，也不要给宝宝玩其他有细小零件的玩具。给宝宝买玩具前，一定要仔细检查是否含有可拆卸的小零件，如毛绒玩具的眼睛、鼻子或衣服上的珠子、小鞋子，电子发声玩具如小车上的小按钮等。

2. 选择质量好的玩具，养成定期检查玩具、一旦发现松动零件及时修理的习惯。

3. 选择积木或者小球等玩具时，直径均应大于 4cm，以防宝宝误吞，引起窒息。

4. 买其他东西赠送的玩具要仔细检查，尽量不给宝宝玩耍，因为这类玩具大多不是正规厂家生产，不符合安全制作要求，容易对宝宝的安全健康造成威胁。

5. 不要给孩子玩气球或者其他有薄塑料膜的玩具，一旦气球破碎，一定要将全部碎片都扔掉。没有吹起来或者破裂的气球碎片可能贴住宝宝口鼻，引起窒息。

6. 小的磁石很容易被宝宝吞下，可能会引起窒息，2 块以上磁石可能在肠道内相互吸引，引起肠套叠、肠梗阻、肠坏死等。

7. 尽量避免吸水的玩具。这类玩具放在水里可以持续增大，一旦误吞进宝宝体内，会在肠道内继续吸收水分，不断膨胀，引起消化道梗阻。

8. 家里有 2 个及以上孩子时，要注意大孩子的玩具不要放在小孩子能拿到的地方，如气球、乐高零件或者直径小于 4cm 的物件。

9. 不给宝宝玩可以摔碎的玩具，宝宝的杯、碗也应使用塑料或者不锈钢材质的，以免碎片划伤、扎伤宝宝。

10. 有些玩具有牵拉绳，注意细绳不能超过 20cm，或者直接把绳子减掉。

11. 该月龄段宝宝已经可以拿笔画画，但是一定记住，只有在有父母照看时才可以给宝宝画笔，并且要注意看护，避免宝宝把笔放入嘴、耳朵中或者扎伤眼睛。

12. 不要给该月龄段的宝宝玩插电玩具。可以选择使用电池的玩具，并且一定确保电池盖子用螺丝固定好，避免电池松动被孩子吞咽。

13. 家中物品，尤其是打火机、药品、热水瓶等要放在宝宝摸不到的地方。

14. 任何玩具一旦出现损坏，要及时丢弃或更换。

15. 一旦宝宝将豆子、糖豆或其他小零件塞到鼻孔等地方，一定不要自行用镊子等夹取，要及时就医。

第四节

户外出行安全

这个月龄段的小宝宝已经会自己坐，并逐渐学会了爬行，开始尝试站立和行走。因为活动能力的增强，家长在外出活动时要给予宝宝更多关注。大部分家长带宝宝外出的时候使用婴儿推车，无论是户外活动还是使用推车，家长都要注意可能有危险的环节，做好防护。

一、 户外活动的注意事项

1. 选择安全的活动场地

　　带宝宝玩，一定避开人多、车多的地方，避免经常被行人和车辆影响，无法安全活动。

2. 选择合适的学步鞋

　　首先，鞋子的大小要合适，太小的鞋会限制宝宝正常活动，太大的鞋不跟脚，宝宝走路容易摔跤。另外，鞋底一定不要太硬，选择走路舒服、透气性好的鞋。不要给小宝宝穿皮鞋。

3. 确保设施器械安全

　　许多家长会带宝宝到社区的健身器材区或者儿童游乐区玩耍。如果是室内设施，注意选择小宝宝能玩的低层设施，大型的滑梯等还不适合这么小的宝宝玩耍。如果是室外设施，父母应先检查器械安全性，并注意选择适合宝宝的设施。

4. 视野内安全距离

　　确保小宝宝时刻都在父母的视线范围内，并且要保持一臂距离，当发生任何危险时能及时伸手保护。

5. 道路湿滑状况

　　注意天气潮湿或下雨时，走在户外的地面或砖铺的路面上时很容易滑倒，父母应尤其小心。

6. 近水活动的安全意识

　　如果带宝宝到河边、海边或其他水边玩耍，要做好防护，远离水域。

7. 写字楼及商场的乘梯安全

　　带宝宝乘坐电梯时，注意开关门，在电梯关门的时候一定不要用手、脚阻止电梯关门，避免孩子被电梯门夹住。尽量站在电梯后侧，不要让孩子倚靠电梯门。

注意：不要抱着孩子乘坐自动扶梯；乘坐扶梯时不要让孩子戴围巾，衣服不要穿得过长，不要穿洞洞鞋，避免卷到扶梯里面。

8. 玻璃旋转门的安全隐患

进出楼宇的旋转门时，家长一定要抱着孩子经过旋转门，不要让孩子的手触碰旋转门，经过时速度不要太快，以免挤伤。

9. 乘坐公共交通时的安全

父母要尽量选择人流较少的时间段出行，抱好宝宝，做好隔离防护，避免高峰期间人流冲撞、挤伤孩子。

二、 如何选择婴儿车

婴儿车种类很多。7~12月龄阶段的宝宝在坐婴儿车时常较兴奋，活动增多、转身多，容易摇晃婴儿车。因此，应选择底座和后轮较宽、不宜翻倒的婴儿车，以免宝宝剧烈活动时发生倾斜或者翻倒。建议选择置物篮在座位正下方，且靠近后轮位置的婴儿车，防止因重心不稳而倾倒。

婴儿车要选具备刹车的款式，旋转的2个轮子都有刹车的婴儿车更为安全，可以为孩子提供额外的保护。当家长停下婴儿车时，一定要使用刹车，并确保宝宝够不到刹车的放松开关，防止车自行滑跑而对宝宝造成伤害。

如果是双胞胎，在选择并排式婴儿车时，一定要注意选择脚踏板连在一起不分开的。如果分开，宝宝的脚容易卡在脚踏板之间。

三、 使用婴儿车的注意事项

1. 开关婴儿车时，应远离宝宝，以防宝宝的手指等在折叠过程中被夹伤或碰伤。
2. 一定要确保刹车放好后，再将宝宝放进婴儿车，确保宝宝的手指够不到车轮。
3. 宝宝坐好后要系好安全带。
4. 有些家长在宝宝小的时候，喜欢在婴儿车中系一些玩具。此阶段宝宝已经可以坐稳，并喜欢用手去抓取玩具，这样容易引起坠车等危险。因此安全起见，要将这些物品取下来。
5. 一定不要在婴儿车的把手上挂包等物品。如果把手处有不合理承重，可能会使婴儿车向后倾倒。

6.   推婴儿车带宝宝外出时，家长一定要专心，避免不能很好地看护。宝宝过度活动或忘记系安全带都可能使婴儿车倾翻或从婴儿车上掉下来。

7.   不要将宝宝单独留在婴儿车中。

8.   定期检查婴儿车的各个部件，检视连接处的螺母和螺栓是否稳固、有没有尖锐的边缘、轮子是否安全等。

第五节

跌落、磕碰伤

7~12月龄的宝宝，已经从尝试爬、扶着东西站，逐渐过渡到开始学习自己走。活动范围的扩大也带来更多安全隐患，这个月龄段是意外事故高发阶段，最多见的情况就是跌落和磕碰伤。

一、 易发生意外的环境

1.   无防护的床、沙发以及其他高的位置均可发生跌落。最常见的是坠床，也可因椅子翻倒而坠落，也有部分从楼梯跌落。

2.   家中门、桌子、家具等的直角、锐角棱、边和角，容易磕碰宝宝。

3.   正在学走路的宝宝，走路不稳，尤其是地面滑时，容易跌倒。

二、 环境布局的注意事项

1.   将宝宝放在高的地方（如沙发、无防护栏的床上）时，一定要做好防护，并有成人看护。一旦宝宝跌落，要注意观察精神反应状况，与平时表现不同时，要立即去医院或者拨打急救电话。

2.   婴儿床的床垫要放到最低位置，宝宝睡觉时，一定要放好围栏，并锁住。如果看护人离开，一定要关好通往浴室、卫生间的门。

3.   家中有楼梯的，要在楼梯两侧、上下处设置护栏，楼梯栏杆之间的宽度以及下方的空隙不能超过宝宝的头部。注意防范，不要让宝宝爬上楼梯。

4.   宝宝坐在童车上或者餐椅上时，要系好安全带，而且一定要有大人看护，避免宝宝自行挣脱，发生坠落。

5.   不要让宝宝往底座较窄的倒梯式靠背椅上爬，这种椅子在孩子爬的过程中容易倾倒，使孩子受伤。

6. 家中各个房间的房门要关好，避免孩子进入其他房间，爬到床、家具上跌落下来，或被家具磕碰。

7. 不使用学步车，在光滑的地板上也不要使用扶车。该月龄的宝宝腿部力量增加，速度突然增快，宝宝无法控制，容易发生碰撞或跌落。

8. 不要让宝宝叼着勺子玩，一旦养成习惯，叼着勺子磕碰或者摔倒后，容易造成口腔内受伤。

9. 要注意把家中有棱角、坚硬的家具、物品检查和收拾好。在家具、桌子、椅子和门边，要使用防护条和防护角进行防护。

10. 家中地面要防滑，浴室、阳台等地及时擦干，不留积水，避免滑倒。

第六节

烧烫伤

因为 7~12 月龄的宝宝开始对外界事物愈加好奇，加上活动范围增大，而运动协调能力差，对危险缺乏认知能力，烧烫伤是这个年龄宝宝容易发生的意外事故。家长缺乏安全意识、疏忽大意、环境布局或物品放置不合理是家中发生烧烫伤的主要原因。在 0~4 岁儿童无须住院治疗的非故意伤害中，烧烫伤是主要的致伤因素之一。因为儿童皮肤薄，在同样的热力作用下造成的伤害程度更重，致残率更高。因此，父母亲要注意消除家中存在的安全隐患，为宝宝营造安全的活动空间。

家中发生烧烫伤最常见的地方是厨房、餐厅和卫生间，不同空间的注意事项不同。

一、 厨房

1. 注意随时关好厨房门，不要让宝宝在热的炉灶、加热的电烤箱、加热器或者火炉旁边活动，且家中应有成人看护。

2. 家中使用炉子时，要有防护栏；烧水、做饭时要将厨房门关好，不要让宝宝进入。

3. 家中如果使用点火用具，如点火器等，一定要放在宝宝够不到的地方。

4. 从微波炉、烤箱往外取食物时，要让孩子远离微波炉或烤箱。

5. 不要将盛有热食的电饭煲、其他锅具或饮具放在地上和低处，也不要放在宝宝能够到的地方。

6. 煤气不用时，要关上总开关，防止宝宝不小心按压点火。

7. 离开厨房时，要确保已经熄火，燃气开关已经关闭，并关好厨房门。

二、 餐厅和起居室

1. 家中应尽量避免有人吸烟。如果有家人或者客人在屋内抽烟，一定要远离宝宝，并处理好烟头，不要残留未熄灭的烟头，以免宝宝吃烟头或者用手抓握，发生烫伤。

2. 注意餐桌等处不要使用过长的桌布，如果一定要，必须将桌布四角固定在桌子下面，以防宝宝拽住桌布将桌上的热汤、饭菜或者热水等拽落，导致烫伤。一般而言，桌垫更为安全。

3. 抱着宝宝的时候，不要抽烟、喝热水等。

4. 将盛放热液体或者食物的炊饮具放在宝宝够不到的地方。不要将热的咖啡或者茶放在桌边或者其他宝宝可能触及的位置。家中的暖瓶、饮水器要放在高处，或宝宝不易碰到的地方。

5. 家中使用热水壶或者饮水机要设有儿童保护锁，解锁后按压出水，以免烫伤宝宝。

6. 当看护人有更急的事要处理，尤其是正在处理一些热的液体或者食物时，要先将孩子放在一个安全的地方，比如婴儿床上。

7. 吃火锅时，一定要将宝宝放在视野范围内，并且确保宝宝够不到锅、灶等器具。

8. 把房间内的打火机或者火柴统一收纳放在宝宝碰不到的地方。

9. 电器插座应放置在高处或加盖处理，不要让宝宝碰到。

10. 如果家中有电取暖器，要加护栏进行防护，远离宝宝，养成用完就关电源的好习惯。

11. 给宝宝玩电动玩具时，家长先要检查电路和电池是否完好。

12. 家中使用火炉、炭盆取暖时，不要留宝宝单独在屋内；做好隔离防护，放置在宝宝触碰不到的地方。

13. 寒冷季节给宝宝用热水袋取暖时，水温不宜过高，50℃左右即可，且热水袋外面要包裹毛巾，不能直接接触宝宝皮肤，也不能持续放在同一部位。

14. 给宝宝吃任何加热后的食物，大人都要先试一下温度，调好配方奶后在手上滴一滴试试温度，其他食物家长也要先试一下温度后再喂。

15. 家中的易燃物品，如香水、酒精等要收藏好，放在宝宝接触不到的地方。

三、   卫生间

1.   不要将宝宝单独留在卫生间内。

2.   为了避免烫伤，将水龙头流出水的温度设定在 40℃以下，避免让孩子触碰到水龙头。

3.   给宝宝洗澡时，先准备洗澡水，然后再把宝宝放入澡盆。在澡盆里先放冷水，后放热水，水温低于 40℃。

4.   冬天给孩子洗澡时，若需要放置取暖器，大人一定不可离开。如果使用浴霸，不要让宝宝抬头直视浴霸灯，避免对眼睛造成伤害。

第五章

早期促进与亲子游戏

　　7~12 个月的宝宝已经和母亲建立起非常亲密的感情联系，这一阶段的早期促进和游戏内容，重点是结合母婴互动，注重语言优先，满足宝宝对运动的大量需求，特别注重爬行能力、触知觉、空间感和口腔功能的发展，在确保安全的情况下，给予宝宝更多的环境刺激。这一阶段的音乐律动也是非常重要的。本阶段以宝宝的主动探索为主，养护人要注意提供环境和情感支持，不要过度保护，家庭教养方式要统一。

第一节
视觉的发育

　　宝宝在此时已经具有良好的双眼视觉，能够较好地判断自身与客观物体间的位置关系，观察、认识日常事物，更好地生活、学习和成长。

　　在这一阶段，要注意给宝宝提供适宜的视觉刺激，包括视物的距离，物品的种类、大小、颜色、形状等。可以使用人物脸谱、动物画像、水果、色彩鲜艳的图画等吸引此月龄段宝宝的注意，锻炼宝宝的视觉、观察力和注意力

第二节
听觉的发育

　　宝宝出生时其听觉器官就已经基本发育成熟，但要达到成人的听觉能力还需要相当长的一段时间。宝宝 7~8 月龄时，听到音乐会挥动手臂；8~9 月龄时，能分辨各种声音，对温和与严厉的声调有不同的反应；1 岁时，能听懂简单指令。

　　这一阶段听觉的培养主要是给孩子提供丰富的语言环境。在日常生活中，温柔地对孩子说话，给孩子讲故事，让

孩子欣赏悦耳的音乐，给孩子唱歌等；也要多让孩子接触大自然，倾听自然界的声音。但要避免噪声对宝宝听觉的伤害。

第三节

动作的培养

这一阶段是宝宝移动动作发展的关键期，也是主动探索的关键期，因此养护人要尽可能提供充分的环境支持。动作发展的培养要遵循婴儿的发展规律，养护人要避免过度保护孩子，在确保安全的情况下尽可能诱发宝宝的主动活动。

一、　要点和目标

1.　大运动的发展

　　7~12月龄的宝宝在大运动方面会经历很大的变化，自主性会越来越强，这一阶段的婴儿已经拥有很好的头部控制能力，并且开始出现灵活的姿势转换，如仰卧位到俯卧位、俯卧位到坐位等。因此，我们要非常关注婴儿在这一阶段翻身、坐、爬、站等能力的培养，提供更多的环境支持。

　　◇　翻身

　　婴儿的自由翻身是指仰卧位－俯卧位、俯卧位－仰卧位，以及连续的翻滚，很多养护人对这一能力的关注不足。大约有70%以上的孩子在7个月时可以从仰卧位翻到俯卧位，在10个月时基本上所有的婴儿就都能够完成了。

　　练习过程一开始要在软垫上，大人的床就很适合，被褥可以增加摩擦阻力，助孩子一臂之力。如果孩子做不到，不要强求，可以尝试让宝宝在俯卧位时，加强手支撑的练习。找一个可以移动的刺激物，如小车、彩球等孩子喜欢的玩具，在宝宝的面前划过，逗引宝宝主动伸手去抓。随后将物品抬高，诱发宝宝单手支撑去够物品。一个姿势维持3~5秒，然后将物品继续放置在床面，转向另一侧。当宝宝有过一次成功的经验后要及时给予奖励和强化，但是要关注宝宝的情绪，不要重复次数过多，以免宝宝情绪烦躁。如宝宝尚不能完成手部的支撑，说明宝宝能力不足，要到专科医院寻找专业的治疗师进行指导。

　　◇　独坐

　　当宝宝的头部控制较好，并且可以左右自如转头时，就可以独坐片刻了。不建议养护人直接将宝宝放置到坐位，可以诱发宝宝从主动翻身到坐，大约有88%的孩子在 8 个月时可完成仰卧位到坐位的转换。如果宝宝还不能完全完成侧位支撑，可以尝试单手拉坐练习：宝宝取仰卧位，大人的左手轻轻地扶着宝宝右侧下肢，大人的左手拉宝宝的右侧手臂，朝宝宝身体垂直方向用力，随后再朝宝宝的右侧倾斜，诱发宝宝的右侧前臂支撑和旋前动作，反方向同理。

◇　爬

爬行动作最初是由上肢牵引完成的，所以很多宝宝最初是以匍匐爬行为起始的，大约在 6 个月时，50% 的婴儿开始试着移动，只有 10% 的孩子一直不爬行。

当宝宝可以自主翻身，头部控制较好时，匍匐爬行的动作就产生了。这是宝宝最初的移动能力，也是宝宝真正可以主动探索的开端，因此对认知的帮助是非常大的。经典的爬行过程是从向后—原地转圈—匍匐爬行—手膝爬行—手足爬行而不断发展过来的，大约 80% 以上的孩子会经历这一顺序过程，当然也有一些孩子不是完全按照这一顺序。

宝宝最开始爬行的方向一般是向后的，也可以以腹部为原点，不断地转圈儿。这些活动我们都是提倡的，如果宝宝不能出现这些自主的动作，养护人要想办法诱发这些活动。例如，当宝宝可以俯卧位趴一会儿的时候，我们就可以在宝宝面前 5~10cm 的位置放置玩具，诱发宝宝主动伸手抓物的动作。当静止的物品可以抓到时，再诱发宝宝主动伸手抓移动的物品。如果宝宝的手臂暂时不能从胸前抽离，养护人可以辅助宝宝在胸口放置一个软垫，帮助宝宝稍稍抬起胸部，让手可以有更多主动抓握的机会。当宝宝可以双手支撑起胸部的时候，养护人可以用宝宝感兴趣的玩具逗引他原地抬手够东西，双手交替进行。

熟练掌握后，可以将玩具放置在身体的两侧，诱发宝宝主动去寻找物品。当宝宝匍匐爬行的动作足够熟练时，我们就可以增加宝宝的爬行难度了，如跨越枕头、被子、积木、玩具、大人等，很快宝宝就可以完成四点支撑的爬行了。这时我们要增加宝宝爬台阶、爬斜坡、正反向爬行等动作，后期甚至可以进行钻桌子、钻椅子、爬沙发、爬被子等练习。

◇　站

大约有不到 40% 的孩子，在 9 个月时可以扶着桌椅等家具站起来，90% 左右的孩子在 11 个月时能完成这一动作。扶站的前提一定是宝宝的手部支撑较好，且下肢能有一定的负重经验。目前，并没有证据显示早站和孩子日后的运动能力发展有较大的关联，反而由于之前的爬行时间不充分，可能影响孩子日后协调性的发展。因此，在扶站这一动作发生前，一定要确定孩子已经学会爬行，并且可以充分进行姿势转换。养护人所要做的就是提供环境支持，鼓励宝宝尽量不扶着东西站，把家中环境清场，提供宽敞的空间，让孩子更好地练习姿势转换。

练习时有一点希望养护人了解，即当孩子自主扶着物品站起时，观察宝宝双足是否是全脚掌着地。如以足尖着地为主，不一定是肌张力增高的表现，可能是宝宝下肢负重能力欠佳，或者是扶站的物品高度过高造成的。如对上述问题存在疑问，请及时到正规医院进行咨询。

◇ 蹲

下蹲练习是为了让婴儿获得更好的平衡能力，为今后的动作发展奠定基础。因此，当孩子可以扶着刺激物主动站起时，养护人要有意识地给孩子一些有意思的玩具，让孩子练习下蹲—捡东西这一动作。当孩子捡东西时，最开始双手扶着刺激物缓慢下蹲，可能会一屁股坐到地上，这也没有关系，孩子会慢慢学习如何调节自己的重心。因此，养护人需要做的是给予更多的环境支持，例如尽量减少用人作为扶站下蹲练习的刺激物，可以选择栏杆、板凳、茶几、沙发、墙面等，注意在开始给予扶站刺激物时，以不超过宝宝腋下为宜，同时地面要放置较硬的保护垫来支持保护。

◇ 走

大约 50% 的孩子在 12 个月时可以独走几步，60% 的孩子在 14 个月能完成这一动作，98% 的孩子在 17 个月可以完成这一动作。

2. 精细动作的发展

精细动作的发展分为三个阶段：接触、抓握、操控。这一月龄段的宝宝，练习的重点在操控部分。当然，孩子的抓握能力由于一些原因不太好时，仍然要遵循孩子的发育规律，给予更多的抓握练习，特别是针对不同质地、不同大小的物品。

精细动作的发展和视觉发育之间有密切联系，大约 10% 的孩子在 5 个月时就出现了拇食—示指的抓捏动作，大约 50% 的婴儿在 7 个月时出现拇指的拿捏动作。因此，这一阶段宝宝拿起任何物品都会往嘴里放，对于大一些的物品，还会放到桌面上去敲击、摇晃、按压、摩擦等，这都是主动探索的开始。因此，养护人要给予更多的环境支持，金属和易碎物品要远离婴儿，给婴儿提供更多不同质地的物品来加强触知觉的发展。这一阶段宝宝会出现简单的动作模仿能力，因此养护人可以引导宝宝主动探索物品，如藏起玩具后请宝宝找出、牵拉带绳子的玩具、推动带轱辘的小车、追逐彩色的球等。

<table>
<tr><td>

第四节

**语言和认知能力
的培养**

</td><td>

　　语言是人们学习、交流的工具。宝宝的语言发展经历了从最初的牙牙学语、听懂语言、用手势表达，到用词语表达说出"妈妈"等有意义的词语的过程。

</td></tr>
</table>

一、 姿势 – 动作 – 手势的理解

　　宝宝在 7~8 月龄时开始对自己的名字有反应；9~10 月龄时能逐渐听懂很多词汇，形成词-动作的条件反射，如成人说"再见"时，宝宝会摆手；12 月龄时已能理解较多词汇，听懂"再见""不"等简单指令。

二、 语言表达能力的发育

　　宝宝在 7~8 月龄时开始模仿成人说话时的发音，如"da—ka—gu—la"等，有时会整天或连续几天重复一个音节。9~10 月龄时，宝宝的发音逐渐清晰，会发出"baba""mama"等。11~12 月龄，宝宝能用目光或手指向成人询问的物品，摇头表示"不"；10~14 月龄能运用感叹语，试着模仿词语，也有些宝宝 12 月龄时已经能说两三个词，大部分宝宝能含混地说出不准确或变调的音节。当宝宝每次发出的音节都特指同一个人、同一个物体或同一件事时，即可认为宝宝说出的是字词。养护人要及时鼓励，不断强化宝宝的理解力，这对其今后表达能力的发展会有重要帮助。

　　在这一阶段，家庭养育环境就显得尤为重要。例如，要丰富宝宝的语言环境，给予更丰富的环境刺激；养护人不要强迫宝宝讲话，但要鼓励其发音，养护人可使用简单句子，描述宝宝的行为；养护人要及时回应宝宝的情感需求，但是也要注意延时满足宝宝的需求。宝宝开始发音的词不清楚，不要急于纠正，要用正确的发音回应宝宝，利于宝宝通过模仿逐渐自我纠正。这种积极的反馈不仅是对宝宝的关注、鼓励和赞美，而且给宝宝与他人的进一步互动交流创造了机会。

<table>
<tr><td>

第五节

亲子游戏推荐

</td><td>

　　这一阶段强调多感官刺激，父母应以诱发主动活动为主，要丰富触知觉、前庭觉的刺激，注重与宝宝的互动，关注互动过程中的认知和语言理解能力的培养。以下这 8 类游

</td></tr>
</table>

戏可供大家参考。

一、 运动类游戏

在宝宝刚学会手膝爬行时就可以进行，通过与宝宝一起比赛爬行取物，增加爬行的乐趣。具体来说，养护人可以准备一些可以滚动的玩具，如彩色小塑料球、能发出声响的小花球等，让宝宝爬着追玩具。将小花球在宝宝面前滚动，鼓励宝宝去追："看，小花球跑了，咱们一起去追球吧！"当宝宝追到后，可以再将玩具抛到另一个地方，鼓励宝宝继续追。开始时，玩具不要滚动过快，要让宝宝能够爬着追到。随着宝宝爬行速度加快，可以逐渐增加玩具滚动的速度，还可以让宝宝和养护人或者其他同龄的宝宝进行比赛。

当孩子会爬后，在保证安全的情况下，可以让孩子尝试在不同质地的物体表面爬行，如地毯、木地板、橡胶垫、麻垫、竹凉席等；还可设置障碍物，让孩子设法爬过障碍物，如从成人的身体上爬过、从玩具搭成的洞下爬过，并逐步由腹部爬行发展为手膝爬行，从不熟练到熟练。可以用沙发靠垫做小障碍物，让宝宝从障碍物的上面或旁边爬过去；养护人可以藏在某个障碍物后面，和孩子一起玩儿，用"藏猫猫"的方式来鼓励宝宝翻越障碍，获得惊喜。

二、 观察类游戏

7个月以后，宝宝开始认生，也开始具备一定的观察能力，因此要创造各种机会让宝宝观察日常事物，这有助于宝宝学会用自己的双眼观察周围的世界。如观察家里家外的环境、不同大小的空间，还可以抱着宝宝到户外开阔处，如公园、广场、海滨等，近距观察盛开的鲜花、发芽的小树，看小狗如何啃骨头、小鱼或小鸭子如何游泳等。

引导宝宝熟悉室内结构，如门、窗、卧室、洗手间、厨房等；了解家中布置，如床、桌子、椅子、沙发等；以及指给宝宝看电灯、电冰箱、洗衣机、电视、电扇等常用物品。留心宝宝关注的事物，说出事物的名称，如："这是大树，那是汽车、小鸟……"边看边引导宝宝，说一些宝宝可能会感兴趣的话："看到爷爷在对你笑了吗？看到小狗在对你摇尾巴了吗？他们喜欢你啊！""宝宝也对他们笑一笑呀！"

三、　互动模仿类

从 7~8 月龄就可以开始教宝宝用手势表达，这有利于改善宝宝的语言理解能力，促进宝宝动作的协调性，帮助宝宝学习如何与人交往。

利用各种机会帮助宝宝练习与人打招呼，如爸爸妈妈上班要离家时，鼓励宝宝跟他们挥手再见，回来时拍手表示欢迎；对邻居、朋友等打招呼，互道"你好！""再见！"

当宝宝发出"baba""mama""dada"等清晰的音节后，可以重复宝宝的发音来回应和肯定宝宝。如当宝宝会发出"mama"的音后，可边模仿宝宝发音边指着妈妈重复"妈妈"这个词，鼓励宝宝在看到妈妈时发音。当宝宝偶然看着妈妈发出"mama"时，即使不是有意识的，也应及时肯定和表扬宝宝："宝宝会叫妈妈啦！"

与宝宝在一起时，要看着宝宝的眼睛称呼宝宝的名字，让宝宝看到养护人发音时的口型及表情，如"小刚睡醒啦""这是小刚的玩具""妈妈在给小刚穿衣服"等，使他逐渐熟悉自己的名字。还可试着在宝宝视线不可及的地方呼唤他的名字，当宝宝听到自己的名字时会转头，把手伸向这个亲切地叫他名字的人，当宝宝转向叫他的人时，要及时给予鼓励："小刚知道妈妈在叫你呢！"也可坐在宝宝背后叫他的名字，待宝宝有反应时拥抱宝宝。或者，养护人与宝宝相对而坐，用图画书或报纸挡住彼此，呼唤宝宝的名字，当宝宝拉开遮挡物，养护人可以用有意思的声音如"哇"等来回应，增加宝宝的兴趣。

四、　自主探索类

通过找玩具游戏，促进宝宝观察能力、手的拿捏能力、记忆力及解决问题能力的发育，使其体会到成功的乐趣，并逐渐将物品的名称与物品本身联系起来，帮助宝宝体会物体位置的变化。选择一些宝宝比较喜欢的玩具，如小车、小狗玩偶、小球等。

宝宝与妈妈坐在桌子旁，在桌面上当着宝宝的面把玩具用布或纸盖起来，对宝宝说："小车呢？咱们把小车找出来吧！"先鼓励宝宝自己来寻找，当宝宝打开包裹的布或纸找到玩具时，要及时给予肯定："好棒啊！宝宝这么快就找到小车了！"如果宝宝只是抓起包裹摇或扔到一边，可以适当提醒："宝宝打开看看玩具在里面吗？"或者给宝宝示范如何打开包裹找到玩具，然后再当着宝宝的面重新将玩具包裹，并让宝宝找。

然后，趁宝宝没注意时，再把玩具包起来，或者将玩具藏在盒子里，然后说出玩具的名字，再鼓励宝宝与妈妈一起找。如果宝宝没有找到，可以适当提醒宝宝："我看到小狗的脚了，就在那里！"宝宝找到后要及时肯定："宝宝真棒！已经找到小狗啦！"如果宝宝很轻易就能找到玩具，可以适当增加难度，如把玩具装到盒子里之后再放到毯子下面，或者把玩具藏到毯子下面不让宝宝看到，然后与宝宝一起找。

五、 生活场景类

宝宝在7~12月龄可以尝试自主进餐，其工具主要是手，可以用手去抓着磨牙棒放到嘴里啃咬；爸爸妈妈可以把面包、米花等辅食弄碎，让宝宝捏着吃、抓着吃；如果宝宝感兴趣，还可以尝试自己用手去抓碗里的菜泥和米糊。这对宝宝来说不仅是很好的触知觉练习，而且对日后的精细动作培养也会非常有帮助。

这个月龄段的宝宝非常喜欢抽纸巾、撕纸巾。如果孩子喜欢这个游戏，可以选择一些手绢、丝巾、纸张等不同质地的东西，塞到盒子里，让孩子一点一点抽着玩。这也是很好的探索类游戏。

六、 音乐节奏类

经常给宝宝听节奏感强且曲调欢快的歌曲和音乐，可以让宝宝在日常生活中受到丰富的音乐及语言的熏陶。在宝宝玩游戏、进餐、洗澡、换衣服时，可以给宝宝唱歌或播放优美、柔和的音乐，如莫扎特的作品，晚上睡觉前也可以给宝宝唱一些催眠曲。当给宝宝播放乐曲时，可以抱着宝宝随着音乐节奏跳舞，或轻轻摇晃宝宝的身体，鼓励宝宝随着音乐的节奏做舞蹈动作。

通过敲打的游戏，刺激听觉发育，训练宝宝手的灵活性及眼手协调能力，培养节奏感。小鼓比较适合宝宝敲打，也可以选择不易碎的金属物品，如碗、盘子等，用鼓槌或金属小勺作为敲击工具。鼓槌表面应光滑无刺，以免划伤宝宝。

与宝宝一起坐下，爸爸妈妈和宝宝各拿一个小鼓，我们先示范用手拍打小鼓，然后鼓励宝宝学着拍："宝宝，咱们一起打鼓吧！"当宝宝试着拍时，即使拍得不够好，也要鼓励："不错，你现在正在拍打小鼓呢。"

当宝宝熟悉用手拍打后，可以和宝宝一起用鼓槌、勺子、筷子等工具敲打玩具，还可以边敲边说："敲敲鼓，响咚咚！"动作要慢一点，做得夸张一些，便于宝宝模仿。然后，将鼓放在宝宝面前，宝宝可能立刻就会模仿着敲，也可能要花一点时间看一看爸爸妈妈是怎么做的。如果宝宝还不能使用鼓槌等工具敲鼓，可以握住宝宝的双手来教他，帮助宝宝找找感觉。要多鼓励宝宝，并尽量给他机会动手尝试。

七、　模仿发音类

经常对宝宝说话，给宝宝讲故事、唱歌谣。对宝宝说话时要看着他的眼睛，用略高及拉长的音调吸引宝宝的注意，便于宝宝理解，如："宝宝在吃鸡蛋呢""妈妈给宝宝穿上裤子啦""看，这是小羊呀"等。

宝宝通常对动物的鸣叫声比较感兴趣。可以利用节假日带宝宝去户外玩耍，引导宝宝辨别知了的"伏天"声与小鸟的"吱吱"声；母鸡的"咕咕嗒"与公鸡的"喔喔喔"打鸣声；小羊的"咩咩"声、牛的"哞哞"声，以及小狗"汪汪"的叫声。也可以带宝宝去动物园，倾听更多动物的叫声，如老虎、狮子的咆哮声等。

每当听到自然界不同的声音时，可以边引导宝宝倾听边鼓励他模仿这些声音，如："听，小狗在叫呢！宝宝，学学小狗怎么叫！"这既有利于督促宝宝仔细聆听，又可促进宝宝模仿和开口说话的能力。这个过程还可增加养护人与孩子互动的乐趣。

八、　触知觉游戏

宝宝大多对水的无序运动很感兴趣，所以喜欢在水里玩耍。夏季炎热时养护人可以带宝宝去室外泳池游泳，天气较冷时也可选择干净卫生、水温合适的室内游泳馆。

1.　感受水的魅力

给宝宝戴上救生衣或救生圈，轻轻将宝宝放在水中，让宝宝体会漂浮在水上的感觉。当宝宝逐步适应了漂在水上的状态后，可以试着用手往宝宝身上轻轻撩水，让宝宝感受水花拍打在身上的感觉。用手拍打水面，让宝宝看到水花四溅的景象，听到水滴落在水面上的声音。

2.　探索水的变化

鼓励宝宝模仿家人撩水，让宝宝用手感受水的力量。鼓励宝宝学着用手拍打水面，感受水多种多样的形态变化。鼓励宝宝试着用手捧起尽量多的水，感受水从手中的流出。鼓励宝宝学着用手拨水，感受水的阻力。

3. 体会玩水的乐趣

　　与宝宝比赛，看谁捧起的水多，谁拍起的水花漂亮，谁游动得更快，使宝宝在快乐玩耍中爱上游泳，愿意与水亲密接触。

4. 描述与鼓励宝宝的做法

　　◇　玩水时应该怎么做

　　在宝宝玩水的过程中，要尽量和宝宝互动，向他描述玩水时的举动："宝宝的脚拍打水面时溅起了水花！""宝宝捧起了一大捧水呀！""宝宝拨动的水向妈妈靠近了！"以鼓励和表扬宝宝的努力。

　　通过戏水游戏，让宝宝对水产生初步感知，逐步了解到玩具可以漂浮在水上、水会弄湿衣服、水可以冲洗物品等。注意，放入水中玩耍的玩具最好选择能漂浮在水面、不怕水的塑料或橡胶小玩具，如捏响玩具、橡胶小鸭子、塑料小鱼等。

　　◇　有意思的涂鸦

　　大一些的宝宝可以尝试涂鸦，这能锻炼宝宝手部小肌肉群活动的协调性以及手动作的准确性，培养宝宝的想象力和创造力。

　　准备一些纸和可食用颜料，展示给宝宝，然后用手蘸一下颜料，印个手掌印，或用手指在白纸上画一画，告诉宝宝："这是画画"，还可以让宝宝用小脚丫蘸着颜料在纸上走一走，给宝宝更加丰富的触觉体验。当宝宝涂写后，尽管是没有明确目的地乱画，也要通过解释宝宝的作品予以鼓励："这是妈妈画的太阳，你在旁边画了小草。"画完一张纸，及时换另一张。妈妈也可以重复宝宝画的东西，如："我也画一条和你一样的小河。你再画一条河吧"等。

第六章

情感的培养和习惯的建立

一、 情感的培养

1. **爱孩子并积极表达**

养护人应充满爱心地参与日常养育孩子的过程，如通过丰富多彩的亲子活动让孩子感受亲情和关爱，增进亲子交流。要善于通过对孩子说话、微笑、触摸、爱抚、搂抱、亲吻、轻梳孩子的头发、握手等方式对孩子表达爱，使孩子感到快乐、安全、有信任感，这非常有利于孩子社会情感的发展。在孩子感受父母的爱的同时，鼓励孩子表达爱和依恋，这也有利于培育孩子的爱心和善良。

2. **及时回应及鼓励、表扬孩子**

此月龄段的孩子多数还不能很好地用语言表达需求，而是会用各种各样的信号来展现，如表情、动作、声音、哭泣等。父母要细心观察，当孩子发出需要帮助的信号时，要及时、准确地识别，理解宝宝的信号含义，并给予充满情感的、与孩子年龄和发育水平相适应的回应。当孩子努力学习新技能时，要及时用语言、表情或动作鼓励和表扬孩子。这不仅利有于孩子信任感以及安全感的建立，而且有利于孩子良好情绪的发展。

3. **正确处理陌生人焦虑**

从 7 月龄段开始，孩子见到生人时会表现出紧张、焦虑，并开始缠着妈妈，不愿与妈妈分开，即使是短暂的分开也可能引起宝宝焦虑。这些均为正常现象，大约会在 2 岁时消失。

当孩子出现对陌生人的焦虑时，要避免生人直接将宝宝抱离，这样做会吓到孩子。妈妈可先与生人愉快地打招呼，然后让生人和善地与孩子打招呼。注意不要先让陌生人接触孩子，让孩子有个适应的过程。此外，建议平时多给孩子提供接触、熟悉亲朋好友的机会，也有助于减少相处时的焦虑。

4.　正确处理分离焦虑

孩子在7~24月龄段开始逐渐与妈妈建立起特殊的联系，即依恋。安全依恋的形成利于孩子成人后的情绪稳定及与人交往的能力。在此阶段，如果妈妈与孩子分开，会引起孩子焦虑不安。

为了让孩子顺利度过此阶段，最好由父母照看孩子。孩子的父母，尤其是妈妈，不要长时间与孩子分开。如果有特殊情况需要与孩子分开，要尽量找疼爱孩子的人替代，应至少有1个固定看护人，避免频繁更换看护人。

在更换看护人之前，妈妈要与替代人共同看护孩子一段时间，给孩子适应新看护人的时间，也可以提供孩子喜欢的玩具作为安慰物。即使妈妈要暂时离开孩子，也要将孩子交给熟悉的替代者照顾；离开时预先告诉孩子回来的时间，并在对他说再见后迅速离开，淡化分离时的气氛；将离开的时间安排在孩子吃饱睡足后，尽量不要在孩子生病时离开。

5.　避免负面情绪影响孩子

尽量避免在孩子面前发脾气，家人也不要在孩子面前争吵。孩子会注意到这些情绪，并感到失落，甚至恐惧。

二、　习惯的培养

1.　培养好习惯

7~12月龄是孩子饮食、睡眠习惯及礼貌养成的重要阶段。从开始添加辅食起，就要培养孩子细嚼慢咽、就餐前洗手等习惯。当孩子会用手势表示谢谢、欢迎、再见后，可以鼓励孩子适时表达，培养讲礼貌的习惯。为了培养孩子的好习惯，家人要以身作则，为孩子树立榜样。

2.　避免孩子的不适当行为

当宝宝学会爬行后，就开始喜欢爬来爬去，来探索周围的世界，包括用手触摸、用嘴啃咬手中的物品。在鼓励宝宝探索的同时，除需要将危险物品远离宝宝外，还要让宝宝知道哪些事情不能做。

◇　转移注意力

对于此阶段的宝宝，可以通过转移宝宝的注意力来有效制止宝宝的行为，如让宝宝玩喜欢的玩具，或把宝宝抱走，让他看其他感兴趣的事物等。

◇　肯定孩子的好行为

表扬有助于孩子学习自我控制。如果孩子接近电源之前有所犹豫，要告诉他："妈妈看到宝宝没有摸电源，很高兴。"当孩子对别人做了好事时，立刻给他一个拥抱，他可能就不会通过做错事来吸引家长的关注。

◇　少说"不"

不建议在对宝宝的话语中总是使用"不"，除非宝宝处于危险情况，因为总说"不"可能会挫伤宝宝探索的积极性和好奇心。

第一节

与同龄小朋友一起玩耍

一、　带着宝宝在其他小朋友旁边玩耍或观看

7~12 月龄阶段的宝宝还不能真正与其他小朋友一起玩耍，但养护人可以带着宝宝在其他小朋友旁边玩耍或观看，给宝宝提供机会去认识和接触其他同龄小朋友。

二、　帮助宝宝适应陌生小朋友

宝宝通常会根据妈妈对生人的反应，来决定自己的态度。当见到小朋友或他们的养护人时，妈妈首先要对小朋友的养护人友善微笑，与小朋友的养护人亲切交谈，以减轻宝宝的焦虑。之后，可用新颖的玩具来吸引宝宝："看小丽在玩什么呢！"让宝宝逐渐从远处观看，慢慢过渡到在小朋友附近自己玩耍，或坐在养护人旁边看着其他小朋友玩。

三、　给宝宝适应过程

不同气质特点的宝宝适应的过程、时间有一定差别。养护人要注意观察宝宝对生人的反应，如果宝宝面对陌生小朋友时非常紧张，可以暂时将宝宝带走，不要让陌生小朋友接触宝宝。尤其是那些内向、胆小的宝宝，要给他们充分适应的过程，不要急于求成。多数宝宝 2 岁左右就基本能够真正地与同龄小朋友一起玩耍了。

一、　以身作则讲礼貌

父母及家人首先要做到为人处世礼貌相待。如见到长辈用尊称，见到人打招呼时说声"您好"，请人帮忙后说声"谢谢"，打扰或给人造成不便后说声"对不起"等。

二、　以身作则讲文明

讲文明是礼貌的一种体现，日常生活中父母及其他养护人要做到不说脏话、不随地吐痰、不乱扔垃圾、公共场所不大声说话。当在公共场所遇到不文明的情况时，尽量避开宝宝的视线或带宝宝远离，以免宝宝模仿。

三、　提供机会让宝宝模仿

爸爸妈妈上班离家时鼓励孩子说"再见"，接受别人东西时说"谢谢"，见到长辈时主动打招呼。尽管宝宝还不会说，父母仍可以介绍和示范给宝宝："这是爷爷、奶奶、叔叔、阿姨"，并鼓励孩子模仿。

四、　正确应对宝宝不好的行为

当宝宝做出不好的行为时，养护人首先要明确应该用什么态度进行回应，比如可以用夸张的表情告诉宝宝他的行为不好、不对、不被喜欢。当宝宝出现打人等不当行为时，可以用玩具或语言转移其注意力，再慢慢告诉宝宝这么做是不对的。不要用威吓等方法惩罚宝宝，这不仅不能制止宝宝的行为，可能还会起负面强化作用，促使宝宝以此作为吸引养护人注意的手段。

睡眠是一种自发的静息状态，可以使发育不够成熟的大脑皮质得到休息，睡眠对中枢神经系统的发育和成熟具有重要作用，有利于大脑的发育。小婴儿大脑皮质的兴奋性较低，非常容易疲劳。培养孩子良好的睡眠习惯，可以让宝宝的大脑得到充分休息，养护人也可以在育儿过程中少一点辛苦。那么如何培养宝宝良好的睡眠习惯呢？

一、 规律作息是良好睡眠的前提

随着宝宝月龄的增加，睡眠时间也会逐渐减少。7~12月龄的宝宝，每天的睡眠时间约为14~15小时，夜间睡眠时间较前延长。一般来说，宝宝早晨7：00左右醒来后开始一天的作息比较理想。有些宝宝早晨5：00—6：00就醒了，如果不是因为饥饿，那就是早晨的光亮引起的。这时可以试着把窗帘拉严实，确保不透光，很多宝宝还会继续睡一觉。

宝宝白天每次的睡眠时间要控制好。下午5：00—7：00保证婴儿有足够的清醒时间，这样他就能在晚上7：00—8：00安静入睡。有的父母说孩子每天晚上10：00—11：00才睡。仔细询问才知道，孩子在早上9：00—10：00起床，午睡安排在下午4：00—7：00，那么夜间晚睡就不足为奇了。没有规律的作息是不可能培养出良好睡眠习惯的。

二、 睡眠仪式帮助宝宝安然入睡

宝宝2个月后就可以每天晚上睡觉前给他准备一个"睡眠仪式"。常用的睡眠仪式包括：入睡前1小时开始为宝宝洗澡、换尿布；给宝宝进行皮肤按摩，肌肉放松；宝宝入睡前半小时喂奶；保持房间安静，减少环境刺激，拉上窗帘，使灯光变暗，营造睡眠的环境；将宝宝放在床上，爸爸妈妈陪伴在宝宝身旁，轻拍宝宝。每天要有固定的睡眠时间。久而久之，每当婴儿置身于这种场景时，就会形成条件反射，知道晚上该睡觉了。

白天与夜间睡眠前的准备仪式不一样，白天的小睡要简单得多，主要就是换尿布、轻拍宝宝。

三、 培养宝宝独自入睡的能力

婴幼儿在成长中必须学会获得自我平静的能力。当宝宝缺乏父母的安慰和保护或心情不愉快时，学会自我平静才能重新获得内心的稳定。这是宝宝情感发育的必要过程，也是他学会从觉醒状态转入睡眠状态的一个基本前提。这种能力很大程度上是父母培养的。

很少有宝宝刚开始就能够顺利和真正地做到睡眠前的自我平静。每次睡觉前他们往往需要一段时间和一整套转换，发出揉眼、烦躁、哭闹等信号。当发现宝宝犯困时，应将他放到小床上，尽量减少安抚行为，让他尝试着自己入睡。现实中有很多父母，一旦感觉到宝宝有不愉快的信号，就会急于采取一系列措施来满足宝宝的需求，如喂奶、拍抱、摇动等，以此来安抚孩子，这样做的弊端是显而易见的。久而久之，如果宝宝困了，就一定要吃着、抱着、摇着才能睡着。这影响了宝宝独立入睡能力的发展，尤其是在夜间短暂醒来时，也需要成人的安抚行为才能再次入睡。

当然，培养睡眠习惯的方法因人而异。每个宝宝与生俱来的性情都会影响睡眠方式和习惯的养成。养护人在准备培养宝宝良好的睡眠习惯之前，应当先了解自家宝宝属于哪种气质类型，是容易抚养型还是难抚养型。如果是容易抚养型，那么宝宝有规律的睡眠习惯可能很容易养成；如果是难抚养型，那么养护人从别人那儿听到或从书本中学到的办法，有可能不适用于自家宝宝，需要耐心观察和一点点尝试，才能逐步培养宝宝健康的睡眠习惯。

培养宝宝良好入睡习惯的关键是要在宝宝犯困时及时将其放在床上，不要依赖拍背或摇晃等安抚方式让宝宝入睡，尽量让宝宝独立入睡才能使其有一个高质量的睡眠。培养过程中如果使用安抚行为，要注意其既不能影响宝宝的健康，也不能影响成人的健康，而且原则上要逐渐减少。

第四节

断夜奶

断夜奶可谓妈妈与孩子之间的一场小小的"对峙"。大部分妈妈对于夜奶又爱又恨——吃吧，怕导致龋齿、影响宝宝睡眠；不吃吧，又担心宝宝营养不足，真是让人左右为难。那么究竟要不要断夜奶呢？什么时候断夜奶才科学？

一、 为什么要断夜奶

随着宝宝消化系统的逐渐成熟，以及胃容量的增加，宝宝每次的吃奶量逐渐增多，与之相应的是每天的吃奶次数逐渐减少。7月龄左右时，每日吃奶次数由之前的 8 次左右减少到 4~5 次。同时，随着宝宝神经系统的逐渐成熟，24 小时总睡眠时间不断缩短，但夜间持续睡眠时间不断延长，多数 6~7 月龄的宝宝夜间能睡长觉了。因此，逐渐断夜奶不仅有利于宝宝形成夜间连续睡眠，也有利于妈妈休息。

二、 什么时候断夜奶

一般可以从宝宝 7 月龄开始，逐渐减少夜间喂奶次数。当宝宝只是为了得到安抚而吃夜奶，表现为吃奶量很少，或者夜间醒来哄哄就可以继续入睡，说明夜奶对宝宝只是心理需求，就可尝试给宝宝断夜奶了。

三、 注意个体差异

由于存在个体差异，断夜奶要因人而异、区别对待。有些宝宝 4 月龄以后夜间就能连续睡眠 5~6 小时了，此时就可以开始减少夜奶次数；而有些宝宝 9~10 月龄时夜间才能连续睡眠 6 小时左右，此时开始断夜奶也未尝不可。只要宝宝精神状态好、体格生长速度正常、发育正常，就不用担心。

在计划停止夜奶后，可以淡化哺乳相关条件（妈妈的体味、乳味、声音等），通过逐渐减少每次喂奶量，逐步推迟每次喂奶时间，最好逐渐停止夜间喂奶。

在整个过程中，妈妈立场要坚定，犹犹豫豫会影响宝宝情绪，增加断夜奶的难度。爸爸以及家庭其他看护者也要与妈妈态度一致，帮助妈妈逐步给宝宝减停夜奶。

第五节 大小便习惯的培养

宝宝大小便的习惯培养要根据身体基本功能的发展情况而定。7~12 月龄段宝宝的排泄功能尚不能够受大脑支配，无法用意识去控制自己的排泄，甚至宝宝根本意识不到自己有排泄行为。随着宝宝的膀胱能够容纳更多的尿液以及大便次数的减少，宝宝对排泄的控制能力会逐渐增强。

什么时候可以开始培养宝宝的大小便习惯呢?

　　试着让宝宝使用坐便器大小便，可以抓住以下几个时机：当宝宝能稳坐在坐便器上；准确预先感到要大小便，尿布干爽数小时以上（膀胱容积增加）；能听懂并服从指导，愿意模仿家人动作；会通过说话、表情或动作让人明白要排便。过早强迫学习控制大小便，反而会延长这个过程。

　　多数宝宝能在 2~3 岁学会控制大小便。

第七章

7~12月龄常见的医学问题

一、 7~12月龄宝宝需要接种的疫苗

请参考表5-8。

表5-8　7~12月龄宝宝的免疫规划疫苗接种表

月龄	接种疫苗	剂次	可预防的传染病
8月龄	麻风腮疫苗	第一剂	麻疹、风疹、流行性腮腺炎
	乙脑减毒活疫苗	第一剂	流行性乙型脑炎
9月龄	A群流脑多糖疫苗	第二剂	流行性脑脊髓膜炎

资料来源：《国家免疫规划疫苗儿童免疫程序及说明（2021年版）》（部分省、市、自治区免疫规划程序与国家免疫规划程序略有不同）。

二、 疫苗接种注意事项

1. 麻风腮疫苗

　　在接种麻风腮疫苗后6~12天，约有5%~10%的宝宝会出现短暂发热和一过性的皮疹，持续时间一般不超过2天，可能伴有轻微的流鼻涕、打喷嚏，这些均是接种麻风腮疫苗后的正常反应。此时宝宝的精神状态比较好，食欲也多不受任何的影响。

　　如果宝宝接种疫苗后出现高热，或发热时间长、皮疹遍布全身、没有精神，或是出现食欲减退等情况，要及时去医疗机构就诊，就诊时一定告知医生宝宝近期打过麻风腮疫苗。

2. 乙脑减毒活疫苗

　　如果宝宝出现发热、患有中耳炎或急性传染病，暂时不要接种乙脑减毒活疫苗，待疾病痊愈后再补种。若已知宝宝对该疫苗所含的任何成分过敏，患有严重慢

性疾病、脑病、未控制的癫痫和其他进行性神经系统疾病，处于慢性疾病的急性发作期，有免疫缺陷病、免疫功能低下或近期正在使用免疫抑制剂，也不宜接种乙脑减毒活疫苗。

第二节
健康检查

一、　健康检查的时间与频率

7~12月龄宝宝建议进行2次健康检查，分别在8~9月龄和12月龄前进行。对于有高危情况的宝宝，健康检查的频率应适当增加，养护人要根据医生的建议定期去社区卫生服务中心或县区级及以上医疗机构接受检查。

二、　健康检查的内容

除进行全身检查外，还要测量及评价宝宝的身长、体重、头围的生长情况，评估宝宝的发育情况，并根据宝宝的可疑或异常情况增加健康检查项目，如听力、视力筛查及神经系统等方面的检查。最后，医生会根据检查结果对养护人进行喂养、护理、疾病预防、发育促进等方面的指导。

第三节
宝宝头发稀黄

头发稀黄是指孩子的头发稀疏、颜色发黄，很多养护人很担心，怕是宝宝营养不良，缺少某种微量元素。那么造成宝宝头发稀黄的原因是什么呢？

头发是皮肤的一种附属器官。婴儿的头发长得好与坏，与营养及遗传有一定关系。如果有的宝宝头发不多但有光泽，并与父母一方或双方相似，而且孩子身长、体重指标正常，说明孩子的头发正常，不用担心。

宝宝头发的生长起于胚胎期，如果胚胎期营养不好或早产（出生时胎龄＜37周），那么生后一段时间内宝宝的头发可能会稀疏或发黄。有的宝宝虽然出生时头发又黑又多，但生后由于营养摄入不足，或因患腹泻、慢性传染病等导致营养不良，头发也会暂时变得发黄、稀少或没有光泽。锌缺乏、维生素A缺乏、铁缺乏、营养不良等营养缺乏性疾病或某些遗传代谢性疾病可以表现为头发稀黄。

　　宝宝头发稀黄该怎么应对呢？关注孩子生长发育情况，如果食欲好、精神状况好、体格生长速度正常，就不需要特殊处理。但是如果宝宝生长发育异常，伴有食欲不佳、体重增长不良、面色苍白、皮肤和虹膜颜色较浅，或身体散发出难闻的"鼠尿"味，就要及时去医疗机构就诊，按照医生的指导进行治疗。

第四节
宝宝拒绝配方奶

一、 拒绝配方奶的原因

　　纯母乳喂养的宝宝需要改喂配方奶时，刚开始一段时间宝宝可能出现拒绝的情况，这是正常现象。因为宝宝由吸吮妈妈的乳房改为吸吮奶嘴、由母乳改为配方奶，无论吸吮方式还是味道，均有较大变化，需要给宝宝适应的过程。此外，有些宝宝不接受配方奶也有可能是宝宝对于配方奶的味道不适应。

二、 更换配方奶的注意事项

　　在开始喂宝宝配方奶的一段时间里，建议由父亲或其他家庭成员喂宝宝，母亲不要待在孩子房间里，因为如果母亲亲自喂宝宝配方奶，宝宝还是会将母亲与母乳联系起来，以至于更不愿意接受配方奶。

　　更换配方奶期间，妈妈要比平时更多地拥抱、抚摸宝宝，表达对宝宝的疼爱，减少宝宝因转换哺乳方式而造成的焦虑不安。如果上述方法效果不好，可以尝试更换配方奶的种类或使用辅助喂养装置。

第五节
喝配方奶还需要
补钙吗

一、 钙的好处

　　钙是构成骨骼和牙齿的重要成分，具有维持神经和肌肉兴奋性、参与血液凝固过程，以及激活多种酶的功能。如果饮食中钙的摄入不足，不仅会影响宝宝骨骼和牙齿的健康，还会影响一些生理功能。

二、 每天需要多少钙

7~12 月龄的宝宝，钙的每日适宜摄入量为 250mg。

三、 钙的主要来源

7~12 月龄的宝宝所需的钙主要来源于母乳或配方奶。此外，宝宝已经添加辅食，也能从辅食中获取一定量的钙。

四、 每天摄入多少配方奶能满足钙的需要

一般合格的配方奶每 100g 含有约 400~600mg 的钙（不同品牌略有差别）。

7~12 月龄的宝宝每天一般能够摄入 80g（约 600ml）的配方奶，从中能得到约 320~480mg 的钙，再加上从辅食中摄入的钙，已经能够满足每日钙的需要量。因此，一般情况下不必额外补充钙。

如果宝宝奶量明显不足，从配方奶及辅食中摄入的钙量不足（可通过营养计算做出判断），还是需要额外补充钙剂，补足欠缺的需要量。此外，如果宝宝出现钙缺乏的症状，需要在医生的指导下补充钙剂进行治疗。需要注意的是，要根据说明书中钙元素的含量确定摄入剂量，不要按照钙的复合物的剂量计算，最好在医生的指导下补充。

第六节
何时可以吃盐

《中国居民膳食指南（2022）》建议，从 1 岁以后开始，可以在宝宝的食物中添加适量的盐。

一、 1 岁以内宝宝的食物为什么不能加盐

1 岁以内的宝宝肾功能还不完善，浓缩功能较差，不能排出血中过量的钠盐。如果额外添加盐，就需要宝宝的肾脏排出血中过量的钠盐，这会增加宝宝肾脏负担。因此，宝宝 1 岁以内不要在其食物中放盐。

二、　宝宝的辅食中含盐

辅食中不添加调味品并不意味着宝宝的食物中没有盐。实际上，母乳、配方奶、辅食中均含有一定量的盐，即使食物中额外不放盐，食物本身所含的钠也能满足宝宝生长发育的需要。

三、　1岁后宝宝食物中加多少盐

1岁后，随着宝宝肾脏排泄功能的增强，钠的摄入量将增加。1岁后的宝宝每日钠的适宜摄入量是700mg，换算成氯化钠约1.8g。粗略计算，减去食物本身所含的钠，需要额外补充的盐每天不超过1g。

四、　高盐饮食有什么坏处

1岁后宝宝的饮食即使可以加盐，也仍应以清淡为宜。因为摄入盐过多，不仅增加肾脏负担，而且可能让宝宝养成喜食过咸食物的习惯，以后会进一步发展和增加对咸味的喜好，不愿接受淡味食物，长期下去可能形成挑食的习惯。

有研究显示，我国居民高血压的高发病率与摄入较多的食盐有关。要减少成人的盐摄入量，应从婴儿期开始养成良好饮食习惯，以减少成年后患高血压的风险。

第七节
宝宝不应过早练习站立

在宝宝经历抬头、翻身、坐立和爬行过程的同时，其下肢肌肉力量也在逐渐发育。但是，并不是所有的宝宝都适合练习站立。站立应该是一个自然而然的过程，正常发育的宝宝并不需要后天人为给予过多的练习。相反，养护人应该想尽办法让宝宝充分练习爬行。当宝宝过早学会站立后，很难再让孩子退回到爬行阶段，导致很多宝宝出现协调性障碍风险的增加。对于很多良性肌张力低下的宝宝，过早站立会造成膝反张、外翻足等问题。特别是很多还没有扶站能力的宝宝，使用学步车或学步带被动让其站起来行走，对宝宝日后对距离、空间、位置的判断均会造成一定的影响。因此，切记要给予宝宝充分爬行的机会。当然会有一些宝宝不经过爬行就站立起来的个例，但是在绝大多数情况下，如果宝宝未经历爬行阶段或者过早站立，会存在日后的运动发育风险。对于绝大多数宝宝来说，在进行运动干预的过程中，要充分尊重宝宝动作发展里程碑，结合宝宝目前的发育水平来设定干预目标，切记不要揠苗助长。如果宝宝 12 月龄后还不能扶物站立，就要到医疗机构检查。

第八节
宝宝容易得哪些
疾病

一、 常见感染性疾病

由于从妈妈体内带来的抵抗疾病的免疫物质的含量逐渐降低，7~12 月龄的宝宝比较容易患感冒、肺炎、腹泻、中耳炎、结膜炎、幼儿急疹等感染性疾病。

二、 常见营养性疾病

通常情况下，宝宝满 6 月龄开始添加辅食，如果辅食添加不适宜，有可能患营养不良，甚至使宝宝体重、身长的生长受到影响。满 6 月龄后，宝宝身体中储存的铁也已经基本消耗掉了，需要通过富含铁的食物补充，如不及时补充容易出现铁缺乏，甚至缺铁性贫血。

三、 如何预防宝宝患病

1. 疫苗预防接种

首先，要按照医生的要求按时进行疫苗预防接种，这样才有可能预防常见的传染性疾病。

2. 注意各方面的卫生

宝宝的居室要定时通风换气，即使冬季也要每天通风 30 分钟以上。宝宝的毛巾、脸盆、澡盆、牙刷等洗漱用品及碗、勺等餐具要专人专用，并在用完后及时进行消毒。宝宝的玩具要保持清洁，弄脏后及时清洗。宝宝的食物要保证新鲜、卫生。饭前便后，或从户外回到家里都要注意给宝宝洗手。不带宝宝到人群聚集的地方或通风不好的室内活动。蚊虫容易传播传染病，夏季要预防蚊虫叮咬，家中蚊虫较多时，建议给宝宝使用蚊帐。家里人患病时不要接触宝宝。

3. 增加抵抗力

    多进行室外活动。室外空气良好时，经常带宝宝去室外活动，让宝宝有机会逐渐适应生活环境，增强宝宝抵抗疾病的能力。

4. 保证膳食平衡

    此月龄段的宝宝，正处于从纯母乳 / 配方奶（乳类）喂养过渡到含有泥糊状及固体食物的辅食阶段，如果食物添加不适宜，容易导致宝宝营养摄入不足，出现贫血、生长不良等营养性疾病，同时也会影响宝宝对感染性疾病的抵抗力。所以，每天除母乳 / 配方奶和主食外，还要逐渐给宝宝提供适量肉类、鸡蛋、蔬菜、水果等，使宝宝获取丰富均衡的营养。

第九节

贫血是否一定是缺铁造成的

一、 贫血的原因

导致贫血的原因较多，营养素缺乏是贫血的常见原因，约 50% 的贫血是铁缺乏引起的。在我国，缺铁性贫血是儿童常见的营养性疾病之一。缺铁的原因也有很多，对 7~12 月龄宝宝来说，常见原因之一是在满 6 月龄时没有及时添加富含铁的辅食，一些胃肠道疾病也可导致缺铁性贫血。

除铁缺乏引起的贫血外，叶酸或维生素 B_{12} 缺乏也可能导致儿童贫血。此外，溶血因素、失血因素等也可能会造成贫血。建议父母定期带孩子做健康检查。血常规检查是 8~9 个月健康检查的内容之一，养护人不要遗漏，以便及早发现贫血。一旦发现贫血，应及时到医院就诊，由医生判断贫血的原因。

二、 缺铁性贫血的表现

婴儿贫血时，可出现面部、口唇、口腔黏膜及甲床苍白，还会出现食欲减退、易疲乏、不爱动、烦躁不安、精神不好等表现。有时轻度贫血的症状不明显，需要通过血常规检查早期发现。

三、 缺铁性贫血的应对方法

须按照医生指导，及时使用铁剂治疗。定期体检，监测复查。

第十节
常见疾病的家庭
护理

一、 急性上呼吸道感染（感冒）

1. 什么是感冒

一般将急性上呼吸道感染称为感冒，是对鼻腔、咽喉部病毒感染的总称。

2. 感冒的表现

感冒主要表现为鼻塞、流涕偶伴轻微的咳嗽。患流行性感冒的孩子症状相对较重。

3. 感冒的原因

感冒主要是由病毒引起，少数（10%）由细菌导致。其中，甲型和乙型流感病毒引起的感冒容易导致人群大范围发病，称为流行性感冒，简称"流感"。

4. 感冒的家庭护理

当孩子出现上述感冒症状后，一般不需要吃抗生素，但要注意加强护理。

首先，要保持室内适宜的湿度，尤其是空气干燥的季节。可以在地面上适当洒水或使用加湿器，利于减少宝宝口、咽及鼻腔的干燥症状。

其次，减轻宝宝鼻塞的症状。由于婴儿鼻腔小，鼻涕不易排出，鼻涕干后形成的鼻痂堵住鼻孔容易影响宝宝呼吸。这时，可以用医用棉球蘸取少许生理盐水或清水将鼻痂软化后，再用医用棉球或干净的软纸轻轻将鼻痂去除。不要将棉签插入鼻腔，以防损伤孩子的鼻黏膜引起鼻出血。

适当给宝宝多喝白开水等，以补充因发热、咳嗽、流鼻涕而消耗的水分。提供安静、舒适的环境以利于宝宝睡眠，让患病的宝宝得到休息。睡眠时如果孩子鼻子不通气，最好使其侧卧，这样既可以保证一只鼻孔通气，又能预防鼻涕流进耳道引起中耳炎。

患感冒后食欲会受到一定影响，所以要给宝宝提供多样可口的食物，使宝宝获得足够的营养。此外，要注意环境卫生，如每天开窗换气，保持室内空气新鲜，这样才更有利于疾病的恢复。

如诊断为流感，除在医生指导下进行药物治疗外，还要注意及时将孩子与家人隔离。

二、 腹泻

1. 腹泻的表现

表现为排便次数增多，大便可呈现为水样、蛋花汤样或含有较多黏液、带有脓血等。如果腹泻没有得到及时治疗，可能会导致孩子脱水，表现为明显的口唇、皮肤干燥，甚至尿量减少；眼眶周围出现皱纹，眼眶凹陷，眼泪少，囟门凹陷；没有精神等。一旦出现上述脱水表现应立刻去医院就诊。

2. 腹泻的原因

病毒、细菌感染和过敏等均可引起腹泻。

3. 腹泻的家庭护理

首要是补充水分。家人要给宝宝足够的各种液体（包括汤类），防止发生脱水，但不要给宝宝碳酸饮料。母乳喂养的宝宝可以适当增加母乳喂养次数，以补充液体。宝宝排稀便量较大时，每次排便后也可给予 50~100ml 口服补液盐预防脱水。

宝宝腹泻期间不要吃油腻食物。在继续母乳喂养的同时，给宝宝一些米粉、蔬菜泥、鸡蛋羹等清淡易消化的食物，腹泻期间不要添加新辅食。

保持宝宝的臀部皮肤清洁和干爽。腹泻后，宝宝的肛门周围皮肤会发红，甚至局部皮肤破溃、糜烂。所以每次排便后，应及时用温水洗屁股，用软毛巾轻轻吸干水分。先不要急于给宝宝穿上尿裤，可以让宝宝的臀部晾 5~10 分钟，待臀部皮肤完全干燥后，将植物油涂抹在肛门周围或将护臀霜涂抹在臀部皮肤上，然后穿上尿裤。植物油可以滋润和保护皮肤，护臀霜可以隔离皮肤，以免受到粪便的刺激。

如果肛门周围或臀部皮肤已经发红，每次洗净擦干后可涂适量鞣酸软膏，减少局部疼痛及受损处的渗出，防止细菌感染。尽量不要使用湿纸巾擦臀部，以免纸巾中的某些成分刺激宝宝的皮肤。如果宝宝臀部皮肤出现破溃，提示可能出现了细菌或霉菌感染，要去医院诊治，不要自行使用药物治疗。

大人在护理过宝宝后要及时洗手，以免细菌或病毒再污染别处，造成反复感染。

三、 大便干结

1. 什么是大便干结

大便干，呈硬块状、坚果状（不易排出）、腊肠状成块或腊肠状但表面有裂缝。

2.　大便干结的表现

宝宝排便时可能伴有哭闹、腹胀等。如果孩子出现频繁呕吐、腹胀、便血（大便潜血试验强阳性）或伴有生长发育迟缓，要及时去医院诊断，以排除胃肠道疾病或相关过敏性疾病。

3.　大便干结的原因

常见于配方奶喂养的宝宝，多由进食或水分摄入不足、辅食添加不当引起。

4.　大便干结的家庭护理

当宝宝出现上述情况后，每次排便后可以用植物油涂抹肛门周围皮肤，以预防肛裂。

尽量避免使用开塞露、肥皂条等帮助婴儿通便。益生元能够改善配方奶喂养婴儿的大便干结等情况，但要在医生指导下使用。如果使用上述方法效果均不理想，宝宝反复便秘，或出现腹胀、呕吐、生长发育迟缓、大便排解通畅后仍有便血，要及时去医疗机构诊治。

为预防大便干结，首先提倡母乳喂养。哺乳期妈妈饮食要均衡，减少或避免辛辣食物摄入。其次要合理添加辅食，适当增加纤维素、脂肪以及水分的摄入以软化大便。在医生指导下合理补充钙、铁、锌等营养素，避免过量引起大便干结。如果是配方奶喂养，一定要按照说明书中的比例冲调配方奶，避免过于浓稠。

第十一节

结膜炎

结膜是一层富含神经血管的薄而透明的黏膜，覆盖在眼睑内面和眼球前部巩膜表面。因为结膜直接与外界接触，易因感染、过敏或外伤而引起炎症。

结膜炎的主要表现有结膜充血引起眼球发红、眼睑（眼皮）肿胀、分泌物增多、怕光、流泪等。一旦发现要及时就诊，并在医生指导下使用药物治疗。

治疗结膜炎要正确使用眼药。眼药分眼药水和眼膏两种，眼药水滴入眼内不影响视物，适合白天使用；眼膏是油糊状，用药后视物不清，一般在晚上睡前使用，有利于维持较长的疗效。

滴眼药水时最好由一人抱住婴儿，使其头部固定，滴药的人用手指轻轻扒开宝宝的下眼睑，另一只手持药瓶在距离眼部1~2cm处对准下眼睑内滴药1~2滴，再让婴儿轻闭双眼2~3分钟（图5-2）。注意不要扒婴儿的上眼皮，以免压伤婴儿

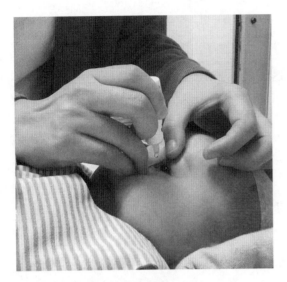

图 5-2 滴眼药水的正确示范

的眼球。眼膏的使用方法基本相同，要将药膏挤到下眼睑内侧。

由于眼泪在不断地分泌，药液在眼内停留时间很短，很快就被眼泪冲淡，因此常用的抗生素眼药水每天应该点 3～4 次左右，坚持用药 1 周，具体用量遵医嘱。断断续续用药不仅达不到治疗目的，还可能导致出现耐药性，影响治疗效果。

此外，注意每天给宝宝洗脸，婴儿进行户外活动后要及时清洗双手。宝宝的脸盆、洗脸毛巾要专用，每次使用后要及时清洗。眼部分泌物较多时，每天用专用毛巾或消毒棉签蘸温开水从眼内角向外轻轻擦拭，去除分泌物，保持眼部清洁。成人给宝宝洗脸前、后都要洗净双手。

第十二节
中耳炎

一、 什么是中耳炎

中耳炎是累及中耳全部或部分结构的炎性病变，好发于儿童，主要分为分泌性中耳炎和化脓性中耳炎，根据病程长短又可分为急性中耳炎、慢性中耳炎。其中，分泌性中耳炎在本月龄段多见。

患中耳炎后如果没有得到及时的治疗，孩子可能出现听力下降甚至耳聋。7～12 月龄正是孩子语言发育的关键期，如果耳聋的孩子没有得到及时的康复训练，其语言发育可能受到影响，并且可能影响其上学后的学习能力。听力及语言能力下降会给孩子日常生活的各个方面，尤其是交流造成很大阻碍，从而影响孩子的生活质量。

二、 中耳炎的表现

有接近一半的分泌性中耳炎患儿没有明显的异常表现。

部分孩子会出现耳痛、抓耳朵、易激惹、哭闹不止等情况；对周围声音没有相应的反应，叫孩子名字时，他不会准确朝向声音的方向；也可伴全身症状，比如呕吐、腹泻、发热等。

三、　中耳炎的原因

咽鼓管功能障碍、感染、免疫反应和儿童耳部的解剖特点，被认为是引起分泌性中耳炎的几个可能原因。与成人相比，儿童的咽鼓管既短又宽，而且几乎呈水平位。因此，当孩子出现咽炎、扁桃体炎等上呼吸道感染，容易通过咽鼓管影响到中耳，中耳受到感染后会导致急性中耳炎的发生。

四、　中耳炎的应对方法

当宝宝出现上述任何一种表现时要及时到医院就诊，以便及时诊断和治疗，避免宝宝听力受损。

第十三节
多汗

一、　多汗的表现

在环境温度不高、衣被合适、宝宝安静的情况下，宝宝仍出较多汗。

二、　多汗的原因

出汗是由于外界气温升高或体内产热增加，人体为了调节体温、维持代谢平衡，通过神经传导刺激汗腺分泌汗液的结果。婴儿皮肤上每单位面积的汗腺数比成年人多，而且小宝宝新陈代谢较旺盛，皮肤血管丰富，神经系统还未发育完善，身体对冷热的调节能力较差，故环境温度较高时出汗较多，尤其是活动后更明显。一些宝宝入睡后不久爱出汗，但1~2小时后不再大量出汗，是因为孩子从兴奋状态逐渐进入抑制状态，这是正常生理现象。

佝偻病早期的孩子会表现出与环境因素无关的多汗，尤其是入睡后全身出汗多，并伴有神经兴奋性增高的表现，如突然惊醒、惊哭或者烦躁不安等。如果孩子刚入睡时无汗，入睡一段时间后，尤其是下半夜出现全身大汗，这种情况叫"盗汗"，同时还有可能出现低热、消瘦、咳嗽等症状，可能是由结核病引起的。此外，有些免疫系统、内分泌系统、循环系统以及神经系统疾病，也会引起多汗。

三、 应对方法

为了避免宝宝出汗过多，可以根据环境温度进行适宜的护理。夏季温度较高时，将居室温度控制在 24~26℃。

孩子刚入睡出汗多时，被子不要盖得过多。衣服应选择宽大、透气性好、吸水性强的薄棉布衣服，利于衣服里外的空气流通及汗液的蒸发，并且需要经常换洗。

适当控制宝宝户外活动时间和活动量。夏季炎热，建议在上午 9 点以前或下午 4 点以后进行户外活动；活动前后要适量饮水。

出汗较多时，要及时用干毛巾擦汗、更换内衣、适当减少衣服、用温水洗澡，以防汗孔闭塞而致汗液储积无法排出，最后形成痱子。

如果孩子不明原因多汗或伴有其他异常的表现，要尽早到医疗机构检查。

第八章

常见育儿问题

第一节
生长发育相关
问题

误区：早产宝宝赶不上正常儿童。

早产宝宝是指出生胎龄（孕周）<37周的宝宝。那么，早产宝宝的体格生长与足月宝宝有什么不同呢？

由于过早出生，早产宝宝生后最初一段时间还不能适应宫外环境，消化系统接受食物的能力受到一定限制，导致营养摄入不足，因此会出现一段时间的生长缓慢，特别是出生体重低于1kg的宝宝比较多见。

部分早产宝宝出生时，大脑功能会落后于正常足月宝宝。出生后，早产宝宝的大脑发育还容易被疾病影响，胎龄小，发生过新生儿窒息、严重感染等疾病的宝宝，其大脑也更易受到损伤。噪声或强光刺激、频繁或过度干扰宝宝睡眠、长期住院缺乏父母的关爱等，均会影响宝宝大脑的正常发育。

真相：多数早产宝宝能和足月宝宝一样健康成长。

从矫正胎龄40周开始，如果营养摄入充足、均衡，早产宝宝的体重和身长会出现加速生长。大多数早产宝宝在2岁内可以达到同龄宝宝的生长水平。

出生胎龄在32周以上的早产宝宝，通过科学、合理的喂养、护理及适宜的早期发育促进，可以获得大脑功能的恢复，绝大多数也都能够赶上或接近正常足月宝宝的生长发育水平。即使对那些出生胎龄在28~32周之间，甚至小于28周的小宝宝，家长们也要有信心。针对早产宝宝营养与喂养及神经心理行为发育的各种综合干预手段，可有效减少生长迟缓和发育异常，提高他们的生存质量。

第二节
营养及喂养相关
问题

误区：宝宝牙出得少，所以只能吃泥糊状食物。

真相：7~12月龄的宝宝会咀嚼食物。

尽管7~12月龄段的宝宝大多乳牙萌出得不多而且为切

牙，无法用牙齿咀嚼食物，但并非没有牙齿就不能咀嚼食物。一般情况下，宝宝满6月龄开始添加泥糊状食物，大概经过1个月的进食锻炼，宝宝就可以比较自如地吞咽泥糊状食物了，并且可以逐渐尝试使用嘴唇、上颚和牙床来咀嚼食物。

为什么要鼓励小宝宝去练习咀嚼呢？有研究显示，6~8月龄是宝宝学习咀嚼的关键期，咀嚼食物不仅能满足宝宝生长发育的需要，而且可以锻炼孩子口腔肌肉功能，利于口腔结构及形状的形成，以及语言的发展。如果过了这段时期再添加固体食物，宝宝的咀嚼能力会受到一定影响。

选择适合本月龄段宝宝的食物来练习咀嚼。建议从宝宝7~8月龄开始，试着给宝宝吃一些碎末状食物。先从碎菜试起，如果孩子能咀嚼并顺利咽下，可逐渐增加食物种类。10~12月龄时可以给孩子吃碎末状和丁块状食物，如小碎块蔬菜、水果以及肉末、肝末等。通过逐渐改变食物质地来锻炼孩子的咀嚼能力，直到2岁以后他们能够适应正常的家庭食物。

第三节
养育相关问题

误区一：我的宝宝不会，是因为我没教过。

7~12月龄的宝宝会做些什么？

在7~12月龄段，宝宝会逐步发展坐、爬行、站立、行走的运动能力，掌握用拇指、示指捏取小物品、把玩具放进容器再取出来、玩堆叠玩具等动手能力，会有意识地叫"爸爸""妈妈"，会挥手再见，会用目光或手势指向自己想要的东西等。

宝宝是怎样获得这些能力的呢？

宝宝的动作、语言、情绪及社会交往能力的发展遵从一定的规律，并受到遗传因素与环境因素的共同影响。遗传因素决定宝宝发展的潜力，环境决定宝宝潜力的发挥程度。也就是说，宝宝的这些能力是在适宜环境下习得的。

真相：宝宝出现发育落后的情况，可能是养护人没有给宝宝提供适宜的环境，也可能是存在神经心理异常。

养护人要给宝宝提供安全适宜的活动环境，理解和满足宝宝的需要和兴趣，经常与宝宝交流和玩耍，适时地对宝宝进行鼓励和表扬，使宝宝的潜力得到充分的发挥。

在排除环境因素的影响后，则需要考虑宝宝是否存在神经心理异常，此时应及时到专业医疗机构就诊。

误区二：用学步车训练宝宝走路。

婴儿学步车是一种给宝宝使用的代步工具，常分成底盘框架、上盘座椅、玩具音乐盒三部分，属于玩具童车。

真相：学步车不适于学步。

学步车对宝宝学习行走并没有多大帮助，也不利于宝宝全身肌肉的协调及平衡能力的发展。在宝宝学习行走的过程中，大腿和臀部肌肉的力量起到比较重要的作用，但使用学步车只是对锻炼宝宝小腿肌肉有一定作用，对强化大腿和臀部的肌肉几乎没有什么帮助。

使用学步车时宝宝的走步姿势与正常行走也有所不同，因此使用学步车可能使宝宝形成不正常的行走姿势。宝宝使用学步车可以容易地走来走去，容易对学步车产生依赖，降低宝宝学习走路的欲望。因此，不建议让宝宝使用学步车学走路。

宝宝练习走路的过程中，避免不了磕碰、摔倒又爬起来，宝宝可以从中获得如何避免磕碰、平衡自己的身体以避免摔倒等经验，这将有利于宝宝的发育。相反，不恰当地使用学步车可能对孩子造成伤害。当宝宝使用学步车时速度过快或不小心遇到小玩具等障碍物时可能翻倒，使宝宝面临摔伤的危险；如果家里有台阶或楼梯，宝宝还可能有摔下台阶或楼梯的危险。

正确的做法是提供安全适宜的场地让宝宝学走路。当宝宝能够独自较稳站立，并且可以自如地蹲下再站起来时，说明宝宝就要开始行走了。这时，要给宝宝提供安全的场地，如草地、木地板或铺着一层垫子的平整地面。宝宝会根据需要从开始牵着养护人的一只手行走或扶着家具行走，到逐渐松开养护人的手或家具独自行走。不提倡强迫宝宝练走路，因为一旦摔倒，容易给宝宝造成不良刺激，从此惧怕独自行走。

第四节

疾病及防治相关问题

误区一：缺铁性贫血食补就可以了。

有的养护人觉得给宝宝用药不忍心，希望通过食物补充铁剂，这种做法是不科学的。因为与药物相比，食物中的营养素比例较低，同时宝宝的进食量有限，难以在短时间内纠正缺铁性贫血。有研究显示，即使是轻度贫血，单纯通过食物补充进行治疗也不能取得较好的效果。

真相：食补不能治疗缺铁性贫血。

缺铁性贫血要用药物治疗，食物补充只能作为治疗缺铁性贫血的辅助方法。

对于健康的宝宝，补充富含铁的食物有助于预防铁缺乏，但当宝宝患有缺铁性贫血时，单纯食物补充就无济于事了。目前推荐的方法是药物治疗。

缺铁性贫血对健康危害较大。贫血不仅会降低宝宝对疾病的免疫力，而且会减缓宝宝体格生长速度，甚至影响宝宝记忆力、注意力等智力发展水平，如果不及时治疗，对身心发展的影响将不可逆转。因此，当经医疗机构诊断为贫血后，应按照医生要求及时进行规范的治疗，如果考虑缺铁性贫血，要及时使用铁剂等药物治疗。在药物治疗的基础上，可以适当增加富含铁食物，如动物肝脏、瘦肉等的摄入。

误区二：宝宝听力肯定没问题，因为新生儿听力筛查通过了。

在新生儿出生 3~5 天内，医疗机构专业人员使用筛查工具对宝宝双耳听觉能力进行检测，以了解宝宝的听力情况。

真相：新生儿听力筛查通过不一定代表听力没有问题。

首先，筛查工具本身有一定局限性，不能发现各种类型的听力异常。再者，听力异常分为先天性耳聋和迟发性耳聋，新生儿期筛查正常但有听力异常高危因素的宝宝，提示可能没有发现先天性耳聋，但不能确定以后是否发生耳聋。有些耳毒性药物可以导致耳聋，如果不慎给宝宝使用，也可能损伤宝宝的听力。

可能影响听力的高危因素有：在新生儿重症监护治疗病房住院超过 5 天；有儿童期永久性听力障碍家族史；巨细胞病毒、风疹病毒、疱疹病毒、梅毒螺旋体或弓形体等引起的宫内感染；颅面形态畸形，包括耳廓和耳道畸形等；出生体重低于 1 500g、高胆红素血症达到换血要求、病毒性/细菌性脑膜炎、新生儿窒息、早产儿呼吸窘迫综合征、体外膜肺氧合、机械通气超过 48 小时；母亲妊娠期使用过耳毒性药物，或有药物/酒精滥用；临床上存在或怀疑有与听力障碍有关的综合征或遗传病等。

如果宝宝存在高危因素，那么其发生耳聋的危险性明显高于没有这些高危因素的宝宝。因此，即使新生儿听力筛查未见异常，也应该在 3 岁以内每半年做一次听力筛查，以便及时发现宝宝听力问题，并及时干预。

误区三："有劲"的宝宝没问题。

发育正常的宝宝在 2~3 月龄时手已经可以张开，不再紧握拳头；4~5 月龄拉宝宝手臂坐起时宝宝后背可以挺直，身体不再前倾或后仰；7~8月龄扶着宝宝站立时，宝宝会出现双脚交替迈步的现象。

　　"有劲"的宝宝往往有一系列特别的表现。如果7~12月龄段的宝宝还表现为手经常握紧拳，大拇指被其他4指攥住难以张开，拉宝宝坐起时头用力向后仰，并且手臂使劲向后伸，或者扶着宝宝迈步时双腿总是交叉起来等，都可能提示宝宝有肌张力增高的情况。

真相：宝宝"有劲"可能有问题，肌张力增高可能和神经系统疾病有关。

　　当宝宝出现上述"有劲"的情况时，要及时到医疗机构就诊，检查是否患有脑瘫或发育迟缓等，并及早接受治疗。

儿童发育行为自测

您的宝宝学会这些新技能了吗?

7 月龄

- ☐ 57 悬垂落地姿势
- ☐ 58 独坐坐直
- ☐ 59 婴儿用所有手指弯曲做抓取动作，最后成功地用全掌抓到小丸
- ☐ 60 自取一积木，再取另一块
- ☐ 61 积木换手
- ☐ 62 伸手够远处玩具
- ☐ 63 发 da-da、ma-ma 等无所指音节
- ☐ 64 抱脚玩
- ☐ 65 能认生人

8 月龄

- ☐ 66 双手扶物可站立
- ☐ 67 独坐自如
- ☐ 58 拇指与其他手指捏小丸
- ☐ 59 试图取第三块积木
- ☐ 70 有意识地摇铃
- ☐ 71 持续用手追逐玩具
- ☐ 72 模仿声音
- ☐ 73 可用动作手势表达
- ☐ 74 懂得成人面部表情

9 月龄

- ☐ 75 拉双手会走
- ☐ 76 会爬
- ☐ 77 拇指与示指捏小丸
- ☐ 78 从杯中取出积木

☐ 79 积木对敲

☐ 80 拨弄铃舌

☐ 81 会欢迎

☐ 82 会再见

☐ 83 表示不要

10 月龄

☐ 84 保护性支撑

☐ 85 自己坐起

☐ 86 拇指示指动作熟练

☐ 87 拿掉扣积木的杯子玩积木

☐ 88 寻找盒内东西

☐ 89 模仿发声

☐ 90 懂得常见物及人名称

☐ 91 按指令取东西

11 月龄

☐ 92 独站片刻

☐ 93 扶物下蹲取物

☐ 94 将积木放入杯中

☐ 95 打开包积木的方巾

☐ 96 模仿拍娃娃

☐ 97 有意识地发一个字音

☐ 98 懂得 "不"

☐ 99 会从杯中喝水

☐ 100 会摘帽子

12 月龄

☐ 101 独站稳

☐ 102 牵一手可走

☐ 103 全掌握笔留笔道

☐ 104 试把小丸投入小瓶

☐ 105 盖瓶盖

☐ 106 叫爸爸妈妈有所指

☐ 107 向他 / 她要东西知道给

☐ 108 穿衣知配合

☐ 109 共同注意 。观察或询问，对家长指示的某一场景或过程，儿童能与家长一
　　 起关注

注：本自测内容适用于家长了解 0~1 岁儿童各月龄发育行为，儿童发育行为存在个体差异，某些发育行
　　 为可能会提前或滞后。发育行为滞后时间过长，请及时到医院请医生进行综合评估。

了解 0~1 岁儿童发育行为

参考文献

1.   中国人民共和国国家卫生健康委员会.国家免疫规划疫苗儿童免疫程序及说明
     （2021年版）〔J〕.中国病毒病杂志，2021，11（04）：241-245.

2.   陈博文，肖峰，李瑞莉，等.0~6岁儿童健康管理技术规范：WS/T 479-2015〔S〕.
     北京：中华人民共和国国家卫生和计划生育委员会，2015.

3.   Benninga A M，Nurko S，Faure C，et al. Childhood Functional Gastrointestinal
     Disorders：Neonate/Toddler〔J〕.Gastroenterology，2016，150（6）.

4.   黎海芪.实用儿童保健学（第1版）〔M〕.北京：人民卫生出版社，2016.

5.   黎海芪.实用儿童保健学（第2版）〔M〕.北京：人民卫生出版社，2022.

6.   Berkowitz G S，Lapinski R H，Dolgin S E，et al. Prevalence and natural history of
     cryptorchidism〔J〕.Pediatrics，1993，92（1）：44.

7.   Kollin C，Granholm T，Nordenskjöld A，et al. Growth of spontaneously descended and
     surgically treated testes during early childhood〔J〕.Pediatrics，2013，131（4）：e1174-
     1180.

8.   美国儿科学会.育儿百科〔M〕.北京：北京科学技术出版社，2020.

9.   松田道雄.定本育儿百科〔M〕.王少丽，译.北京：华夏出版社，2020.

10. 伯顿·L·怀特.从出生到3岁〔M〕.宋苗，译.北京：京华出版社，2007.

11. 中华人民共和国国家卫生和计划生育委员会.0岁-5岁儿童睡眠卫生指南〔Z〕.
     北京：国家卫生和计划生育委员会，2017.

12. 王惠珊，曹彬，等.母乳喂养培训教程〔M〕.北京：北京大学医学出版社，2014.

13. 陈荣华，赵正言，刘湘云，等.儿童保健学〔M〕.南京：江苏凤凰科学技术出版
     社，2017.

14. 国际母乳会.母乳喂养百科〔M〕.荀寿温，译.海口：南海出版公司，2015.

15. 琼·杨格·米克，温妮·语.美国儿科学会母乳喂养指南〔M〕.魏伊慧，译.北
     京：北京科学技术出版社，2017.

16. 中华医学会儿科学分会儿童保健学组，中华医学会围产医学分会，中国营养学会妇幼营养分会.母乳喂养促进策略指南（2018版）［J］.中华儿科杂志，2018，56（4）：261-266.

17. 江载芳，申昆玲，沈颖，等.诸福棠实用儿科学［M］.北京：人民卫生出版社，2015.

18. 王有天，申昆玲，沈颖.诸福棠实用儿科学（第9版）［M］.北京：人民卫生出版社，2022.

19. 张金哲.张金哲小儿外科学［M］.北京：人民卫生出版社，2013.

20. Zens T，Nichol P F，Cartmill R，et al. Management of asymptomatic pediatric umbilical hernias：a systematic review［J］. Pediatr Surg，2017，52（11）：1723.

21. 孟昭兰.婴儿心理学［M］.北京：北京大学出版社，1997.

22. 斯蒂文·谢尔夫.美国儿科学会育儿百科［M］.北京：北京科学技术出版社，2012.

23. 鲍秀兰.0~3岁儿童最佳的人生开端［M］.北京：中国发展出版社，2006.

24. 郝波.胎儿期到3岁儿童综合发展［M］.北京：科学出版社，2006.

25. Moore E R，Bergman N，Anderson G C，et al. Early skin-to-skin contact form others and their healthy newborn infants［J］. Cochrane Database Syst Rev，2016，11：CD003519.

26. Felice J P，Cassano P A，Rasmussen K M. Pumping humanmilk in the early postpartum period：its impact on long-term practices for feeding at the breast and exclusively feeding human milk in a longitudinal survey cohort［J］. ClinNutr，2016，103（5）：1267-1277.

27. 王惠珊.睡眠养育照护行为与儿童健康［J］.中国儿童保健杂志，2021，29（05）：465-467.

28. 中华医学会儿科学分会内分泌遗传代谢学组，中华医学会儿科学分会儿童保健学组，中华医学会儿科学分会临床营养学组，等.中国儿童肥胖诊断评估与管理专家共识［J］.中华儿科杂志，2022，60（6）：507-515.

29. 王广海，林青敏，林剑菲，等.中国6岁以下儿童就寝问题和夜醒治疗指南（2023）计划书［J］.中华儿科杂志，2023，61（2）：122-125.

30. 邵洁，童梅玲，张悦，等.婴幼儿养育照护专家共识［J］.中国儿童保健杂志，2020，28（09）：1063-1068.

31. 朱宗涵.养育照护是促进婴幼儿健康成长的重要保障［J］.中国儿童保健杂志，2020，28（09）：953-954+966.

32. 江帆.关注儿科临床中的睡眠问题［J］.中华儿科杂志，2019，57（8）：581-583.

33. 黄小娜，王惠珊，刘玺诚.婴儿早期睡眠及昼夜节律的发展［J］.中国儿童保健杂志，2009，17（03）.

34. 黄巧瑜.儿童保健门诊108例婴儿睡眠现状分析［J］.世界睡眠医学杂志，2022，9（10）.

35. 周子琦，李正，叶亚，等.婴儿睡眠问题及影响因素分析纵向研究［J］.中国实用儿科杂志，2021，36（07）.

36. 中华医学会小儿外科分会骨科学组，中华医学会骨科学分会小儿创伤矫形学组.发育性髋关节发育不良临床诊疗指南（0~2岁）［J］.中华骨科杂志，2017，37（11）：641-650.

37. 刘冰，胡晓云，李连永，等.腿纹不对称对发育性髋关节发育不良临床筛查的意义［J］.中华实用儿科临床杂志，2019，34（24）：1882-1885.

38. 中华医学会骨科学分会.发育性髋关节发育不良诊疗指南（2009年版）［J］.中国矫形外科杂志，2013，21（9）：953-954.

39. 周丽娟，孙潇君，杜君威.幼儿急疹的早期诊断及治疗进展［J］.国医论坛，2014，29（5）：63-64.

40. 徐晓旭，刘卫民，李晓华.肛裂治疗的研究进展［J］.中国肛肠病杂志，2022，12：59-61.

41. 胡会，张婷.儿童腹泻病的诊治策略［J］.上海医药，2022，16：3-6+34

42. Thiagarajah J R，Kamin D S，Acra S，et al. Advances in evaluation of chronic diarrhea in infants［J］.Gastroenterology，2018，154（8）：2045-2059.

43. 高鸿英.婴儿抚摸浅谈［J］.按摩与康复医学（中旬刊），2012，9：161-162.

44. 苗桂芹，张静.对20例新生儿及睡眠障碍儿抚触的观察［J］.青岛医药卫生杂志，2001，6：1006-5571.

45. 李想，郑涌，孟现鑫，等.成人对婴儿哭声的反应及其脑机制［J］，心理科学进展，2013，10：1671-3710.

46. Mercuri M，Stack M，De France K，et al. An intensive longitudinal investigation of maternal and infant touching patterns across context and throughout the first 9-months of life［J］.Infant Ment Health，2023，44（4）：495-512.

47. Serra J F, Lisboa I C, Sampaio A, et al. Observational measures of caregiver's touch behavior in infancy: A systematic review [J]. Neuroscience Biobehavioral Reviews, 2023, 150: 105160.

48. Leerkes E M, Bailes L, Swingler M M, et al. A comprehensive model of women's social cognition and responsiveness to infant crying: Integrating personality, emotion, executive function, and sleep [J]. Infant Behavior and Development, 2021, 64: 101577.

49. 周玉, 张丹丹. 婴儿情绪与社会认知相关的听觉加工 [J]. 心理科学进展, 2017, 25（01）: 67-75.

50. 张丹丹, 李宜伟, 于文汶, 等. 0~1岁婴儿情绪偏向的发展：近红外成像研究 [J]. 心理学报, 2023, 55（06）: 920-929.

51. 解雅春, 姚天红, 胡小沙, 等. 儿童早期发展训练对婴儿神经心理发育影响的分析 [J]. 中国儿童保健杂志, 2013, 21（11）: 1228-1230.

52. Britto P R, Lye S J, Proulx K, et al. Nurturing care: promoting early childhood development [J]. Lancet, 2017, 389（10064）: 91-102.

53. 宋新燕, 孟祥芝. 婴儿语音感知发展及其机制 [J]. 心理科学进展, 2012, 20（6）: 843-852.

54. 丁艳华, 徐秀, 王争艳, 等. 母婴依恋关系对幼儿认知和行为发展的影响 [J]. 中国儿童保健杂志, 2013, 21（12）: 1243-1245.

55. 杨芳, 林青敏, 王广海, 等. 婴幼儿就寝习惯与睡眠时间及质量的剂量依赖性研究 [J]. 中华儿科杂志, 2017, 55（06）: 439-444.

56. 中华预防医学会儿童保健分会. 婴幼儿喂养与营养指南 [J]. 中国妇幼健康研究, 2019, 30（04）: 392-417.

57. 中华预防医学会儿童保健分会. 中国儿童钙营养专家共识（2019年版）[J]. 中国妇幼健康研究, 2019, 30（03）: 262-269.

58. 中华医学会围产医学分会. 母亲常见感染与母乳喂养指导的专家共识 [J]. 中华围产医学杂志, 2021, 24（07）: 481-489.

59. 王惠珊, 盛晓阳, 许春娣, 等. 婴儿胃肠道常见问题筛查干预流程（二）——过度哭闹 [J]. 临床儿科杂志, 2015, 33（02）: 199-200.

60. 仰曙芬, 吴光驰. 维生素D缺乏及维生素D缺乏性佝偻病防治建议 [J]. 中国儿童保健杂志, 2015, 23（07）: 781-782.

61. HM Treasury, Choice for parents, the best start for children: a ten year strategy for childcare. Dept. for Education and Skills, www.hm-treasury.gov.uk. 2004.

62. YOUNG M E, WORLD BANK. From early child development to human development: investing in our children's future [M]. Washington, D.C: World Bank, 2002.

63. Warren J. Synaptic Self: How Our Brains Become Who We Are [J]. *J R Soc Med*. 2002; 95 (7): 373 – 374.

64. National Research Council (US) and Institute of Medicine (US) Committee on Integrating the Science of Early Childhood Development, Shonkoff JP, Phillips DA, eds. *From Neurons to Neighborhoods*: *The Science of Early Childhood Development*. Washington (DC): National Academies Press (US); 2000.

65. Grandjean P, Landrigan P J. Developmental neurotoxicity of industrial chemicals [J]. Lancet, 2006, 368 (9553): 2167 – 2178.

66. Carey W B, Corcker A C, Colemen W L, et al. Developmental-behavioral Pediatrics [M]. 4th ed. Philadelphia:Elsevier, 2009.

67. Lissauer T, Clayden G. Illustrated textbook of paediatrics [M]. 3rd ed. Edinburgh: Elsevier, 2007.

68. 世界卫生组织. 关爱儿童发展 [M]. 张悦, 黄小娜, 译. 北京：北京大学医学出版社, 2015.

69. Council on Communications and Media, Brown A. Media use by children younger than 2 years [J]. Pediatrics, 2011, 128 (5): 1040 – 1045.

70. 儿童心理保健技术规范 [J]. 中国乡村医药, 2013, 20 (14): 83 – 86.

71. 李明, 武元. 运动发育迟缓的早期识别与诊断 [J]. 中国实用儿科杂志, 2016, 31 (10): 743 – 747.

72. 陈艳杰, 梁爱民. 0~6岁儿童运动评分对发育商的影响因素分析 [J]. 中国优生与遗传杂志, 2022, 30 (4): 637 – 639.

73. Batalle D, Hughes E J, Zhang H, et al. Early development of structural networks and the impact of prematurity on brain connectivity [J]. Neuroimage, 2017, 4 (1): 379 – 392.

74. 耿达, 张兴利, 施建农. 儿童早期精细动作技能与认知发展的关系 [J]. 心理科学进展, 2015, (2): 261 – 267.

75. Ritterband-Rosenbaum A, Justiniano M D, Nielsen J B, et al. Are sensorimotor experiences the key for successful early intervention in infants with congenital brain lesion?［J］. Infant Behav Dev, 2019, 54: 133-139.

76. 刘亚丽, 许丽, 魏克伦. 出生早期新生儿低体温及防治现状［J］. 中华实用儿科临床杂志, 2017, 32（2）: 158-160.

77. 邢丽云, 黄丽华. 早产儿保暖措施的研究进展［J］. 中华护理杂志, 2017, 52（2）: 230-233.

78. 林楠, 诸纪华, 金陈娣, 等. 新生儿重症监护室发育支持环境管理的推荐意见总结［J］. 中华实用儿科临床杂志, 2022, 37（17）: 1325-1330.

79. 国家儿童健康与疾病临床医学研究中心, 儿童发育疾病研究教育部重点实验室, 儿科学重庆市重点实验室, 等. 中国新生儿疼痛管理循证指南（2023 年）［J］. 中国当代儿科杂志, 2023, 25（2）: 109-127.

80. 张琳琪, 李杨, 宋楠, 等. 婴幼儿尿布性皮炎护理实践专家共识［J］. 中华护理杂志. 2020,（8）.1169.

81. 黄莉淋, 邹玮. 新生儿沐浴护理安全隐患及防护对策分析［J］. 现代护理医学杂志, 2022, 1（8）.

82. 张娜, 宋雪楠, 张梦影, 等. 抚触护理联合体位护理对早产儿康复及并发症的影响［J］. 齐鲁护理杂志, 2023, 29（5）: 69-71.

83. 徐韬, 王硕主译.《儿童安全促进方案》［M］. 北京: 北京大学医学出版社, 2018.

84. 国家卫生健康委, 托育机构婴幼儿伤害预防指南［Z］, 国卫办人口函〔2021〕19 号.

85. 徐轶群, 王燕主译.《儿童营养促进方案》［M］. 北京: 北京大学医学出版社, 2018.

86. 世界卫生组织. 世界预防儿童伤害报告. http://apps.who.int/iris/bitstream/handle/10665/43851/9787509151501_chi.pdf?sequence=13&isAllowed=y.

87. 中华人民共和国国家质量监督检验检疫总局, 中国国家标准化委员会.《玩具安全》: GB 6675-2014［S］. 北京: 中华人民共和国国家质量监督检验检疫总局, 中国国家标准化委员会, 2014.

88. WS/T 423—2022. 7 岁以下儿童生长标准（代替 WS/T 423—2013）［S］. 北京: 中华人民共和国国家卫生健康委员会, 2022.